漫 空 间

陈 忞 著

同济大学出版社

图书在版编目（CIP）数据

漫空间 / 陈恣著 . -- 上海：同济大学出版社，2017.10

ISBN 978-7-5608-7427-2

Ⅰ . ①漫… Ⅱ . ①陈… Ⅲ . ①空间科学 Ⅳ . ① V1

中国版本图书馆 CIP 数据核字（2017）第 242534 号

漫空间

陈　恣　著

责任编辑　熊磊丽　　**责任校对**　徐春莲　　**封面设计**　陈益平

出版发行　同济大学出版社　　www.tongjipress.com.cn

　　　　　　（地址：上海市四平路 1239 号　邮编：200092　电话：021-65985622）

经　销　全国各地新华书店

排版制作　南京新翰博图文制作有限公司

印　刷　上海盛通时代印刷有限公司

开　本　787 mm×1 092 mm　1/32

字　数　218 000

印　张　8.125

版　次　2018 年 1 月第 1 版　2018 年 1 月第 1 次印刷

书　号　ISBN 978-7-5608-7427-2

定　价　35.00 元

目　录

1 　 \ 　第一章　　概述

45 　 \ 　第二章　　漫空间——人性的空间

106 　 \ 　第三章　　漫空间——智能的空间

188 　 \ 　第四章　　漫空间——弹性的空间

第一章　概述

> "三十辐，共一毂，当其无，有车之用。埏埴以为器，当其无，有器之用。凿户牖以为室，当其无，有室之用。故有之以为利，无之以为用。"
>
> ——老子《道德经》[1]

爱因斯坦曾说，当人们用"红""困难"或者"失望"这样的词时，我们都知道这是什么意思。但一提到"空间"这个词，"它与心理体验缺乏直接的联系，在加以解释时存在很大不确定性"[2]。"空间"就是这样一个有趣的话题。它像空气一样时时刻刻存在于人们的身边，人们的各种活动都仰赖它，但如非刻意提起这个名字，人们往往又会自然而然地忽视它。然而，当人们真的刻意提起这个词时，往往又会因为情景、语境以及社会文化背景的差异而在各自的脑海中浮现出各不相同的意向。画师和摄影师们脑海中的"空间"大概不会跟宇航员与航天工程师们脑海中的"空间"相似；生物学家和社会学家们所产生的联想大概也不会跟数学家和物理学家所联想到的有太多共同点。身处社会中的每个人还同时是多种不同身份的叠加产物，因此说，一千个人脑中必会有一万零一种关于空间的联想，也丝毫算不上是什么过分的夸张。更不消说，如果我们跳出人类中心主义这种较狭隘的观点，正视近现代以来生物学家们通过野外观察和实验

---

[1]　南怀瑾.老子他说［M］.上海：复旦大学出版社，2013.

[2]　格林.宇宙的结构——空间、时间及真实性的意义［M］.刘茗引，译.长沙：湖南科学技术出版社，2016：31.

解剖取得的成就，就不难发现人类之外的其他动物也对"空间"有着并不亚于人类的泛在而朴素的认识。

"空间"作为一种客观存在，它是无远弗届的，也是亘古常在的。作为一个词语，它更是从其诞生之日起就在人类的语言体系中逐渐被赋予了越来越丰富的指代性。

如果要从各个学科的角度出发，对空间的概念进行展开，恐怕光是简单地罗列历史上那些人名就足以编成一部大部头的词典。在这里，我们当然不能也不想将读者的思绪绕在各个所有已知学科对"空间"一词的定义与理解上。本书关注的核心，还是那些与建筑和城市相关的"空间"，是那些由人造物划定的，同时也是支撑着人们日常生活的"空间"。

只不过，就如中国的一句俚语所说："如果欲学诗，功夫在诗外。"建筑和城市这些人造空间，与广义上的空间这个大命题相比是一个相对狭窄的子命题。而建筑和城市这两门学科本身又是建立在其他许多基础学科之上的复合学科。因此在我们要将空间这一命题压缩到建筑和城市这个相对狭窄的范畴上来讨论时，时不时地将思绪引申到一些其他基础学科所做的前序研究上，借用一些它们的睿智观点，将是完成此次思维之旅的一项必由工作。

自然的空间

抛开哲学家们那些十分睿智但往往又是艰深晦涩甚至有些文字游戏的诸多论著不谈，最先开始对"空间"进行系统性研究的应该就是物理学家和数学家们了。甚至说这两门基础学科是建立在对空间的理解上逐渐发展起来的也不夸张。物理学研究着我们所身处的世界中事物发展的原理，而数学则研究着纯粹的逻辑和最质朴的实在。这两门学科的理论一直是人们对我们所身处世界的最具时代性的总结。在这两个学科上的每一次理论进步都刷新着人们对客观世界的认知，且影响着人们改造与建设物质世界的方式与能力。它们是人们探索空间本质及运行规律的最前沿阵地。在这两门学科上，人们对"空间"这一朴素概念的理解发展大致经历了三个阶段。

第一个阶段是古希腊文明在科学技术上占据统治地位的"古典时期"，数学以欧几里德几何为标志（图1–1），而物理则以亚里士多德学说为标志。欧几里德为人们提供了能够朴素地直观理解那些远近、大小、疏密等一系列空间关系的工具。人们对日常空间的直观属性有了初步的抽象认识。而亚里士多德关于诸多物理现象的论述则为人们初步构想出了一个与直观经验切合较好的宇宙模型。人们身处的世界被称为"月下世界"，被认为由水气火土四种元素组成，是运动和混乱的。在月球以外的宇宙则被称为"月上世界"，被认为由以太构成，是高贵圣洁而静止永恒的。这一时期人类第一次有组织地对自己所处世界上的林林总总空间现象做出了虽然朦胧但却有意义的构想和描述。一个由绝对空间和相对空间共同组成的二分法式宇宙想象开始在人们心中扎根。这种想象的很多分支甚至一直延续到了当代，潜移默化地影响着哪怕是浸泡在当代科技中的当代人。关于这些现象，或许可以用"亚里士多德的幻觉"来加以统称，后文将对此进行更详细的介绍。

第二个阶段是欧洲文艺复兴时期的"经典阶段"，数学以笛卡尔解析几何为标志（图1–2），而物理学则以牛顿的经典力学及麦克斯韦的电磁理论

图1–1 《欧几里德几何学纲要》(*Evclidis Elementorvm Libri XV*) Christophoro Clavio 著，拉丁语，科隆1591年出版

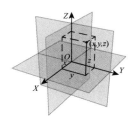

图1-2 三维笛卡尔坐标系示意

尽管笛卡尔本人并没有亲自提出"坐标系"的概念，但他已经基本完成了对后世常用的二维、三维坐标系概念中最核心理论的阐述。

为巅峰。这一阶段的物理学已经基本完成了对人们可见可感的世界中一切宏观低速物理现象的合理化解释。以伽利略、牛顿、麦克斯韦为代表的经典物理学家们通过严谨的实验和数学计算在理论上成体系地推翻了一些古典时期亚里士多德式的错误，为人们更好地认识宏观低速运动状态下的世界提供了理论武器。同时经由牛顿发展完善了的"绝对空间"概念，也在这一阶段确立了其统治地位，成为人们日常讨论中不言而喻的基本前提。而以笛卡尔为代表的经典时期数学家们则在解析几何中巧妙地融合了代数与几何，从此几何学上的空间不再仅仅是点线面之间定性关系的探索，而变成了一种可以与代数结合并被准确量化的理性空间。解析几何工具的出现，进一步强化了人们对三维空间的认识，也为人们在其他科学领域进一步深入研究做了铺垫（图1-3）。

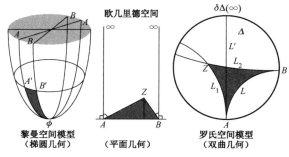

图1-3 三种几何-非欧空间与欧式空间

第三个阶段是发端于19世纪末大工业生产时期且绵延至今仍在欣欣成长的"现代阶段"，物理学上的巅峰成就是相对论及量子论，而数学上的理论标志则是群论和非欧几何的完善与突破。正是在这一阶段，以爱因斯坦和波尔为代表的新派物理学家们挑战了经典物理体系对连续性和因果性的认识局限，拓展了人们对宏观高速和微观低速运动世界的认识，并初步打开了认识微观高速运动世界的窗口。从此人们手上拥有了理解宏观低速、宏观高速、微观低速，以及微观高速状态下空间属性的基础工具。对物质空间的想象不再受因果律和连续性的限制，随机性和非连续性在一定条件下也可以成为对空间属性的正确表述。与此同时，以希尔伯特为代表的数学家们也努力扩展和完善了非欧几里德几何（罗巴切夫斯基几何，黎曼几何）（图1–4）和伪欧几里德空间（希尔伯特空间）的构建。曲面取代了平面（当然平面也可被视为一种曲率为零的曲面），有曲率的空间取代了没曲率的空间，非均匀的空间取代了均匀的空间，成为诸多研究的基础背景。

　　人们在过去的数千年间里已经为"正确描述"我们身处的这个空间而做了诸多努力，提出了诸多模型。每一代模型都十分切合它所处时代的特征，但也都不可避免地具有其时代的局限性，会被新一代模型逐渐完善、突破，并最终颠覆。伴随着这种过程的每一次发生，人们对物质空间的认识在总体上也就更深刻了一些。当然，这种"构建—完善—突破—颠覆"过程发生的频率对于每个时代而言不尽相同。换句话说，在那林林总总的理论模型堆中，有的理论模型主导主流认识的时间远比其他模型更长，而它们在人群中所产生的影响也要远远

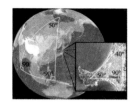

图1–4　黎曼几何的拓扑学应用

虽然非欧几何乍看之下似乎与我们的日常生活相去甚远，但实际上它们在日常生活中的应用却相当广泛。比如黎曼几何就被广泛地应用在了导航和广域测绘等方面。

超过其他模型。这些模型更贴近人们日常直观的所见所闻，它们不需要太多想象，因而也更易在人们脑海中扎根。相比而言，另一些模型则显得相当离经叛道，与人们的直觉相悖。虽然它们也是"正确"的甚至还可能离真理更近一步，却因其对想象力和基础知识的极高要求而难以得到主流的赞许。

"欧几里德空间"正是这样一个典型。它以其简单明了的公理体系和贴近日常生活的直观感受为特点，从其诞生之日起就主导了人类对物质空间的认识和想象，长达数千年之久，至今仍在对人们产生着不可估量的影响。

欧几里德的几何空间建立在他那著名的五大公设基础上：

（1）由空间中任意一点到任意一点可作一条直线；

（2）任意线段能无限延长成一条直线；

（3）给定任意线段，可以以其一端点作为圆心，以该线段作为半径作一个圆；

（4）凡直角都相等；

（5）若两条直线都与第三条直线相交，并且在同一边的内角之和小于两个直角和，则这两条直线在这一边必定相交。

这五条公设中最重要的正是第五条："平行公设"。

在平行公设的作用下，从欧氏几何中想象欧氏空间的生成过程变得相当直白：首先设想一个点，将它向任意方向上移动一段距离，它的轨迹就连了一条"线"。然后将这条线段向其他任意方向移动一段距离，它的轨迹就连成了一个"面"。之后再将这个面向其他任意方向移动一段距离，它的轨迹就连成了一个"体"。取决于我们所需容纳对象的多寡，将这个"体"在刚才的三个方向上等比例放大或缩小，也就形成了笼括我们日常生活各种事物的那个"空间"。

一条"线"有"这边"与"那边"，一个"面"有"正面"与"反面"，而一个"体"则有"体内"与"体外"。很明显，在欧氏几何中，从一维线到二维平面再到三维体，每一个高维度的物体都是由低一维度物体均匀集合而成。它们在各个方向上都是均等的。而当我们这样思考时，会情不自禁地跟随着欧几里德在脑海中想象出一个笼罩着这些线、面、体的更大的"盒子"。这个"盒子"正是古典物理学所暗示的"绝对空间"。

笛卡尔在解析几何中更清晰地说明了欧氏几何平坦均质的特性。虽然可能这并不是他创立解析几何的初衷，但通过将这些传统几何上的点、线与面和代数上的数字集合对应起来的方式，解析几何成功地为准确描述其空间中每一个元素提供了一套高效的定位工具——"坐标系"。笛卡尔的这个坐标系是由实数构成的，且各轴垂直。这样一个坐标系中的各元素当然也是各向均匀的。通过建立与实数相连的直角坐标系，笛卡尔成功地以一种更通俗的语言向普罗大众们翻译了欧几里德几何所构建的空间那种"均质"和"平坦"的基本属性。

在笛卡尔之后，牛顿通过进一步将欧氏空间与宏观物体低速运动时表现出来的规律相结合，建立起了牛顿力学体系，并进而反过来发挥了欧氏几何所暗示的那种空间绝对性。在牛顿力学体系中，空间被描述成与外界物体无关而独立静止存在的空架子，空间和时间也被完全区分开来。牛顿力学认为，在由绝对空间和绝对时间构成的绝对时空中，空间的距离和时间的间隔都与其中物体的活动毫不相关。人们可以完全脱离时间谈空间，也可以脱离空间谈时间，这两者并不会互相影响。而且时空的属性也都不会受到物体运动的干扰，只是单向地影响物体运动。在牛顿手中，欧氏空间未言明的那种绝对性被推到了极限，并且在当时的观察条件下看来，也完美地解释了"已知"客观世界的绝大多数现象，成为一套为广大群众所信服的理论。

但是建立在欧氏几何之上的空间模型当然还是不完美的。它的体系中存在着两个无法回避的瑕疵。一是欧氏空间的平坦均质是建立在平行公设的基础上推导而来，但作为前提的平行公设本身也只是一个假设，它始终没有得到过严格的数学证明。因此空间模型是否必须是"平坦而匀质的"这一核心论点是可以讨论的。二是按照牛顿力学体系推测的行星运转轨道在一些情况中与实际观测值出现了较大偏差，其中最著名的是水星近日点的进动。而这些偏差似乎也在暗示人们空间或许并非完全不受其中事物活动影响而可以独自超然物外，即其绝对性并不是不可以被质疑的。这两个瑕疵的影响力随着人类在科学研究和日常生产上的进步而逐渐放大，并在 19 世纪末发展到了无法回避的地步。人们渐渐发现在越来越多的情境中，对新发现和新问题的解释已经不是通过修补旧体系所能完成的，一个全新的体系必须被创造出来应对这些挑战，而这也意味着人们将必须对欧几里德-牛顿体系中所有未经证明的假设来一次彻底颠覆。

相对论物理、量子物理、非欧几何，及伪欧几何一起完成了对经典时代时空观的颠覆。在事物运行的原理上，相对论物理及量子物理找到了不依赖绝对空间假设而可以完整解释已知物理现象的方法。而在表达工具方面，非欧几何和伪欧几何也各自完成了对欧氏几何那不能被证明的平行公设的扬弃。新时代的数学物理可以立足于更少的假设条件而实现更准确的问题解释。通过新的数学物理工具，人们逐渐认识到空间的维度必然存在超过人类宏观可感的更多层次。只要愿意，三维空间就可以不再是人们空间想象的上限，而是起点。在这些理论工具的支持下，人们对空间进行思考和想象的深度及广度得到了极大扩张。

在构建推翻经典时空观的新理论过程中，爱因斯坦，尽管不是第一人，但无疑是最重要的领军旗手。正是他为解释牛顿力学在天体运动轨道上所出现的偏差问题而提出的狭义相对论以及此后为将相对性原理推广到更普适情景中而进一步发展的广义相对论，对牛顿体系中原本形同鸡肋的时空绝对性给予了致命一击并使之最终被抛弃。而他的理论也间接促成了数学上伪欧几何的建立，并使得非欧几何的重要性及潜力得到更广泛的认识和传播。

在爱因斯坦后来的著作《物理学的进化》中，他回忆了自己与相对论理论结缘的开端。

"取定两个物体，例如太阳和地球。我们所观察到的运动也是相对的，既可以用关联于地球的坐标系也可以用关联于太阳的坐标系来描写它，根据这个观点看来，哥白尼的伟大成就在于把坐标系从地球转换到太阳上去。但是，因为运动是相对的，任何参照系都可以用，似乎没有什么理由认为一个坐标系会比另一个好些……于是，在早期的科学中托勒密和哥白尼观点之间的激烈斗争也就变得毫无意义了。我们应用任何一个坐标系都一样。太阳静止而地球在运动，或者太阳运动而地球在静止，这两句话便是对两个不同坐标系的两种不同的说法而已。我们是否能够建立起一种在所有的坐标系中都有效的名副其实的相对论物理学呢？或者说，能否建立只有相对运动而没有绝对运动的一种物理学呢？事实上是可能的！"[1]

1905 年，爱因斯坦就提出了狭义相对论，成功地解释了高速运动下（光速级别）时间膨胀和质量增加的问题，对经典物理中伽利略变换给予了重要补正。十年后，他又进一步将相对性原理扩展到不受惯性参照系约束的层面，理论论证了所有参照系下质量、运动和时空扰动之间的关系，从而彻底否定了牛顿体系中绝对时空存在的必要性。相对论让人们认识到，牛顿体系虽然在一定程度上可以较准确地描述人们日常可观可感的宏观低速世界中的许多现象，但当研究的对象变得速度更快、质量更大时，牛顿体系的误差就大得无法接受。正是对时空绝对性的执念约束了经典理论在宏观高速世界中的适用性。欧几里德 - 牛顿体系所提供的不过是一个在观测精度（人体感官）不高时，时空状态的一个近似描述。这是因为在宏观低速状态下，时空因物体质量及运动而产生的扰动和形变过于微小。因它远远小于人类自身感官的精准度，所以不足以被人们察觉。然而近似解终究是一个近似解，有误差终究是有误差。通过相对论，爱因斯坦不仅补正了受绝对时空观约束的经典理论所无法解释的误差，更是将人们对时

[1] 陈冠玉.时空观念：从康德、恩格斯到爱因斯坦的发展 [J].中州大学学报，2013（2）：103，104.

空的描述精度推上了一个新层次。没有了时空绝对性的限制，人们现在将不得不思考运动和质量与时空背景之间不可分割的相互作用，无论这与我们直观的经验存在多大的差距。

与物理学相配合的，是一批敏锐的数学家们及其发展出的一系列超欧几里德体系数学工具。这其中最引人注目的当属爱因斯坦的老师闵可夫斯基所创造的闵可夫斯基时空。这位著名的俄裔德国数学家在爱因斯坦的狭义相对论刚成型之时就敏锐地感觉到了这一理论背后的深远哲学意义，并着手为他学生的理论建构了一套新的数学工具。这套数学工具在日后爱因斯坦将其理论从狭义推向广义的过程中起到了十分重要的作用。

在闵可夫斯基的这个数学模型中，时间被作为一个维度与三维空间的各个维度联系起来，构成了数学上具有运算意义的"四维时空"——闵可夫斯基空间。它以数学公式的形式忠实地反映了相对论理论中关于时间、空间与物质运动会相互制约、相互影响并密切关联的论点。时空被闵可夫斯基揉为一体表达成一个方程：$ds^2=x^2+y^2+z^2-t^2$。其中空间坐标的变化总会引起时间坐标的变化，反之亦然。在这一空间中以速度 v 运动的物体，其长度会在运动方向上收缩（$1-v^2/c^2$）$^{1/2}$ 比例，而时间间隔也会在运动中按这个比例膨胀，但它们的结合量则会始终保持不变。

应该指出，就像狭义相对论因其时空仍被视为与物质及运动相分离的，故而仍是牛顿经典理论的一个补正版一样，为响应狭义相对论而生的闵可夫斯基空间，虽然整合了时间维度和空间维度，但仍是一个平坦无曲率且各向均匀的空间，构成它的各元素仍遵循欧几里德几何的平行公设，因而它也还只是欧几里德经典理论的一个补正版。随着爱因斯坦很快意识到狭义相对论的理论局限并决意进一步推出能彻底超脱出牛顿经典理论局限的广义相对论，更具有颠覆性的数学工具也渐渐被引入人们的视线。

在爱因斯坦于 1915 年发表的广义相对论引力方程式的完整形式中，爱因斯坦指出：

"不存在空虚空间这种东西，即不存在没有场的空间。空间—时间本身并没有要求存在的权利，它只是场的一种结构性质。"[1]

广义相对论将时空归为引力场的属性，是场的相互作用引起了"时空弯曲"进而生成了所有我们感受到的运动现象。所有物体，大到在浩瀚宇宙中运动的行星，小到在微观世界中运动的自由粒子，都是在这样一种类似被炮弹轰击过的战场那样坑坑洼洼的扭曲时空中运动。现在，既然物体的运动是在有曲率的空间而不是欧几里德式或者伪欧几里德式的平直空间上发生的，那就必然需要寻找一种承认空间曲率的几何学才能将计算继续推演下去。因此，随着对广义相对论研究的深入，爱因斯坦及其后来的物理学家们不得不转而求助于罗巴切夫斯基与黎曼这两位超越时代的天才数学家于广义相对论提出半个世纪前所创立的非欧几何学。

非欧几何（黎曼几何和罗巴切夫斯基几何）与欧几里德几何最根本的不同就在于对平行公设的态度。在欧几里德几何中，平行公设的存在要求人们过直线外的一点只能做出一条与该直线平行的线，但这一设定在非欧几何中被无视了。在罗巴切夫斯基几何中，过直线外一点可以找到无数条与之不相交的线，而不相交即等价于"平行"。同样，在黎曼几何中，过直线外的一点找不到一条不与之平行的线，即所有线都相交。通俗的说，欧几里德几何是一套建立在绝对平面上的体系，而罗巴切夫斯基几何则是建立在一个类似于马鞍面上的几何系统，黎曼几何则建立在一个类球型的面上。如果将这三种几何系统设想为一张纸的弯折过程就会发现，将凹折的纸（罗氏几何中的"平面"）慢慢折成凸形时（黎氏几何中的"平面"），如果这一过程是连续的，则中间一定会有一个瞬间这张纸变成了平直的（欧氏几何中的"平面"）。因此，对于一个爬在地球仪上的微生物而言，它所处的就是一个黎曼几何中的平面，但它并不会这样觉得。这样的逻辑同样也可以推及生活在地球上的人类自身。

借助黎曼几何描绘的空间，爱因斯坦的广义相对论很好地重新解释了引力、引力相关运动，以及光的传播等物理课题。广义相对论修正了欧

---

[1] 爱因斯坦.爱因斯坦文集（第一卷）[M].北京：商务印书馆，1976：558.

几里德－牛顿体系下许多物理定律所做的预言，并陆续被证实是更简洁更准确的。至此，具有相对性的弯曲的四维时空观终于取代了经典理论的绝对时空观，成为了主流科学界所认同的、对我们所身处的这个世界迄今为止最有说服力的表达。

与爱因斯坦的相对论相似，但却在哲学层面走得"更远"的，是20世纪初发展起来的量子物理。如果说相对论颠覆了牛顿体系的绝对性和均质性，但是对连续性、确定性和因果律还是予以了保留的话，那么量子物理则是彻头彻尾的"数典忘祖"。在量子物理上，连续性、确定性和因果律假设都如绝对性和均质性一样，被弃如敝屣了。

严格地说，不像相对论的目的就是研究空间，量子物理从一开始就对空间的研究不感兴趣，也从来没想过要对欧氏空间产生什么颠覆影响。这门学科的发源是来自对能量分布及微观粒子运动相关的各种问题的解释。但随着这门学科的发展，它的一些为解决自己所关注领域内问题而提出的理论假设却在很深的哲学本源层面逐渐对欧氏空间的许多哲学基础予以了一一否定。一点一点，量子物理在其发展历程中逐渐证明那些经验假设并无存在的实际必要性。对物质世界的描述也并不依赖这些假设。甚至，从某种意义上说，这些经验假设还在反向阻碍人们进一步研究事物发展的规律。于是，在20世纪上半叶那轰轰烈烈的年代中，先是由普朗克和爱因斯坦等人借由量子化学说推翻了贯穿经典体系的"连续性假设"，继而由哥本哈根学派那些更年轻的头脑们推翻了即使是爱因斯坦都坚信不疑的"因果律假设"。物理学的研究由此进入了一个全新的境地，而人们对于物质空间的认识，作为学科发展的一个"副产物"，也得以更上一层楼。

所谓"连续性假设"，即是指任何两个状态之间总可以不断细分下去，所谓"一尺之棰，日取其半，万世不竭"（庄周，《庄子·天下篇》）。具有基本常识的人们一定都不难在自己的思维过程中感受到这个假设所投射的影响。设想您在下班回家的路上正开着车。那么给定一个时间点，就一定能确定您在您选定路线上所处的具体位置。因为从单位到家的路线是

"连续"的，您的车不会"跳过"某个点而出现在前面或后面的另一个点上。又或者设想您在与朋友打乒乓球，只要给定时间点，那个在三维空间中弹来弹去的乒乓球一定存在一个对应的位置，因为它从一个球拍到另一个球拍之间运动的轨迹是"连续"的。再或者设想一个正在参加中学物理考试的学生，正在解一道求自由落体小球的势能与动能转换问题，只要给定一个时间点，就一定能求出下落的位置与初始位置之间的距离，进而求出此时此刻小球有多少势能转换成了多少动能。如果有哪个学生胆敢在这道题下回答"不能确定"，有很大可能会被评为零分，即使最仁慈的老师也会批其为"超纲"。

连续性假设实际上是浸润在人类最本能的思维方式中的，是一种符合人们日常生活经验的合理化想象，并且也在人类历史上做出了不可忽视的贡献。正是在这种思想的引导下，人们发展出了数学领域里最重要的数学工具之一——微积分。也正是在微积分的帮助下，牛顿和麦克斯韦等才为人们建构起了有关物质及能量的分布的最基本方程，虽然如今我们已知其经典方程的适用范围相当有限。

连续性假设存在的必要性之争是由"黑体辐射"问题引出的（图1-5）。"黑体"，是研究放射物体的能量分布而假象的一个理想参照体。伴随着19世纪末20世纪初冶金工业和照明器具制造业的发展，人们迫切需要找

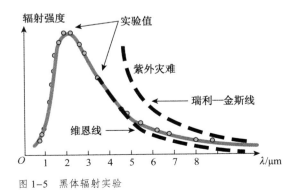

图 1-5　黑体辐射实验

到一种能够便捷且准确描述黑体辐射强度和频率的数学公式，用以指导实际工业生产提高产量。然而，经典物理学基于麦克斯韦－玻尔兹曼能量均分学说所构建的两套数学公式却无一能完成这看似并不复杂的数学拟合任务。德国物理学家维恩所提出的半经验公式，虽然在短波区域完美拟合了实验数据但在长波区域却与实验值偏差过大。英国物理学家 J.W. 斯特拉特（瑞利男爵）提出的瑞利－金斯公式，虽然能够在长波区域与实验数据完美拟合但在短波区域却产生了无法解释的巨大偏差。最终，当普朗克接手这一问题时，为了调和这两套公式的优劣，并在经典理论体系内屡次尝试均无功而返后，普朗克不得不试着先抛弃经典理论中能量传递的连续性假设来推进研究。

精通数学的普朗克在抛弃了连续性假设的束缚后很快找到了与"黑体辐射"实验数值完美拟合的通用公式。这一"意外的"成功使得包括普朗克本人在内的有识之士开始朦胧地感觉到，经典理论体系中关于连续性的假设，其必要性开始松动了。普朗克关于能量传播是不连续的，可以被分出最小单位的（如今称之为"普朗克常数"）论断成为量子物理发端的"信仰一跃"。它着实刺激了不少后进者，其中就包括当时还默默无闻的爱因斯坦。而后者在探索光电效应时也正借用了普朗克的逻辑，以"光量子"的构思完美地解释了实验室中关于光照与金属表面电子溢出之间的关系。这一成功与普朗克解决"黑体辐射"问题一起标志着量子物理的诞生。而它们也促使更多有思辨的头脑开始郑重其事地重新审视许多物理现象。

然而，即使聪慧开明如普朗克和爱因斯坦，虽然能够从形式上放弃对连续性的固守，却始终不能从根本上放弃对连续性假设所衍生出来的确定性和因果律的依赖。在随后的年代中，这两位创派宗师却都站到了新生量子理论的对立面转而抨击他们自己一手创造的学科。两次世界大战的间隙，新理论的大旗已经渐渐转到了另一位更富有冒险精神的物理学家手中：丹麦人尼尔斯－波尔。在他领导下的哥本哈根学派为彻底颠覆经典理论那根深蒂固的确定性和因果律思想盖上了棺盖。

图 1-6　第五次索尔维会议

1927 年，第五届索尔维会议如期举行，人类科学史上最有里程碑意义的一张"全明星"照片也就此诞生了（图 1-6）。普朗克、居里夫人、洛伦兹、朗之万、爱因斯坦、波尔、波恩、德布罗意、海森堡、薛定谔、狄拉克……细数这张照片上的人名简直就像是在背诵 19 到 20 世纪人类著名科学家名录。人类最睿智的大脑们就在这次会议上就量子理论模型进行了激烈的辩论。不同学派阵营的学者们旗帜鲜明地抛出各自观点，而年轻的量子论则在大会一次次唇枪舌剑的交锋中正式登上了历史舞台的中心。

以波尔、波恩和海森堡为代表的哥本哈根学派在当时被视为是年轻而叛逆的，他们就光子和电子在广泛的实验观察中所表现出来的种种性质，借由精湛而缜密的数学推算，不断地对经典理论所固守的那种确定性和因果律发起非难。而以爱因斯坦、德布罗意和薛定谔为代表的"老一辈"们，尽管也曾亲自参与了量子理论早年的创立，却深受经典理论的思维束缚，为捍卫确定性和因果律竭尽所能。

逐字逐句的复述这次大会上每一轮的论据论点的交换只会徒增我们

这些平凡人对烦冗数学公式变换与计算的烦恼，我们只需知道大会最终的结果是哥本哈根学派的理论赢得了更多人的接纳，爱因斯坦所代表的反哥本哈根学派阵营彻底失败了。他们无法找到哥本哈根学派量子理论中的根本性错误，因此也不得不承认哥本哈根学派关于"不确定性原理"（Uncertainty Principle，即对任一物理量的测定越精准，其相关的物理量就越不精准，其差值总与普朗克常数相关）的论述是正确。只是爱因斯坦本人是如此的笃信因果律和确定性以至于他在最后仍拒绝承认哥本哈根学派的胜利，并附上了那句著名的"上帝不掷骰子"[1]。

三年后的第六届索尔维会议可以看成是 1927 年那次大辩论的余波。会上爱因斯坦第二次尝试通过证伪哥本哈根学派的理论来捍卫严格的因果律和确定性。然而这一次他仍然没能成功。大会的结果是又一次证实了哥本哈根学派的理论完备性。由波恩提出的概率分布原理、海森堡提出的不确定性原理和波尔提出的互补原理所共同构成的哥本哈根解释在量子论中的地位又一次得以巩固。而在哥本哈根解释的暗示下，越来越多受经典理论思维模式影响的人们已经能够理解那曾经根深蒂固的因果律和确定性，事实上是完全不必要的假设而可以被彻底摈弃的了。

尽管爱因斯坦与波尔的世纪之争在两位巨匠有生之年未能得以定论。但哥本哈根解释在第五届与第六届索尔维大会论战中所取得的巨大胜利，以及 20 世纪中后叶其在应用科学领域与指导工业实践上的巨大成功，使得哥本哈根解释已经作为一种主流认识在物理学中取得了极高的地位。与它那与日俱增的影响力相对应的，由"不确定性原理"和"互补原理"所隐喻的对传统因果律及决定论的否定也得到了越来越多人的赞同。摆脱了因果律与决定论，也就意味着人们终于从最深层次的哲学层面消解了传统时空观的最后一个桎梏，从而为人们建构新的时空观迈出了坚实的一步。

量子论给人们带来的剧变与相对论给人们带来的剧变相比，是截然

---

[1] 李田.科学争论中的逻辑推理——量子革命中的爱因斯坦－波尔论战 [J].自然辩证法研究，2011（12）：35.

不同的。它并不是像相对论那样对人们看待时空的想象方式提出要求，而是相当彻底地对人们所有日常经验进行了否定。在量子论中（至少是哥本哈根学派解释中），我们不仅不可能知道每个受测量物体的各种物理量，最多只能推测出现 A 情况或是 B 情况的概率，而且就连尝试进行试验这一行为本身也将在实验开始前就影响试验的结果。"观测"这一行为，无论是"观"还是"测"都将使得实验结果出现跟观测手段相关联的变化，观测者的主观意识被与原本认为是完全客观的观测结果联系到了一起。同时量子鬼魅般的长程纠缠作用也对量子论之前的各种理论中所坚持的那种"定域作用"（即你只能影响你周围，不能隔空取物或隔山打牛）给予了彻底颠覆。身在此地却能影响彼地，而且两地之间不存在任何形式（连光的传播都没有）的交互。这些特性是与生活经验完全相悖的。

要接受它需要的不是想象力的丰富与否，而是能否对过去持放下的态度。而这也正是为何不仅普通人，甚至连一部分如洛伦兹、普朗克、爱因斯坦、薛定谔这样的科学巨匠也不能接受的原因。但是，哥本哈根学派在 20 世纪的前 30 年，那个所有实验精度远远无法达到要求的年代，依据其理论做出的许多预言，在 20 世纪的后 30 年中陆续得到了越来越广泛而扎实的实验及工程数据的支持。虽然量子论的三大特性是如此反经验，但它所揭示的道理，以及为人们建构的新视野，却可能跟许多年前伽利略推翻亚里士多德一样意义深远。

当然，量子理论是一个方兴未艾的理论，其内部的体系建构还在不断完善中。而且它的本意是用以描述微观中粒子的特性，其理论论断并不能直接指导宏观世界中的活动。但是就像波尔反驳爱因斯坦那句掷骰子名言时所说："我们能规定上帝怎么做。"量子论的生根发芽意味着宇宙在给定条件下，是允许非连续的、跃迁的、概率化的、非因果律的各种事物出现的。宇宙舞台上事物运行的可能性远远超出我们曾经的理解。

现在我们已经看到，当爱因斯坦的相对论及其关联的非欧－伪欧几何空间在宏观尺度上颠覆了经典体系的绝对性与静止性，并将时间作为一个维度与原理论体系中空间的其他维度融合到一起时，量子论和群论的发展从另一个方向颠覆了经典体系中更本质的连续性、确定性及因果律。相对论推翻了古典时空观的表达方式，量子论推翻了古典时空观的哲学根本。从这个角度上说，欧几里德空间在经过牛顿体系的发展后统治人类思考认识和想象空间的时间跨度长达两千五百多年。这或许是人类历史上最长寿的一个理论体系了。而它对人们生活各方面的影响更是难以用数字来量化。客观地说，即使是在量子论已广受接纳的今天，许多人仍然在生活的方方面面沿用着牛顿－欧几里德体系的思维逻辑，我们将要讨论的建筑与城市空间设计行业更是此种类型中的重灾区。

从自然科学，主要是数学与物理学，诞生之时起到当代近世这漫长时间跨度中，各种时空观纷繁迭代地上演着。回顾这些时空观发展历程的意义在于可以让我们更清楚地认识到时空的真实与感官经验的背离差值究竟有多大。那些用以解释我们存在背景的数学物理理论已经发生了翻天覆地的变化，特别是 19 世纪后半叶以来的一百多年中。"亚里士多德错觉"一次次发生又一次次被澄清。人类最聪明的大脑们不但已经为我们消解了那遮在日常事物之上的诸多障眼法，向我们揭示了我们所身处时空的真实属性，更加试图在哲学本源上提醒我们注意新认知的可能性。或许有一天，也必将有这样一天，未来的人们会进一步发掘出更新的时空观，以取代由相对论时空和量子时空所描绘的图景。我们今天的模型将会像欧几里德－牛顿时空那样退出历史舞台。但"弯曲而运动的相对论时空"和"跳跃而不确定的哥本哈根时空"仍将作为新理论诞生之前的最有说服力理论依据，指导当代物质世界中空间的设计与营造。

人造的空间

"现代建筑的城市（也可称作现代城市）还没有建成，尽管发起者有着良好的愿望和企图，它仍停留在一种方案的状态，或者已遭受挫折，并且越来越缺乏令人信服的理由去认为会存在着转机。"[1]

——柯林·罗

　　现在，是时候把我们所关注的内容从科学发现上拉回到那些更贴近日常生活的空间上来了。严格来说，人们并不能真的"创造"空间，毕竟空间本身是一种比人更大的存在。我们所做的是在空间中创造各种边界以供我们自己感知。同时通过这些边界定义各分区中的功能并引导与之相应的各种活动。

　　与科学家朋友们相似的，设计师们也可算是最早开始研究"空间"的一群人。事实上，考虑到人类的建造活动本就早于其文字记叙活动这一事实，自大一点的设计师们甚至可以宣称他们才是最早开始"研究空间"的人。但如果是按有明确主观意识进行的创造性建造活动来算，公元前 27 世纪埃及古王国时期兴建的金字塔建筑大约才能算是设计师们真正开始"创造空间"。有明确历史文献可查且记载详细的人为城市规划活动更是要推迟到公元前 5 世纪左右。由希腊建筑师希波丹姆规划的米利都城[2]是第一次有组织地控制和组织大规模人造空间群落。它是第一个将网格状城市脉络应用到实践中的案例（图 1–7）。据此推断，设计师和科学

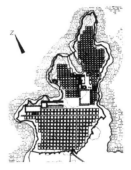

图 1–7　米利都城平面

[1]　柯林·罗，弗瑞德·科特.拼贴城市 [M].童明，译.北京：北京建筑工业出版社，2012：2.

[2]　贝纳沃罗.世界城市史 [M].薛钟灵等，译.北京：科学出版社，2000：146.

家们大体上还是在同一个时代开始对空间这一研究议题产生兴趣的。

　　不过，在著书立说方面，设计师们的行动要晚于他们的科学家同伴。第一部系统性阐述建筑、园林和城市理论的论著直到公元前 1 世纪末期才出现。由古罗马建筑师维特鲁威所著的《建筑十书》大概应该算是有据可考的最早的建筑理论著作。这与亚里士多德在其《形而上学》中就宇宙空间所展开的描述[1]相比要晚了许多。至于在东方泛汉文化圈内常被提及的《周礼·考工记》一书，它的名义成书年代虽然更早，但关于此书是否为后世伪作的争议却一直悬而未决，今已知其名称最早在战国末期（公元前 4 世纪）已有流传，而大抵上完整本则要到西汉末年（公元 1 世纪）。因此这里便不将之视为人类建筑理论的滥觞了。

　　从 1 到 ∞ 的过程往往比从 0 到 1 的过程来得迅捷得多。自维特鲁威之后，关于人居空间的理论论著迅速增长了起来，很快达到了卷帙浩繁的地步。在每一个历史时期，都生成过与其时代相呼应的主导形式及理论。西方建筑史大体经历了从罗马风到哥特式，从哥特式到早期文艺复兴主义，从文艺复兴主义到巴洛克，从巴洛克到复古主义，从复古主义到工艺美术运动，从工艺美术运动到现代主义，再从现代主义到后现代主义的发展更迭。东方建筑的发展虽然没有西方历史那么波澜壮阔，但也基本沿着中国各朝代的历史演变，在与北方游牧民族和南方少数民族的融合中形成了一个由简到繁、由朴素到富丽的大趋势，并最终在 19 到 20 世纪逐渐与世界合流。这些过程，在许多建筑史和城市史著作中都对此间流变的每一个个案、每一个细节、每一种变化进行过十分翔实的考据，因而不再赘述。

　　应该指出的是，建筑和城市是一种材料与技法的凝固，同时也更是一种社会关系的集合。它们因此持有一种特别的能力，那就是能将每一个时代的标志性特点用一种凝练的空间编组方式予以固化，并最终呈现给其他观众。这在古今中外各个文化圈中概莫能外。譬如一说起金字塔那种巍

---

[1]　格林. 宇宙的结构——空间、时间及真实性的建议 [M]. 刘茗引，译. 长沙：湖南科学技术出版社，2016：84.

峨的形态，人们就能自然而然地联想起法老王在那一时期的至高权力；一说起半圆形露天广场，人们就能自然而然地联想起古希腊人自由辩论和民主集会的场景；一说起长方形的巴西利卡，人们就能自然而然的想起共和国时期罗马的元老院政治；一说起圆形的大竞技场，人们就能想起帝国时期罗马人开疆拓土的尚武精神；一说起圣索菲亚大教堂那拉丁十字造型，人们就能想到逐渐式微的东罗马帝国中王权向教权的过渡；一说起拜占廷建筑那明显中亚化的帆拱穹顶以及四角尖塔，人们就会想到伊斯兰文化的扩张；一说起唐长安的里坊，人们就能想到这是历史上最强大的中央集权王朝；一说到宋代汴梁城的街市，人们就能想到这是一个中央政治软弱而民间经济兴旺的时期；一说到哥特建筑那高耸入云同时又极尽轻薄之能事的教堂，人们就会想起这是西欧黑暗时代教廷权力至高无上的时期；一说到文艺复兴后期的珠圆玉润的巴洛克建筑和珠光宝气的洛可可室内，人们就会想到这是一个教廷衰败而逐渐让权于商人资本家的时代；一说到包豪斯校舍那方正的形态与大玻璃面立面，人们就会想到这是一个追求生产效率压倒一切的工业新纪元。

所以，当我们思考一个建筑或城市案例时，当我们思考一个流派和一种风格时，至少应该由表入里地从两个方向来理解它们：其表是案例的建造技法和建造材料，其里则是案例背后致使其发生的根本供求关系。只要我们这样去审视过去的种种案例，就不难感受到那些名目繁多的流派总能在给我们留下了深刻印象之余也带来同样深刻的迷茫：抛开审美倾向的时代性差异，似乎属于不同流派的各个案例就其最终呈现的空间成果而言，是小异而大同的，是彼此兼容的，而并不像我们所已经见识过的科学技术发展史那样，互相颠覆。

无论是雅典卫城上的帕提农神庙还是伊斯坦布尔的圣索菲亚大教堂，无论是帕拉提奥的圆厅别墅还是乔家大院，无论是凡尔赛宫的花园还是苏州的拙政园，无论是巴黎歌剧院还是广州大剧院，无论是巴西利亚国会大厦还是白宫，它们之间更多的是共融而不是否定与升级。人们或许会对这些完全由不同流派按照不同风格建造起来的空间形式在初体验时报以"WOW"的赞叹，但绝大多数人却并不会因此而感到水土不服。现代人完全可以建造古代样式的建筑与街道（事实上这种事情在中国正广泛发生）而不会为其使用感到多少不便，甚至让游客们住进古老建筑中去再体验过去的空间形式反而还变成了一种广受欢迎的活动。与此同时，近些年来风行的改造式利用，将工厂改造成娱乐办公设施，将办公场所改造成居住设施等比比皆是。这些也同样暗示了原本分属不同功能大类的空间编组方式之间也广泛具有共通性。从历史的后端往回望，人们这种对不同风格下各种空间体验的兼容性是如此广泛存在，以至于人们难免会情不自禁地质疑，如此繁多的风格名称，除了其语意指代上的便捷性外，是否真有太多存在的必要性与重要性。（图1-8）

要回答这个疑义就需要先回过头来理解所谓人造空间究竟"创造"了什么。

作为人居空间的创造者，设计师群体们在过去许多个世纪中所关注的核心议题其实并没有发生突破性的变化。就像此前所说，与他们的科学家同辈所做的正好相反，设计师们虽然时常言必称空间，但实际上他们真正关注的（或者至少是他们能够调用的）却从来不是空间，而是空间中的各种边界及与边界相关联的信息。

要理解这一点并不难。让我们来设想这样一个实验：先假想一个生活在一维世界上的智能生物

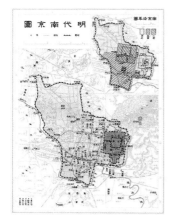

图1-8 南京都邑变迁图

A，在它的观察中，一个一维世界中的物体对它而言会有几种状态呢？显然只有两种状态，要么离它远要么离它近，也就是说它能且只能体会到一个方向上物体之间的位置关系。倘若一个物体在包括此生物所在维度的一个二维平面上，向另一个维度上动了一下，比如向左或向右移动了一下，这个一维生物 A 就会困惑地感到刚刚还在那的物体突然消失了，"远近"就是 A 的感知边界，越界的事物对它而言等同于没有。同样，对于一个二维世界的智能生物而言，它能观测物体是离它远还是离它近，而且知道是在它的左边还是在它的右边。但当观测物在上下方向上产生位移时，之前发生在那个一维生物 A 身上的"灾难"就在二维生物 B 身上重演了，被观察物同样也从 B 的世界里"消失"了。"远近"外加"左右"就是 B 的感知边界，越界的事物同样对 B 而言意义甚微。将这个逻辑继续下去，对于人类而言，作为一种三维空间中的生物，我们的感官比 B 更进了一步，进化到了能够观测物体远近、左右和上下这三个维度状态的程度。事物在这三个维度上的运动状态都会被我们捕获。"远近""左右"和"上下"一同构成了我们的感知边界。超出这三个维度的事物，譬如"内外"，就不在我们的关注重点中。

"远近""左右"和"上下"所对应的"长宽高"都属于同一量纲：长度。在林林总总的各种设计项目中，设计师们所做的核心工作其实就是在人们的感知边界内控制所呈现事物的形态，也就是其在长度量纲上的表达。各种各样外观如此迥异的风格，归根结底也都不过是通过调整长度量纲而得来的不同排列组合变体。

当然，长度量纲也是可以表达信息的，虽然不多却是最具有约束力的，因为这些信息都与感官上的界限相关，而所有其他活动又都受制于人们对界限的反应。在我们的思想实验中，一维生物 A 仅能获得一个方向上的信息，而与之对应的它的行为也被限定在了一个维度上。同样二维生物 B 和三维生物"人类"在其各自的世界中所能做出的行动也都受到其所能接受的信息之限。

通过各种手段来调整长度量纲，设计师就可以有选择性和有目的性地编组这些约束性信息，进而在一定程度上完成对受众反应行为的控制，最终借此向他们传递其他的衍生信息。在这个过程中，与其说设计师们是在设计"空间"，不如说他们是在以空间边界为媒介来设计信息的传递模式。从古至今，从金字塔到上海的摩天楼，从圣母百花大教堂到大明宫含元殿，从马赛公寓到如今遍及中国的各种商品房，设计师们都是这样在自己与观众之间建立起共鸣。在这一点上，公元前 21 世纪的设计师与公元后 21 世纪的设计师并没有一丁点区别。

将目光再投向更远的方向，越过古今设计师群体在设计手段上的通用性，我们也能感受到在设计师背后，这种通用性的更深层原因在于，决定人为的空间创造活动是否发生的根本性供求关系，从古至今也没有发生大的改变。

从经济学的角度看，所有涉及交换的活动都可以分出供给方和需求方。而且供给方与需求方的相互关系，即使不能决定交换物的属性，也会极大地影响它的最终表达。作为由人创造也供人使用的人居空间，自然也是一种供社会交换的物品。它的创造者是供给方，而它的使用者则构成需求方。

在历史的发展过程中，人居空间的供给方和需求方这两个大集合中所包含的子集是发生过几次明显变动的。其中最大的两次分别发生在农业革命和工业革命时期。农业革命完成了从完全自供自需的原始形态向部分由他人提供部分由自己提供的供需分离形态的转变。权力机关的形成以及城市空间功能的丰富化使得个人在独自完成对所有功能空间的构造上力不能及。类似于教堂寺院、露天广场、大竞技场、衙署政府这类的空间是无法由个人完成的，因此出现了一些专门应对此种任务的专业小团体和差役。但类似于居住和作坊的生活空间则还基本由个人独立提供。工业革命则彻底完成了对各型空间的供需分离工作。"开发商"成了工业革命后供方的绝对主角，原本从属于王权、教权或其他形式权力机关的设计方与建造方在工业革命后也都转而从属于开发商。个人在空间的供给侧所扮演的角色彻底消失了。无论是生产型的还是生活型的空间都统一由开发商予以提供，再经由交换市场传递给实际的使用人。自需自供在这一时期已经演变成了少数极特别的案例。

就像所有其他的商品一样，供方的能量虽然表面上看似强大，但实际影响力却仍需屈从需方的，需求带动了供给，这是由资本寻求增长的本性决定的。而作为资本代表的供方，是无论如何也不能违逆这种根本动因的。无论是农业革命后形成的权力机构，还是工业革命后形成的开发商，抛开表面形式的不同，在本质上它们都是"资本力量"的具体呈现方式。从这个意义上说，无论是由皇帝下令调用民夫差役和国家税赋来建造斗兽场，还是由开发集团雇佣社会劳动力凭借银行借贷来新建大剧院，两者背后的供需关系本质上是一致的。在皇权时代，对民众施以恩惠从而博得民望是一种形式的资本增长；在开发商时代，博得观众眼球进而获得更好的销售效益也是资本增长。无论是哪一种，其所提供的空间都需要尽力去迎合大众的口味，也就是"需方认同"。虽然公元前19世纪普罗大众的口味可能跟公元后19世纪普罗大众的口味相去甚远，但这并未改变两种情景中的供求关系具有本质的相似性这一事实。

当然，在人居空间的创造活动中，需求端的发展惰性往往又是非常大的，因为它作为一个时代内最广大的普罗大众集体意志和性质的表现，其惯性自然要比由少数尖端精英们的想法所构成的意志表达大得多。要对普罗大众来一次整体性的观念转移或升级，其所需要的能量之大，是所有经历过"文化大革命"的中国人和所有受宗教统治过的西方人都不难想象的。这也就使得作为大众意志最终呈现的人造空间成果与代表人类尖端思维的科技成果在对待时代的进步性上有着截然不同的表现。虽然翻开书本在历史上留下的诸多建筑与城市杰作都无不透漏着精英化的气息，让人轻易就产生一种为英雄主义或明星主义所引导的错觉。

套用生命科学的理论，人们会对各种风格的建筑和城市感到来自内心深处的相似性这一点非但不奇怪，还相当正确。因为从本质上说所有这些风格下的迥异空间都具有"同源性"。它们共享一个"祖先",长度量纲,只是在后来的发展过程中受到环境变化的影响而出现了不同的变异。但出于类似物种在演化中对稳定性的天然追求,这些变异之间鲜有导致全新物种出现的巨大突变。因此,当后人站在时间的长河后端回望过去,他们总是能够感受到回荡在其基因中的相似性共鸣也就不足为奇了。

当然,纵使已知各种人造空间的背后都具有同源性,且其变异也未生成超出我们理解范围的"新物种",仍不能妨碍我们承认在过去的许多个世纪中人造空间就其所需承载的功能而言已经被极大地丰富化,而人们对长度量纲的感受也随着时间的推移在这种逐渐丰富化的过程中发生了一些不可逆的演化。这些不可逆的演化在建筑和城市领域内的"现代主义"运动中得到了深刻的表达,甚至因此将现代主义视为一个准新物种也并不夸张。换言之,如果将此前所有人造空间上的风格流变视为同一基因种族内的"小打小闹"的话,现代主义则可被视为一次具有产生跨种族变异潜力的"激烈的小打小闹"。

建筑学和规划学上的"现代主义"发生在 19 世纪末 20 世纪初那段轰轰烈烈的年代。随着现代科学大爆发的潮流,建筑和规划从业者们也被这种不破不立的时代精神所感染,从而酝酿了一次轰轰烈烈的思想革命,并深刻地影响了其后一个多世纪的建筑与规划实践。在这名动一时的"现代主义"设计风潮中,有趣的是,旗手弄潮儿们纷纷打出的口号正是"向科学学习",号召设计师们要像科学家对待科学问题那样理性而精确地处理城市空间的塑造问题。

然而不幸的是,这一立场正确的口号在潮流后来的发展中却很大程度上只停留在了修辞学的层面。这其中有一部分设计师确实尝试了将所谓的"科学方法"应用到他们的设计中,比如创派宗师勒·柯布西耶,但最终却都无一例外演变成了各种变着法儿的个人爱好呈现,而其他更多的设计师们则索性只是接受了领军者们开拓新时代的热情,而将科学方法的真正精神抛到脑后。现代主义风潮在其兴起后不久就陷入进退两难的僵局,在很大程度上即源于这种尴尬的折中主义做法。人们将科学上的理性发展成了建筑和规划学科上的非人性，将科学上对数据分析的重视发展成了建筑和规划学科上唯数据崇拜，罔顾科学与建筑规划学之间本质性的差异让这场本具进步意义的运动苦果自尝。后来的追随者们更是过分拘泥于教条，忽视了这次革命原本的哲学意义，使得建筑规划学上的现代主义运动在各种质疑声中快速陷入低潮。

然而无论它的发展过程是多么波折而尴尬，现代主义设计风潮终究还是成功为后人提供了两条破旧立新的重要线索。其一是要时刻关注可以引领时代的关键性技术突破，立足于时代性的问题构建新空间的范式。其二是不要忘记空间设计结果的最终使用者是人。

1925年前后，在现代主义设计风潮中具有承前启后里程碑意义的包豪斯学校从魏玛搬迁到了德绍，包豪斯的第一任校长沃尔特·格罗皮乌斯和他那些志同道合的同事们一起设计了后来成为现代主义建筑风格典范的教学楼与教师宿舍。这一宣言性的校园的建立消解了传统建筑对装饰无休止的沉迷，蔑视了传统空间设计上自毕达哥拉斯与柏拉图以来，在阿尔伯蒂时期达到教条主义巅峰以至于有些盲目迷信了的纯粹数理尺度约束。尽管形成一个风格本身并不是包豪斯思想的核心诉求，但它那几幢校园建筑所受到的广泛赞誉与拥戴无疑也是格罗皮乌斯"把握时代性"这种革新思想所取得的不小战术成功。在格罗皮乌斯这里，空间的设计终于回到了人的尺度。人，不是虚无缥缈的所谓数字和谐，也不是被无限拔高的神灵们，而是被重新定义为了空间设计的出发点。这一点使得格罗皮乌斯时期的现代主义空间设计在一定程度上摆脱了被文艺复兴时期过度发扬了的古典数字理性的束缚。空间的塑造终于不再仅仅是几何代数关系上的"和谐"，而融入了一丝人的温情。

与格罗皮乌斯同时代的另一位领军巨匠勒·柯布西耶在他的空间设计中展现了与前者迥异的思路。观察柯布西耶的作品与论著，人们不难发现他是一个十分复杂的矛盾体。一方面，他与其他现代主义领军者们一样万分热情地赞颂新技术新体系，对未来充满憧憬。但另一方面，柯布西耶几乎所有作品都遵从着此前古典艺术时代的生成逻辑。在他对城市空间的处理上，他使用的是一种可以称之为古典元素拼贴的手法，即选取了他所喜爱的那些古典时期各文化渊源中既有的元素予以混搭。而在他自己对其作品的陈述中，人们又不难体会到那柏拉图式理想国中所具有的强硬的阶级分层态度。当柯布西耶试图尝试为自己的设计寻找理性的支撑而撰写《模式》一书时，人们很快又能感觉到他的这套模数系统其实不过是将毕达哥拉斯学派和文艺复兴时期那种对黄金分割比例与直角规线法的狂热转换到了一个虚拟的"人体"，再借由这个"人体"来框定空间的尺度而已。从本质上说，柯布西耶通过一次狡黠的转换，巧妙地掩饰了所谓模数就是古典艺术中的比例这一事实。尽管在各种大小论述中柯布西耶都极力阐述着自己是以"人"为出发点，以构建适宜新生活的空间为设计目标，但在他几乎所有实践中，最终的成果里都难以看到人性的温暖所在。

格罗皮乌斯和柯布西耶分别代表了现代主义运动兴起时的两股不同潮流。其遗世的作品是如此相似，但掩藏于背后的逻辑却各不相同。格罗皮乌斯是设计界的普朗克，他在旧体系中早已声名卓著却仍为构建新体系不辞辛劳，并为新体系最终的成功埋下至关重要的种子，成为新体系的奠基人。柯布西耶则像极了爱因斯坦，尽管完成了十分惊人的突破，但在哲学本源上却始终不愿放弃旧体系留下的影响，拼尽全力以各种方式复辟旧体系的幽灵，虽然他本人可能完全没有察觉到自己的这种潜意识倾向。遗憾的是，就像无论普朗克还是爱因斯坦都并没有真正推倒经典物理的大厦一样，现代主义设计风潮的这两位旗手大师们也没能真正撼动自维特鲁威和阿尔伯蒂以来的经典空间设计之根。恰似20世纪以前的科学界，虽然也取得了灿若星河的成绩，但它们终究只是旧框架下修修补补的完善。纵使心怀构建新空间体系的宏伟愿望，20世纪早期的现代主义巨匠们也只是像他们的科学界同辈那样，在笛卡尔坐标系下那平坦、均匀且连续的空间体系里做些对旧系统的修修补补罢了。

需要指出的是，人们提起建筑和城市历史上的现代主义运动时，常有"四大师"或"五大师"的提法，也就是在格罗皮乌斯和柯布西耶之外，再加上密斯·凡·德罗、赖特和阿尔瓦·阿尔托。他们各自拥有数量庞大的拥趸和难以计数的优秀作品。这里我不再在格罗皮乌斯和柯布西耶之后赘述后面三位的事迹。就像此前在陈述量子理论发展史时不曾赘述海森堡、泡利、薛定谔与狄拉克一样。因为他们虽然也为理论的完备性做出了贡献，但同样也没有能够超出旧体系的桎梏而跳脱出来打开一个全新的境界。

在"五大师"之后，现代主义设计风潮到底在何时结束则是一个至今还争议未休的话题，有不少建筑评论大家如查尔斯·詹克斯等都对这个议题从不同的角度下过论断。主流观点是，20世纪60年代是现代主义设计风潮的一个分水岭。在那以后，一部分人认为现代主义已经终结，新的"主义"相继诞生。而另一部分人则相信此后诞生的各色新"主义"实际是对现代主义早期精神的继承和发扬，是具有现代主义基因的重现，是对战后陷入形式固化而板结僵硬的现代主义的修正。然而不管怎样，现代主义的发展跟其历史同期的量子论在科学界的发展有着很大的相似性与共通点。现代主义的发展为人们认识和重新认识人造空间中功能与形式的融合打开了通路，并以其广布世界的各种实践活动和出彩作品为重塑人们对长度量纲的感知立下了汗马功劳。

在现代主义以后，更高、更大、更远、更多元已经成为人们看待人造空间时的默认预期。如今没有谁会再为帕提农神庙或者卢浮宫的体量感到震撼，也不会有谁再去提圣索菲亚大教堂的穹顶跨度或是含元殿的间进深度，更不会有谁还惊叹金字塔或者永宁寺塔的高度。人们的感官已经被近半个世纪以来的新式建筑熏陶得更习钻了。人们看待建筑物构筑物时终于不再仅仅局限于其表面的风格或造型，而是能够开始将更多的注意力转到造型边界内部的使用空间及其与使用功能的联系上来。现代主义引导的新空间编组方式也成功地适应了新时期生产生活的需求，在"工厂"与

"神殿"之间架起了一座桥梁，使得许多原本不在人造空间设计理论关注中的事物被和谐而统一地纳入了思考。如果按照有些学者的观点，视现代主义运动为一个失败的话，那么它无疑也是人造空间发展历史上最有意义的一场失败。站在工业革命的早期，它所进行的尝试为人们思考工业革命后期人造空间将会或将要发生什么样的范式变化提供了线索。

新的意向

"我们必须知道，我们必将知道。"[1]

——大卫－希尔伯特

人们或许要问：是的，我们确实知道了相对论时空和量子论时空，知道了在科学的领域，空间的基本属性可以是不平坦的、不均质的、不连续的、不确定的、不定域的、概率化的以及非因果律的。我们也已经知道了在过去的几十个世纪中人类关于空间创造的活动在同源基因的作用下，进行了许多次不大不小的变异，且最近发生的一次差点就捅出了一个全新的物种。但这些对于身处宏观尺度世界中的人们而言，对于日复一日寻常相见的柴米油盐酱醋茶而言，对于一砖一木构造起来的建筑、园林和城市而言，对于"一切正常"的当代建筑城市空间而言，到底又存在何种程度的关联和影响呢？牛顿－欧几里德系统虽然是错误的，但就连物理学家们自己不也承认这个近似解用以解释日常生活仍然是足够完备的吗？虽然空间范式在过去的几千年中从来没有发生突破性变化，但这不正说明原有的空间范式是足用的？既然如此，那我们那些建立在牛顿－欧几里德体系上，已经完美运作了上千年之久的各种建筑、景观和城市理论还有什么需要被重构的呢？建筑学和城市学的理论大厦难道不是早已建成，其理论基础难道不是已经坚实而完备，我们所剩下的工作难道不是仅需对它进行一

---

[1] 徐福生 . 希尔伯特－现代数学的巨星 [J]. 自然杂志，1983（5）: 54.

些细节的完善和补正了么?

　　然而，现实的情况恐怕并没有那么乐观。新设备、新技术、新市场的出现已经开始越来越清晰地向还停留在经典体系中的设计从业者们暗示，是时候开始理解我们的科学家同伴们在半个世纪前就已经点明的那些空间的根本属性了。用以应对新时代的空间范式将无法从原有的空间范式中修修补补得出，在近似解法内精益求精的做法将不再行得通，代表普罗大众的需求端已经在潜移默化中发生了足以推动人造空间的供求关系发生改变的异化。作为社会关系集合的终端呈现者，我们曾经的理论在面对新时代的实际问题时，纵使不能说是完全失效了，至少变得越来越乏力了。新时代的客观需求和时代特性对空间设计理论提出的新的要求，是蔓延在事关人们日常柴米油盐酱醋茶的各个领域的，覆盖了居住、商业、教育、行政、办公以及所有我们触手可及的业态。捧着《建筑十书》或者甚至距我们还并不甚远的《马丘比丘宪章》来指导一个现实项目的开展，其结果恐怕是不言而喻的。设计师们将不得不重新建构自己手中的理论工具箱以适应全新的时代条件。

　　君不见移动终端的普及已经使得越来越多人即使聚会也常各自低头望手机?君不见共享单车的普及已经使得越来越多人在四五公里半径的活动范围内已经脱离了对汽车的依赖?君不见实体书店在经历了大面积倒闭潮之后如今又改头换面以一种全新的模式涌现了出来?君不见个体户式的各色小店正在许多领域取代曾经一统江湖的百货商场?君不见研究机构与科技企业正在逐渐放开考勤制度与分区制度?君不见长程量子通讯已经有了雏形?

　　宏观空间的"弯曲"效应如今已经发展到了可感知的程度，而且在未来只会更强烈。在宏观和微观尺度上，空间的弯曲效应是由其中运动物体的质量引起的，就像一块四角撑平的床单中间放着一个铅球，会把周围的时空向下拽一样。受物体质量影响而弯曲的时空对整个系统中其他物体而言的作用则是影响它们的运动轨迹，框定运动发生的范围，干扰运动的即时速度。这些物体会被"吸引"着而加速向弯曲时空的中心靠拢。在宏观空间中，虽然没有哪个建筑、公园、设施或者个人的质量能够达到扭曲其身边的时空来影响其他人的运动，但类似的等价效果却并不稀罕，而且自古有之。譬如雅典的卫城、罗马的斗兽场、佛罗伦萨的圣母百花大教堂、东晋建康城的乌衣巷、清末北京的八大胡同以及中国的各大"人民广场/公园"，这些建筑或城区在历史上就对其周围的人物活动产生着不可估量的影响。虽然因为历史时期和文化背景的不同，这些建筑、街巷、公园对周边人物活动产生的影响原因各不相同，有的是因为神权，有的是因为王权，有的是因为财权，而有的则是因为意识形态，但最终的效果却十分相近。围绕着这些建筑、街巷和公园，人们无论是活动的数量、速度还是路径都与城市中其他区域有着明显的差别。这正是"权力"附着在单体或群体物件身上从而引起周围"时空弯曲"的表现。

只不过在信息传播不那么发达的时代，这种弯曲的效果影响的范围极其有限，作用效果也还不那么明显。当发展到 21 世纪，信息传播的阻碍已经极大地减小，传播的手段极大丰富时，这些建筑、街巷和公园周围的弯曲效应便在信息化的催化下被放大了。曾经只能影响生活在周边数个街区居民的这些建筑、街巷和公园，现在则能够将这种影响力散布到整个城市，整个国家，甚至全球范围。关于这点，当代中国每年国庆假期所出现的那种全国范围人口迁移即是极好的例证。

信息化的发展不仅增强了那些附着了权力的物件周围空间的弯曲效果，使得它们能够吸引更远处的人和物向它们靠拢，信息化本身也在弯曲着那些本来未附着权力的平坦空间。便捷的信息传递通道为事物超越物质空间的距离限制打开了通路，它在原本不受权力影响的平坦的日常空间中以类似于"虫洞"的形式便捷地链接着此时此地与彼时彼地。此时此地的人们能够通过信息通道与另一侧的人实现交流。当然了，以目前人类的技术，这种交流还未能做到实时。信息传递的速度被限制在光速。所以当前的这种超链接还处在一种"类虫洞"的边缘状态。但随着量子通信技术的发展，通过利用量子幽灵般的超距作用，未来在信息网络覆盖范围内的各点实现真正两点间信息（甚至物质）的实时传送是完全可以实现的。信息网络所带来的这种时空弯曲在那时也将变得更加明显。

信息的"虫洞"除了能够弯曲现实中两点之间的空间使之便捷相连外，也正在消除现实和虚拟空间之间的界限，并以这种方式的融合进一步强化着现实空间中的弯曲效应。在信息技术尚不发达的过去，人们所直观看到、听到、闻到、摸到的信息就构成了对宏观物质空间的感受。如前所述，现实空间中的人们受现实空间中各种界限（主要是长度量纲）的限制，只能和现实空间中的事物发生互动，是生活在一种曲率近似于零的平坦空间里。然而这种空间的平坦性已随着信息技术的爆发式发展而消失了。今日的现代人其实已经开始渐渐脱离五感的空间限定性，依赖界限建立起来空间的感知及其对应的活动模式正在逐渐弱化。如今地铁里、公交上、广场中插着耳机专注地通过手机或其他移动终端设备观看音频视频的人比比皆是。发达的移动网络使得当代人已经可以便捷地通过移动终端设备随时随地打开连通现实与虚拟空间的通路，从现实空间中逃脱出去或者回到现实生活中来。这种时空弯曲效果比之前一种现实中两点间的超距链接所产生的时空弯曲效应作用更加强烈。

信息化对人居空间的弯曲效应是如此巨大，以至于许多传统上固定已久的空间编组模式渐渐失去了它原本的效能。在一间民居中，曾经作为"质量中心"进行编组的客厅/书房现在变得没那么重要了。越来越多的活动不再需要像以前那样在这些房间中发生，家庭成员的活动轨迹也很少再围绕这两类房间展开。相对应的，原本作为非质量中心进行编组的卧室却变得重要起来，越来越多的活动如今都转到这里发生。同样，在一间办公室中，曾经作为"质量中心"进行编组，并为高等级成员所占据的空间，其重要性在当代被信号的强弱所平衡了，尺寸的重要性被逐渐弱化了。即使是一个相对狭小的房间，只要它是网络连接信号最强最稳定的地方，它在整个办公室中就会自发地成为最重要的地方，会吸引最多的活动围绕在它附近发生。对于建筑是如此，对于更大尺度的城市格局也是如此。在信息技术的影响之下，传统上影响城市空间布局结构的许多要素都发生了变化，而这些变化汇总在一起，映射到城市空间最终的物质化落实上则是当代城市与古典城市相比看似无序化的表现。这种无序化当然不是中世纪城市中那种无序化的退型表现，而是一种超越人工构图秩序的混沌秩序。

除了因信息化发展而显得愈发明显的时空弯曲效果之外，当代和未来空间的另一个特征——不连续性也将变得越来越醒目。"不连续"将取代"连续"成为未来宏观上人居空间的另一个无法罔顾的新常态。就像空间的弯曲其实在古代已有，但我们并未能明显感觉到那样，宏观上空间的不连续性也是一个自古已有的现象，只不过直到近代以后随着大工业生产和信息传播的便捷化才越发明显。

从城市的尺度上说，这种宏观空间的不连续性首先是城市功能在工业化前后的巨大变化以及社会分工在工业化之后的加速细分导致的。在前工业化时代的"宇宙宗法城市"[1]（Cosmo Magical City）中城市格局的主要影响者无外乎市场、政府（城堡 / 市政厅 / 衙门）、神祇（教堂 / 寺庙 / 祖社）和民居。在农业的汪洋大海中零星出现的前工业化城市在功能上本身不存在细化分工的必要与可能，因而投射于城市的宏观空间分布时，虽然有一些微小的断裂，但总体看起来还是连续而匀质的。然而这种简单的格局在后工业化城市中势必要变得复杂起来。因为社会的发展客观上要求原先四分法中的每个概念在后工业化城市中都进一步衍生出了许许多多同型但异质的子概念。"市场"不再能被简单地以"东市""西市"或是城中心圆形广场来概括，而是发展出了从大型商业综合体到集贸市场再到街区小店等难以计数的子类。"民居"同样不再是大同小异的建筑在城市中均匀的排开，而是分出了高层、多层、低层、高档别墅等多种多样的子类。政府的部门也变得多样起来，不再是一个衙门统领城市大小事务，而是有

---

[1] 理查德•布兰顿，李宏艳.人类考古学视角下的城市起源 [J].都市文化研究，2006（1）：47.

了许多专管专办的部门。神祇的种类自然也多样起来，不再是一种宗教统治全城。此外，一些原先不属于这四种功能的新功能也被注入到了后工业化时代的城市中去。诸如公园、教育、交通设施等在前工业时代不重要或不存在的功能如今已变成城市生活不可或缺的一部分。这样愈发复杂的城市功能和愈发细碎的社会分工，无一不在撕扯分化着原本连续度较低的城市宏观空间，使之细分细分再细分，并最终形成一种人们已经直观可感的不连续状态。

此外，经济作为影响城市宏观空间分布的一个因素，其重要性和影响力也在随着工业化而与日俱增，并在 20 世纪中叶第二次世界大战后成为影响当代城市空间格局的核心因素。如今的城市，资本已经扯下了神权或王权的面具，直接走到台前来开始决定城市宏观空间的具体分布格局。作为城市经济效益最直观表现的地价与房租恰恰就是一个极具不连续性的指标。譬如在北上广这样城市中，你能看到一个区域与另一个相邻区域之间单位面积的租金相差几千元，地价相差几千元，但你却不会看到两个区域之间的租金与地价相差"几千零一元"，哪怕它们相聚再贴近，周边要素再相似，消费人群再相同。房租与地价在这些城市中的最小单元是"千"这个数量级，超过它人们就不能再细分下去了。当价格的这种不连续性，融合一些其他的社会因素，再投射于城市宏观空间的分布时，自然而然地也就强化了宏观空间在使用和功能上的碎片化效果。在平均地价八万一平方米到平均地价八千一平方米的两个街区之间，不同标价的空间是以一种阶梯状而非坡道状的方式拼贴在一起。

建筑尺度上的空间连续性问题则比城市尺度上这一问题的表现来得稍微复杂一些。因为相反于城市尺度上那种不连续、碎片化的状态逐渐占据主导的表现，在一定程度上当代及未来城市中建筑内的空间将变得比过去的时代更连续，但同时它也不是可以被无限细分下去的。也就是说，建筑尺度上的空间连续性问题会经历一个先解构旧的不连续再建立新的不连续的往复过程。从某种意义上说，它倒是离量子论中所述的不连续性本意还更贴近一些。

长久以来，建筑内部空间的不连续性主要来自于两个方面的限制，一是建筑工程技巧的限制，使用材料和结构决定了建筑内部空间在绝大多数时候是无法做到全贯通的。这是"实"的隔断。二是建筑各空间主要使用者的社会地位、权力等级、个人爱好等属性的限制。人人皆有不同，且人人皆有定义自己领域的基本生理心理诉求。这些诉求反过来也决定了在室内无视尺度做完全贯通的空间会是低效而不受欢迎的，这是"虚"的隔断。

在当代社会，人类的建筑技法与过去相比已经有了了不起的进步，可利用的建筑新材料在抗压、抗剪、抗拉和耐久等各方面都远超以往，而且人们对于如何建构新的结构体系已经摸到了门路。当代建筑，只要愿意，就可以实现内部空间的全贯通。而在未来，解决好新材料与新结构体系的经济性问题后，新建筑对过往建筑中那种梁板柱体系的依赖就会被极大地削弱。并且其依赖性还会继续随着后续新材料新体系的成熟而持续衰减。因此"实"的隔断已经不再是什么难以逾越的沟壑。

至于由人的生物及社会属性所引起的建筑内部空间"虚"隔断，也正在随着人类社会古典时期那种金字塔式的结构逐渐崩塌而消解。自由平等是人类社会发展的主流趋势，古典时期高高在上的王权和神权已经崩解，草根的力量已经觉醒。尽管在当代城市中这种自由平等的程度还并没有达到理想中的高度，但仅仅是对比如今许多前沿科技大公司的办公室与20 世纪五六十年代的办公室所采用的平面布局方式，就不难看出这种变化确实处于"正在进行时"。再对比 18—19 世纪那些文学作品中对一家人居住空间的描写和当代城市居民中一家人对居住空间的使用，也可以清晰地看到过去"家长"在使用居所内空间上的权威已经消散。客厅不仅在日常生活中的重要性整体降低了，而且也不再是家长特享的空间了。绝大多数时候，孩子们也可以自由地使用这个曾经专属"大人"的场所了。卧室也不再是那么层级分明。虽然至今人们还保留着"主卧""次卧"这种称谓，但实际上孩子们的房间从尺寸、采光、通风、设备配置等各个方面都不再显得比家长的房间"弱"。当我们对比当代和过去已能轻而易举地发现这种变化时，没有理由不设想在未来更平权平等的时代里，这种室内空间的连续性会打折扣。

但是当这种社会阶层和身份与空间占有权解绑进程充分完成后，回归到每个个体层面，则人人不同的本性将会抑制人人平等的观点而将空间划分的下限设在每个人身上。也就是说，虽然身份和权力对室内空间划分模式的影响将逐渐消失，因其而建立的空间不连续性也会消解，但是这种消解在触碰到个人的感知界限时将会停止。"人"是建筑尺度空间细分的最小单位。而且这种情况还会得到信息技术的强化。"房间"虽然会消失，但"座位"却会得到保留。

量子化的时空观意味着宇宙总是有最小可微分单元的，因此也存在永远无法消除的测量误差。在城市尺度上最小可微分单元的界限由资本的影响力划定，而在建筑尺度上则是由每个人最终的生存生活界限划定。并且这两种情形都是容易受到信息技术的催化影响的。

未来宏观上人居空间也将是非因果律和概率性的。反映在空间设计上即是前期分析、中期设计和后期使用之间将始终存在不可消除的系统误差。设计意图将不可能严格地实现。过往那种"分析—预测—设计"的模式将不再成立。设计人员曾经所具有的那种对空间使用者的绝对控制力将被抵消直至消除。人造空间的供方将无法精确推算需方的状态而只能对之做出一个概率性的推测。对需方每个单一状态的观测与计算越准确，则对它的其他状态的观测就越不准确。

信息膨胀和自由意志的觉醒是加速空间的这些性质在宏观尺度上予以表达的催化剂。信息膨胀已经是当代人十分清楚的问题。只消稍微低头看看手边各种电子设备的 CPU/GPU 的性能指数，再看看各种设备的存储盘大小，经历过 20—21 世纪之交的人们一定对于数据量以及数据处理能力的暴涨感受深刻。然而，虽然人类处理信息的计算机技术发展得十分迅猛，我们产生信息的能力还是远远快于我们处理信息的能力（这也正是为何硬盘的发展速度快于 CPU 的发展速度）。更不用说我们这个受自然选择和迭代进化控制的大脑就更加跟不上受摩尔定律控制的芯片技术的进步速度。在可预见的未来，这种"处理速率＜生成速率"的情况在信息更发达的时代还将延续。处理速率跟不上生成速率，这就使得人造空间的设计项目在其推进的过程中必然会遇到两个经典系统永远不会遇到的问题：一是调研再也无法做到"数据全采集"了，因为前脚取得的数据后脚就会发生较大变动，一如人们永远追不上自己的影子（至少在地球上是如此）；二是前期分析时所使用的信息与后期落实时所面对的信息必然出现偏差，且这种偏差不会因为更新测量与分析的方法或设备而消除，是系统性的。第一个问题将直接增加设计者对空间需求理解的不确定性。而第二个问题则决定了，设计人员在项目开展的前期依据当时所掌握信息而确定的设计意图，在后期落实时一定会被弱化甚至异化。

自由意志的觉醒对设计流程的影响同样表现在对从设计到使用这组前后环节的关联性的打击上。在过去的时代中，设计前段的分析一直被当成是可媲美医学诊断的过程，是后续空间设计推进的诊断书。只要严格地按照它一步步推进，后期得到的空间效果就一定是它所预言的那样。这种模式也在权威会得到普通民众绝对服从的经典时代运转良好。但当设计师们仍暗持着这种思想开始推动现代主义建筑运动时，自信满满开始却灰头土脸结束的案例层出不穷。那一时期现代主义曾将决定论推崇到如此高度，以至于当它跌落时也就摔得分外惨烈。对权力的绝对服从已经在 20 世纪初开始崩解，普通民众对自身需求的自明自信也渐渐开始普及。在未来，平等的社会环境会进一步强化人们的自由意志。这将不仅使得过去那种分析采样所面对的样本基础变得不再准确，统一的规律也将难以找寻，更不用说以此在设计分析之后建立起一种全民认可的假设并依此开展后续工作。自由意志的觉醒及强化直接影响了空间在需求端表达的确定性。尝试以医学剂量表的方式去分析空间的设计最终只能表现得顾此失彼而挂一漏万。空间的需方会有一千万种自己的理解来调整设计前期所尝试划定的编组模式。

前期分析准确性的弱化、前后期信息环境之差，以及后期使用者自发改变的欲望，这些设计过程非因果律化的结果将迫使未来的人造空间编组模式以弹性取代确定性作为一个主要特征。像阿尔伯蒂、柯布西耶、亚历山大这些设计师们那样试图建构起一本能够对现实空间中所有可能性实现一一对应的设计手册的尝试将变得毫无意义。弹性的空间编组模式需要设计过程转变成像求解粒子的波函数那样，成为寻找空间弹性范围的一个过程。它将不再需要为确定空间的每一个精确参数而浪费精力，转而依据经验和有限分析为空间设计最后的目标划定上下限，预留相当比例的后期调整余地，并坦然接纳后期落实时空间在这种上下限之间的随机变动。未来的空间设计，设计图纸上的空间将与最终落成的空间脱钩。空间设计的结果将不再具有排异性，不再是某几个设计师或团体假借"科学分析"之名而强推个人喜好的结果。未来通过设计得到的空间将不再是一件围着警戒线大写着"闲人勿动"的玻璃樽，而是一块没有规则任人把玩的塑形泥。塑造空间的权力，最终将以某些形式转换回到空间最后的使用者手上，作为"中间人"的设计者对空间内信息表达与不表达的决定权终将被稀释。

本章小结

简单地说，漫空间是一种乌托邦，是一种假想的未来空间编组范式。它的范围主要存在于城市尺度，但也不排斥建筑尺度或更小尺度上的空间。它是一种价值观，也是一种方法论。在其中灌注着对科学精神和早期现代主义精神的继承和发扬，同时也带有一些理想主义的乐观和天马行空的幻想。

漫空间是一种具有"波粒二象性"的空间。当然这并不是说漫空间会像光和其他微观粒子那样产生非常复杂的传播和运动，而只是要借用20世纪下半叶以来，人类对物质世界最具突破性的认识来说明这种理想空间模型所具有的二元性。粒子性的特点是具一定的形状、大小、动量、能量和连续的运动路径，而波动性的特点则在于它是一种在介质中传递的"扰动"。一旦扰动产生，其传递的速度与范围受介质的弹性和惯性影响而不受扰动源的影响。粒子性是具有相对固定"形态"的，有较刚性的边界和属性，可以被辨别和分类。而波动性是范围化的，它可以与其他的波叠加，有时甚至是和自己叠加，可以在作用范围内产生干涉和衍射效应，使得作用范围内的一部分区域扰动加剧而一部分区域扰动减弱。近现代量子论的发展指出，光和其他微观粒子的波粒二象性使得我们在观测光和微观粒子时，观测行为甚至尝试要进行观测行为的主观意识发生时，就会影响被观测物最终呈现的结果。如果以观测粒子的方法去进行观测，则观测物会表现出其粒子性的一面而将波动性的效应减弱，反之如果以观测波的方法去进行测量，则观测物又会聪明地收起它们的粒子性而将其波动性强化出来。但无论如何它们身上仍然同时蕴含着波和粒子的两种潜力。漫空间正是一种同时具有波动性和粒子性，且能根据需要而在两者之间自由转换的空间，是科学研究上所发现的那些空间性质——弯曲的、不连续、非定域的、概率化的，以及非因果律的——在日常宏观尺度上的一种具象体现。

并不需要否认，漫空间是一种伪欧空间，在大类上仍属于由"长宽高"这个长度量纲构成的范式。但"时间"将作为一个重要的维度被提到同等于其他三维的高度一同讨论。对于漫空间而言，长、宽、高与时间就是确定漫空间粒子性的四个基本量，也是人们感知空间的根本依据。确定漫空间粒子性的过程就是解此四个维度量的过程。通过划定大致明确的长度三维，形成一个大致明确的物质边界，再以"重构叙事性"的方法完成对漫空间时间维度的表达。此后空间使用者对这个空间的观察、使用、改造便都将在这套基本量上进行。同时该漫空间与其他周边空间的相互作用也将在这些基本量的基础上发生。

漫空间的"波动性"则体现在它对故有空间体系形成的扰动和由它所强化的空间干涉效应上。空间本身并不会湮灭，而只是被不断调整，人工活动也不创造空间而只划分空间，因此，未来每一次空间的设计与构造都将成为对原空间背景的一次体系扰动。这种扰动的作用会在整个体系中传播，而传播的效果会受信息化的影响而放大。在这个层面上，漫空间将不再是一个具有固定四维量的讨论实体，而是转换成一股对其所在的整个体系产生影响的扰动源。它们将持续扰动传统空间生成的原理、空间具备的功能，以及空间使用的方式等各方面，成为一种展示别样可能的存在。此外，通过在体系中多个现实空间彼此于信息虫洞的作用下相互贯通和现实与虚拟空间彼此于信息虫洞作用下相互贯通的方式，空间的干涉效应将被放大。

此外，在粒子性和波动性各自单独得到表现之外，在波粒二象转换方面，每个空间子集也将具有自由选择在各种情况下偏重展现其粒子性还是偏重展现其波动性的自我调节能力。由于漫空间是一个尺度从室内一直延展到城市群级别的巨大集合，每一个、每一组、每一群子空间势必会出现对粒子性和波动性需求偏向的不同。如果空间使用者关注空间的四维定量，则子空间会展现给他／她一个具有一定确定数值的四维定量。空间的长、宽、高及时间性将在此时被固定下来，形成一个可以捉摸的东西。如果空间的使用者更关注空间的扰动叠加而对空间的四维量不那么感兴趣，则相应的子空间会展现出与其他子空间的干涉联系而同时弱化四维量表达。漫空间的粒子性确定的是其基本要素，是各子空间的刚性表达，是硬币的一面。而漫空间的波动性确定的是其影响机制和影响方式，是不确定性与叠加性的表达，是硬币的另一面。两者相加而形成的波粒二象性则是这枚硬币的整体。

从生物学的演化理论看，漫空间并不是一种与人居空间过往范式完全不同的新物种，它仍然留存着传统空间的基因，但是顺应时代环境的外部刺激而在其基础上产生了一些突变。毕竟，作为三维生物的我们是无法创造高于我们自身维度的存在的。因此，对于漫空间"是什么"的想象，并不必过于夸张，仍可以从与传统空间的比照上寻找线索。

在空间的尺度方面，漫空间是具有广延性的。它既不是一个专门被用以描述建筑室内空间的概念，也不是一个专门被用以刻画建筑群落空间的名词，更不是一个专门用以描述城市群空间格局的设想，而是一个同时覆盖了这一串从小到大，渐次扩展的不同尺度空间的综合体。换句话说，一个室内空间可以是漫空间，一个小区也可以是漫空间；一个公园中的一角可以是漫空间，这个公园整体也可以是漫空间；一个城区可以是一个漫空间，包含这个城区的整个城市在更广大的城市群中也可以被看作是"一个"漫空间。漫空间在尺度问题上的限定是辩证的，它的范围取决于观察它时，观察者所愿采用的范围，而不再受微观—中观—宏观这传统三分法地严格限定。

在空间的权属方面，漫空间将跨越"私属空间""共有空间"和"公共空间"这种传统城市空间三分法的形式。一方面是因为漫空间首先在尺度上已经是一个辩证的跨尺度概念，因此再以私属—共有—公共这样与空间尺度息息相关的概念来做限定必然显得有些力不从心。另一方面是因为漫空间实质上是在只具有"粒子性"的传统空间基础上增加了"波动性"，使空间成为一种波粒二象的集合体。当观察者不需要原本私属空间展现空间的波动性时，其会老老实实地展现成私属空间。但只要观察者愿意，他/她也可以随时将这一空间通过与其他空间或虚拟信息空间的叠加转换成共有空间甚至是公共空间。因此除了在空间尺度上的跨越使得漫空间超越了私属—共有—公共这种传统三分法外，空间的波粒二象性也使得漫空间从使用者层面摆脱了这种三分法的束缚。

在空间的感知方面，漫空间的感知机制和方式也不再类同于传统空间的固有形式。虽然漫空间仍将具有一定长短、宽窄、高低、远近等物质属性，但这些物质属性对人们感知空间的影响将不再剧烈。过往通过尺寸、色彩、数字、对称性和符号化等手段试图影响空间使用者的方式将从主流手段退下来变成辅助手段。文化的隐喻将在信息化的支撑下变得更直接而强烈，各空间除了满足其基本功能（有的空间甚至将不再具有"基本功能"）所需要的那些感知元素外，其余的感知元素都将被数字化替代或强化，并由空间使用者自己选定。换言之，过往设计空间时时困扰设计人员的"众口难调"问题将变得简单直观，因为在漫空间中的"众"将各自调各自的"口"而不需要再担心自己的口会影响到别人或受别人影响。

以上从回顾科学发展史上人们对空间的认识开始，探讨了欧几里德－牛顿空间体系对经典的空间设计所形成的影响，指出经典空间设计走过了一个强调数理秩序，笃信因果律和决定论至上的过程。但是随着科技的发展，20世纪下半叶以来，人们已经从科学的角度认识到了欧几里德－牛顿空间体系的片面性。与此同时，量子物理革命和现代主义设计风潮这两个重要事件也从一正一反两个方面给予因果律和决定论以致命的打击。可以说截至20世纪60年代，构成经典空间设计原则的哲学本源已经被彻底推翻。一个弯曲的、不匀质的、不连续的、非因果律的空间日益明显地摆在了人们面前。

然而从设计人员的工具箱这一面看，却不难发现自从欧几里德以来，虽然经历了笛卡尔－蒙日的两次发展完善，本质上平面绘图＋透视画法的组合却并没有改变。工具的落后侧面反映的是设计人员在思路上并没有像科学界那样对空间新性质予以足够重视。空间设计的思路也未得到必要的更新。

一方面是已经日益明显的设计条件变化，另一方面是仍未及时更新的设计工具与思路。出于对这种背景环境的回答，在这一章的最后提出了"漫空间"这种理想模型，作为一种带有乌托邦精神的尝试。这一理想模型将从"波粒二象性"的角度出发，先分别讨论了建构空间粒子性和波动性的可能及步骤，再讨论了建构连接波粒二相的可能及途径，继而指出漫空间这种理想模型在未来城市中由点及面逐渐扩展并最终成为整个城市空间的主导形式的发展方式。

在接下来的章节中，对"漫空间"这个理想模型的解释将逐步展开。其中第二章将从重构空间叙事性的角度阐述如何构建漫空间粒子性中最重要的控制量—时间维度这一问题。第三章将从智能化的角度深入探讨影响空间叠加效应和扰动效应的漫空间波动性问题。第四章将从设计流程由曾经的一揽子完备计划转变为重视后期调整冗余的角度探讨在漫空间中融合波粒二象性的问题。

第二章　漫空间——人性的空间

你徜徉在特拉法加广场上，高高的纪念柱上纳尔逊-霍雷肖将军指点江山的雕像引导着你的目光向远空眺望；两侧巨大的喷泉潺潺的水声振动着你的鼓膜，像是在向你诉说一个个故事；小孩们三五成群，追逐着广场上四散的鸽子，在喷泉池的池水中嬉戏；坐在大台阶上吃着三明治看着手机的人们与耸立在他们背后的大英美术馆相映成一幅活动的画卷。这时候，你感觉到，好像这是一个特别有内涵的广场，似乎值得你放慢脚步，甚至停下来也找个角落坐下，买上一杯咖啡或是果汁，打开 Kindle，沐浴在暖暖的阳光里，享受伦敦闹中有静的一段时光。

夕阳西下，高线公园，霓虹灯渐次亮起。自然的光与人造的光交织在一起，投射到这生锈的铁轨上、葱郁的花草丛里。两侧写字楼中陆续有人站起身来，收拾东西，如释重负般透过窗户望向你，而你也向他们投去同样的目光。耳边传来公交车进站出站、出租车上客下客的繁忙声音，头顶飞机呼啸着向河对岸的机场飞去；远处走来一对满头银发的老年伴侣，近处有插着耳机开着笔记本安坐躺椅上的年轻人。这时候你被身旁的好友掐了一把，从恍惚中回过神来，看见三五个同事站在几步开外正用期待的目光看着你这个"夜店之王"，迫切地等待着你来告诉大家这个星期五的夜晚你又有什么新的酒吧值得推荐。你会心一笑，加快步伐赶上他们，一起投身去享受一个放松的夜晚。这就是纽约，一切尽有可能之地。

毫无疑问，倘若此刻展现在读者面前的不仅仅是这些文字，还有配图，甚或是一段延时摄影，一段剪辑精彩的视频，那这些空间中的场景感一定能被更好地呈现出来。绝大多数观众，追求视觉感观美的读者，在看到只有单纯的文字时，必早已愤然离席要求退票去了。但是那些仍然能够安下心来继续读下来的读者却可以发动自己的好奇心思考一个问题：我们是否愿意成为这些片段中的那个主人公？或者说，我们是否愿意那些场景片段所描述的空间是真实存在于我们所生活的城市里？

没有什么比逼迫不是从事科学研究的人阅读科研论文更让人沮丧了。对于大多数普通人而言，小说、戏剧、音乐或是视频与电影更能让人感到愉快，因为对于大多数普通人而言（甚至应该包括那些偶尔想要从科学研究中跳出来的科学家们），带情节的故事总比直白理性到冷冰冰的论文更易唤起代入感。这是自然界亿万年进化得来的客观结果。

代入感，无疑是带叙述性的艺术作品（文学、绘画、音乐……）区别于其他艺术作品所能给人带来的最不同的感觉。恰恰是这种感觉，使得原本身处其外的"观者"突然获得一种身处其中的异质同构感。那原本错开的时间线在某些特定时刻产生耦合，将故事人物的爱恨情仇、酸甜苦辣等万般感受映射到原本并不会具有这些感受的"观者"身上。这样虚幻与现实时出时入的不稳定交融正是一件具有叙述性作品所能给人带来快感的源泉。建筑与城市构成的人造空间，就像文章、绘画与音乐一样，也是一种叙述的载体，同样也适用这点。古往今来，建筑与城市空间的设计，若要称得上优秀，就必须尝试将艺术的叙事性结构与空间的安排相耦合。

无论严格的理论建构和科学分析对于指导城市人的生活有多么重要与必要，对于千千万万的普通人而言，香水最好还是保持它作为"香水"的意向而不是什么"香脂＋佛手柑油＋薰衣草＋柠檬油＋……"的化学成分表，而香肠最好还是保持它作为"香肠"的意向而不是被具体化成"脂肪＋蛋白质＋肌肉纤维……"的综合体。生活作为一种普通人的日常状态，在绝大多数时候都并不需要严肃的科学解读。而设计也就更不需要迫使人们生活在这样被过度科学肢解了想象趣味（马克思－韦伯称此为"祛魅"）的世界里。

　　因此，虽然在此前的章节中，我们使用了大量科学的论断，为读者展现了人们对于所身处的时空背景，对它的物理数学属性的认知是如何演化的。在这一章中，我们却要力图将视野拉回到离我们日常生活最近的尺度，从"人"的角度来讨论未来空间范式的演化。

叙与事

　　叙事，大概是生物最古老的一种交流形式。自从寒武纪生物大爆发，出现了较复杂的社会性生物后，向其他个体有效传递信息就成了各个物种保证自己在进化道路上不处于竞争劣势的一项重要手段。而自从人类发展出了图画和文字这些能超出基因控制而将信息向后代传递下去的途径，并借由这些技术使得自己在物种竞争中占据越来越大的优势以后，叙事的重要性就在东西方各文化群落中得到了广泛的认可。

　　叙事有其叙事内容与叙事方法，简单说来便是通过什么方式向"观者"表达什么故事。广义上说，建筑和城市自诞生之时起就具有叙事性，因为城市本就是许多世界观、人生观、价值观不同的人群一代又一代慢慢积累形成的；而建筑也一直默默承担着文化表达载体的任务。城市每一处物质空间背后都必然承载着形成这些物质空间的社会背景与历史经过。这些社会背景与历史经过就是故事，无论是让人感怀壮烈的古迹还是习以为常的日常空间甚至是让人嗤之以鼻的媚俗之物，它们实质上都具有各自的"叙述内容"。所不同的是，它们选择（或者被选择）的叙述方式不尽相同。古迹可以冠冕堂皇地将自己形成的历史用各种形式展示出来，期间若是还能与别的什么历史名人或是别的古迹扯上关系形成系统那就更棒了。而日常空间则得选择用更"平凡"的做法来讲述自己的故事。没有像古迹那样的诗赋宣扬，没有像古迹那样慕名而来的观众，也没有像古迹那样与众不同、天下只此一家的物质形体，日常空间的故事就是柴米油盐酱醋茶，阿婆的烧饼，小孩的尿布，因此叙述这些故事的最佳方式无外乎平平淡淡地直陈。至于那些让人嗤之以鼻的媚俗之物则往往不是因为它们没有自己"背后的故事"，而是这些故事大多不符合它们所处社会多数成员的价值观，因而无论叙述的方法如何，结果总是让人鄙夷。

在较漫长的时代里，城市中受到过明显设计的空间在其空间叙事内容上往往都是一元主题的，比如作为祭祀的空间、作为纪念的空间、作为权力展示的空间等。它们占据城市中较重要的区位，围绕着一个特定的主题，起着向城市居民传播特定影响的功能。那些没有受过明显设计的日常空间在其空间叙事内容上则往往表现出多元主题，如街道、市场、功能建筑之间的灰空间等。它们贴近人们的日常生活，虽然也被赋予了一定主题，但这些主题并没有排斥相关的其他叙事内容嵌入进来形成一个整体。

应该看到，城市空间设计中空间叙事内容一元化的传统是与城市的权力体系息息相关的。在过往的时代中，集权化的政治体制要求在城市中具有较高辨识度的土地贡献出来成为权贵们展示其高于普通人的场所。而对这些场所进行特定设计与建造都需要花费相当的社会财富，这种社会财富也只能由城市中的权贵们给出。这样无论从土地供给的方面还是从施工建造的方面，城市空间中被特意设计的部分都不免要带上权贵们一元化的烙印。这种情况在市民意识觉醒之后，伴随着全新的国家体系的建构也逐渐发生了改变。城市空间中被设计过的部分不再仅仅是展示国家政治意识的宣言场地（虽然这仍然是一个非常重要的题目），而是越来越多地被要求要贴近使用者的生活。毫无疑问，这种空间的使用者是多种多样的，表现在他们的出身背景、社会经历、教育程度以及民族种族等各方各面，这些多元化的因素现在都能或多或少地影响到设计者对城市空间叙述内容的安排。否则设计者一不小心就会被扣上种族歧视、文化歧视等政治错误的帽子而饱受批判。因此，一元主题的空间叙事内容安排模式渐渐变得不再适合当代空间设计的客观要求。多元主题的空间叙事内容安排模式逐渐成为主流。

就城市空间的叙事方法而言，概括起来，主要的手法也无外乎文学艺术里的"赋比兴"。作为最古老的叙事艺术之一，"赋比兴"是中国古典文学家们对于文字表达最重要也最基础的三种叙事方法的概括。"赋"是平铺直叙，是最基本的表现手法。因其文法朴实，故而用赋的方法铺陈的内容往往篇幅较长，并且时常与排比结合在一起使用，以求表现出一气贯注的气势和淋漓尽致的描写。同时"赋"也是其他表现方式赖以依附的基础。没有质朴的赋做本体，"比""兴"的形式将难以单独完成对事物的描写。

"比"是类比、比喻、比拟的综合体，在其最早出现的《诗经》中本为"比喻"，但后世有好穿凿附会穷解诗意的文学评论者将类比和比拟也加入到"比"的含义里，从某种意义上扩充了"比"作为一个叙事手法的内容。以一物比另一物，作者通过借用一个比本体更生动具体的事物来鲜明浅近地向人们传递作者所描写的本不为读者所熟悉的本体。借由人们的联想，形象生动，鲜明突出地在读者心中留下所要表达的事物的特征。比通过象征的方式扩展了文字描述的意境，扩大了文字描述的内容。

"兴"是先言他物以引起所言之物。晋代文学家钟嵘对"兴"的论述为："文已尽而意有余，兴也。"强调"兴"的特点是余味绵绵[1]。同"比"相似的，"兴"也是通过激发读者联想来扩充文字所构建的意境内容。但与"比"不同的是，"兴"的用法并不会给读者引导出一个明确的联想方向，而是给予读者更广阔的自由度，使人能更好地调用自己的经验认知来理解出一个专属于自己的对当前文字的解析版本。譬如最常提及的"兴"手法的典范"孔雀东南飞，五里一徘徊"中，读到此诗的多年未归游子与摇头晃脑只知其然而不知其所以然的黄口孺子在脑海中形成的构想就决然不会相同。多年漂泊的人固然会形成许多别的联想，但同样难有联想的黄口孺子也不会因为缺乏社会经历而无法理解这两句在全诗中的作用。这就是"兴"手法给予读者广阔自由度的表现。

总体而言，无论是平直铺陈的"赋"手法也好，还是以彼带此的

---

[1]（南朝梁）钟嵘.诗品译注［M］.周振甫，译.上海：中华书局，1998.

"比""兴"手法也罢，叙事的主体都是通过有意识地将叙事媒介组织起来，将自己想要表达的思想感情传递出去。各种手法的组织好坏决定了这些思想感情传递出去之后能在多大程度上被叙事客体理解。将"赋比兴"从文学手法对应到城市空间叙事的手法上，可以看到，就像城市空间叙事内容跟随着社会发展的浪潮从一元主题转向了多元主题一样，城市空间的叙事手法也从以"赋"为主转向了"赋""比""兴"并重，并且可以明显地感受到"比兴"这种具有开放性的手法在整体城市空间营造中出现得愈来愈频繁。

无论是叙事的内容还是叙事的方法，它们的存在都是由叙事的主体与叙事的客体之间交互产生的。叙事的主体是叙事内容的创造者和讲述者，而叙事的客体是这些内容的接受者和再创造者。叙事的主体通过特定的叙事方法将特定的叙事内容通过特定的媒介传递给特定的叙事客体。这个概念性的过程发生在所有叙事艺术作品中，如果以一种更文艺一点的眼光来看待我们身处的城市空间，这种过程也时时刻刻发生在我们周围。但是将城市空间看作是一部叙事作品的话，它与其他叙事艺术作品在叙事主体与客体两方面还是存在着些许不同。

首先是城市空间的营造者（叙事的主体）具有别的叙事艺术作品作者所不具备的复杂性和多样性。哪怕是再复杂的戏剧，其编剧组也是固定的几个人，叙事的主体相对而言更简单。但在城市空间的叙事系统中，叙事的主体往往是一个非常复杂的共同体。设计团队少则三五人多则数十甚至上百人，除此之外建设团队的人数更多，还要算上出资建设这些空间的大资本集团或是政府机构，最后也不能忘记通过"公众参与"环节而越来越广泛地渗透到城市空间塑造过程中的民意代表们。这些形形色色的各类人加总到一起才称得上是城市空间叙事系统的"叙事主体"。这样庞大的"创作团队"显然是其他各种叙事作品所不能企及的。

其次，从叙事的客体方面看，城市空间所要面对的"听众""观众""读者"群体也同样比别的作品来得复杂。无论是小说、戏剧、电影还是绘画，它们的受众更多的仅仅是去尝试理解作者给他们创造的故事。尽管在解构主义盛行之后，人们也意识到了小说、戏剧、电影和绘画的观赏者们或多或少也会对故事进行自己的再建构，但对于这些作品的受众而言，他们并不可能真的对作品本身进行什么实质上的更改。一部分试图将叙事客体的重要性予以拔高的先锋派的作品，如电影《玛利亚温泉市》，毕加索的《阿莱城的姑娘》，建筑"Habitat 67"等[1]，则在很长时间叫好不叫座。观者不可能立刻改写小说中他不喜欢的情节，更不可能替换掉戏剧中的桥段、电影里的片段、绘画的部分。换言之，这些叙事作品的叙事客体与主体之间的关系总体上仍然是分离的，彼此之间的转换是受限制的。

但这种情况对于城市空间而言则并非如此。城市空间的使用者，也就是叙事的客体，倘若对城市空间的"创作团队"所交出的故事内容不甚满意，他们几乎总是能够找到办法立刻按他们的意思"重写"这些部分。在客体具有较多主动权的"私人空间"中（事实上这种空间一经交付，原来的客体就已经转变成了叙事的主体，特别是在中国），各种空间要素几乎完全要被重置一遍，这也是为何如今室内设计已经完全脱离建筑设计之外成为一个独立的行业的原因。在那些客体相对主动权较少的"公共空间"中，客体虽然难以大规模改变空间的物质要素，但仍然能够通过赋予空间超出设计意图的活动来软性地重塑空间的故事情节，比如如今盛行中国的广场舞和盛行欧美的快闪等街头艺术。城市空间的叙事客体复杂性就表现在这种别的叙事艺术所不具备的客体与主体之间的模糊性上。

叙事主体和客体之间还存在着"讲述"和"理解"这一正一反的两个相互作用过程。在对叙事学的研究发展到 20 世纪 90 年代以后，越来越多的学者们意识到了不仅仅是叙事主体对故事的建构方式会决定叙事内容的最终表达效果，更多时候是叙事客体对故事的解构方式来决定到底叙事内容中什么样的信息会得以继续传递。并非所有"观者"都能感受到各个城市空间正在向他默默诉说的故事。就像一位不懂中文的外国游客，哪怕

[1] 利昂•怀特森，韩宝山，赵坚，等.加拿大现代建筑回顾 [J].世界建筑，1987（6）: 13-15.

是捧起《笑林广记》这样有趣的著作也不能感受到文字中透露出来的诙谐与智慧。

诺伯格·舒尔兹（Norherg-Schulz）在《场所精神》中指出，空间中发生的事件情节甚至是与一些细节要关联到一些"观者"过往的经历，才能形成记忆簇，进而在这些"观者"心中留下有意味的空间感受[1]。作为重要景点的名胜古迹是精通各国语言的，任谁来到这里都能大致领略它们所要讲述的故事，虽然可能往往不能得其精髓。而作为承载日常生活的普通城市空间则仅仅只会说自己的那一门方言，不熟悉这门方言的观者往往根本无从感受它们所表达故事的趣旨。这就是作为叙述主体的城市空间与作为叙述客体的观者之间存在的一种泛在的对应性。意欲营造真正具有叙事性的空间，就不能罔顾各种叙事主体与叙事客体之间的对应性。

心理学中有两个流派的学说对于理解叙事客体将如何解构叙事主体所营造的叙事内容有着很深刻的见解，分别是格式塔心理学与马斯洛的多层次需求理论。格式塔心理学对人类如何认识其所处的空间进行的研究指出了两个重要的结论：首先是人类对空间的认知总是不全面的。伴随着"感知"的部分，人类一定会同时产出"不感知"的部分。[2]这在埃德加-鲁宾著名的"杯图"实验中得到了实证支持。人们可以看到黑色的杯子，或者可以看到白色的人脸侧像，但是人们无法同时看到黑色的杯子和白色的人脸侧像。当人们感知一部分事物作为主体时，一定会有另外一部分事物被当作背景来衬托感知的主体。这部分事物被淡化、简化以使得人们能将自己的注意力集中在所关注的主体上，进而更快更有效地分析这些主体产生的各种信息（长、宽、高、色彩、速度、威胁程度等）。这是上古时代人类的祖先们为了在复杂的野外环境中更好地生存下去而演化出的一种平衡机制。现代生物学与医学的研究也已证明人类的这种不能同时完全认知一个事物而必须分出前景与背景的情况不仅仅是一种心理的，更是生理

---

[1] 诺伯格·舒尔兹.存在·空间·建筑［M］.尹培桐，译.北京：中国建筑工业出版社，1990:7.
[2] 芦原义信.街道的美学［M］.尹培桐，译.天津：百花文艺出版社，2009:43.

的客观情况。

其次，在理解了人们感知事物总是无法完整的基础上，格式塔学派也认识到人们在对感知到的事物的理解上也存在着许多明显的差异性，并进一步研究指出人们对每个事物的理解都会调用过往经验来辅助支持。这些被调用的过往经验不能被分拆成各个单独的元素来理解，它们是集合成一个完整的系统而作用在人身上的，总体上形成一种 1+1>2 的效果。而这与前一条一样，原本是由出于自我安全保护因素而演化得来的情况。虽然是一种广泛存在于各种生物中的情形，但人类由于发展出了记载历史的手段，从而在这方面表现得远比其他生物更加明显。

与格式塔学派相仿，美国心理学家亚伯拉罕·马斯洛从人类对外部环境产生的多层次心理需求的角度阐述了人类与外部环境交流互动的一些模式。马斯洛提出：从需求的满足优先级来看，人类的需求可以分成生理需求、安全需求、社交需求、尊重需求和自我实现需求五类。马斯洛认为人们总是在优先满足了较低层次的需求之后才会产生对高层次需求的期盼。这种期盼是驱使人们活动的动力源。而需求的优先级是决定人们在各种情况下做出选择的重要依据。高层次的需求往往比低层次的需求更具价值，但同样也更复杂，需要更多低级需求支持才能实现。

格式塔学派与马斯洛思想从"人们会想要怎么看"和"人们会想要看什么"两个方面为人们理解人造空间的设计提供了理论基础。前者启发城市空间的塑造者们认识到空间最终的使用者在看待空间中的各种设计时总是会存在偏见的（无论是在感知层面还是在感知后的理解层面）。期待使用者完全按照设计者的思路去感受和理解空间属性是不现实的。设计者们应该摒弃古典时代的"作者心态"，转而以"读者心态"构思空间叙事在内容安排上的可能性，将认知和理解的权利完全交还给空间中的使用者。后者启发城市空间的塑造者们认识到，必须以动态的眼光来看待城市空间中设计的内容安排。因为无论在当前时代条件下空间中设计的内容有多契合使用者当下的需求，新的需要总会应运而生。或者换句话说，当下的需求满足得越快，使用者就会越早离开这个空间。这就要求设计者们首先要摒弃传统一元叙事主题（主题公园式）的设计手法而转向多元叙事主题（菜市场式）的设计手法。通过赋予被设计的空间多元复杂的叙事主题来横向扩展使用群体的受众类别，进而缓释使用者因感到当前需求的满足而离开的现象。其次是要求设计者们在构建空间叙事性的时候能够向当前需求的上一层次需求延伸。通过赋予被设计空间纵向上更丰富的可能性，延缓空间使用者因当前需求得到满足而离开的节奏。

在对于空间叙事性过往的研究中，西方学者常以文学语言学研究为基础，通过"时态""语态""语式"等语言学的概念解读一处空间该如何营造叙事性。这种风潮也影响到国内的学者，在做关于中国城市空间的类似研究时也尝试通过语法的类比进行解析，将城市空间的叙事分为"散文类""小说类""纪传类"等，取得了许多认知上的成果。[1]但值得指出的是，实际上在近代以前的中国传统文学中，严格的语法并不存在，句读更多是依照发音的韵律得来。这种模糊感是中式文化的特色并蔓延在许多如建筑、围棋、绘画等艺术形式里。因此，在对中国城市的叙事性空间营造上，由语言学研究得来的认知虽然确实可以帮助我们建构起一些基础的工作框架，但过于拘泥于这些语言学上得来的认知就难免会显得有些东施效颦。因此，在通过与文学和其他表现艺术对比理解城市空间叙事性营造的基本框架之后，还是让我们深入两种具有代表性的城市空间中去具体体验空间的叙事性是如何在城市中生成又该如何在新的时代中延续下去。

街道

街道在各类文学绘画戏剧作品中出现得如此频繁，又在日常生活中扮演着如此重要的角色，使得人们对它的关注从古至今都未有丝毫退却。

［1］ 李晓东，杨茳善. 中国空间［M］. 北京：中国建筑工业出版社，2007:12.

街道同样也是占据城市的各种空间形态中的最频繁发生活动的一种。在中国几千年的城市发展中，仅在极少数历史片段中，街道没有成为城市活动发生的主要空间。但真正让街道成为最应该被优先提起的原因是：它是城市中唯一主要承载平凡人平凡事的空间。没有冠冕堂皇的宣言，少有上层权力的标榜，但关系到这个社会大多数人的日常活动却日复一日年复一年在此发生。

"北宋模式"

事实上，从中国有记载的历史出现"城市"之后，街道一直是中国人活动的主要舞台。《周礼》中已有对街道宽度、数量，甚至能走几辆车做出直接规定的描述。而从《春秋》开始，各类历史典籍中关于发生在街道上的重大事件的记载就更是屡见不鲜。截至五代时期，在城市规划制度上已经突破了《周礼》中关于朝市制度的规定。周世宗对营建都城汴梁所下的指令："今后凡有营葬及兴窑灶并草市，必须去标识七里外。其标识内，候官中聚画，定街巷、军营、仓场、诸司公廨院，务了，即任百姓营造。"[1]以及"其京城内街道阔五十步者，许两边人户各于五步内取便种树掘井，修盖凉棚"[2]，是对以隋唐为代表的古典坊市制度的极大突破。到北宋末年，随着城市不仅在规划层面而且在管理层面都已经完全从封闭式的坊市制度转化成开放式的坊巷制度，街道作为城市中主要的商业、文化、娱乐、交际空间的作用已经被固化了下来。以《清明上河图》为标志的艺术作品展示了在那一时期街道的活力及其在上至州官贵胄下至平民百姓的城市生活中的重要性。

宋人对街道功用的开拓可谓不遗余力，且形成了划时代的效果。宏观上，从街道网络的丰富程度而言，宋人第一次在中国城市中引入了斜向

---

[1]《五代会要》卷二十六《城郭》.

[2]《册府元龟·帝王部·都邑第二》.

道路与环状道路，使得汴梁城的道路体系第一次突破了唐以来中国城市惯有的棋盘式格局。[1] 同时由于坊墙的拆除，使得原先坊内的街巷与城市大道联系了起来，极大地增加了城市各区域之间的联通程度。尽管仍然存在像汴梁城南御街那样宽大的皇家道路对两侧居住区产生分割的现象，但这种情况总体上已经比之前城市道路产生的分割情况大为改观。微观上，宋人在坊市制度尚未完全消失之时已经开始致力于"侵街"，从太宗建国到仁宗景佑改制的 80 年间，这样愈演愈烈的侵街现象最终迫使帝国当权者认识到日益增长的城市人口和城市经济对城市空间提出的客观需求，并彻底拆除坊墙承认了街道的开放作用。而城市管理制度的最终放开使得从仁宗一朝开始沿街开放的商铺、瓦子、茶肆、旅店从种类到数量都日益增多，市民经济和市井文化得到了空间发展。在宋汴梁城中围绕皇室居住的内城东南西北各居民区中均产生了相当规模的街市。街道从这一时期开始担当起了远远超过交通动脉与里坊界限的功能，成为游艺人表演的场所、市民锻炼的场所（相扑、蹴鞠由此大兴一时）以及沿街商铺经济活动的延伸场所。这样繁盛的街道气氛使得在北宋灭亡后，流落到南方的士人时常忍不住在诗词文志中予以追颂。从孟元老的《东京梦华录》与袁褧《枫窗小牍》便可想见汴梁东京昔日街巷的热闹。

终宋一朝，街道在城市商业与市井交往的各层面均得到了极大的丰富，根本上改变了隋唐时期城市街道相对呆板的形象，中国历史上第一次出现了高楼林立（按当时的程度来看）、商铺夹道、充满了人流与物流的生动的街道形象。

应该看到，宋人城市与唐人城市在街道空间活力上的巨大差别源自于对合围街道的物质空间设计上的差别（图 2-1，图 2-2）。设想这样一个场景：你走在北宋汴梁的大街上，宽约 40 米的街道两边不时有高达 15 米的三层雕梁画栋酒楼映入眼帘，楼外沿街立着两排红绿杈柱，入店的客人就此下马，店小厮接过牵往店后。大道的中间有两行水渠，水渠中种

[1] 梁思成 . 中国建筑史 [M]. 天津：百花文艺出版社，2007:151-153.

满荷花，水渠边种着柳树，树荫与大厦的影子相映成趣。往前二百步，便有一巷曲，曲内有"路歧人"在表演，围聚在他身边的孩子们则被表演的各种把戏逗得欢笑不绝。往前复二百步，便可见一大道横穿而过。两路交口立有高楼，楼中不时传出戏子伶人的唱声与观众们的喝彩。路上车马如龙行人络绎不绝。

　　然后再设想这样的场景：你走在唐朝长安的街道上，宽达 100 米的街道两旁都是高约 3 米的土墙，土墙之后隐约能看到一点屋顶，别的就什么也看不到了。大约得走五百到八百步才能看到另一条与当前道路相交的横街，而这条横街上举目望去依旧是宽阔大道，两侧被土墙挡住。偶尔开向街道的门口站着全副武装的卫兵，因为那里不是官衙就是三品以上得到皇帝特许可以向街开门的大员宅邸。这样的街道当然无法与前面那种在《清明上河图》里描绘得淋漓尽致的街道生活相提并论。前者在街道两侧的建筑构筑物的营造上远比后者来的丰富。摆脱了许多城市管理者对高度、密度、用地属性的限制，宋人营造的街道一方面在物质尺度上变得富有变化，楼有高低错落，屋有疏密间隔；另一方面也在可以安排的活动上变得生动起来。街道两旁非私人建筑的室内活动往往会被延伸到靠近它们的街道上，酒肆、茶肆、瓦子勾栏，屋内的热闹生活也对街道上的活动产生了影响。

图 2-1　唐朝长安朱雀大街的复原模型（西安博物院）

图 2-2 北宋开封复原模型（河南省博物馆）

很明显，宋人开辟的这种街道生活更受大多数城市居民的喜爱。自宋之后的中国城市盖以此为先例，继承了汴梁的街市精神。这种精神在随后的金中都、元大都、明南京和清北京都被继承和发扬了起来，甚至到了晚清殖民时期被迫开放的如天津、上海、汉口这些地方城市也是如此。五大道、十里洋场、汉正老街，主要街道汇聚着人流，人流意味着潜在的买卖，有买卖的地方自然少不了商铺，而两侧林立了种类繁多、门类齐全的商铺的街道又能反过来吸引更多人流。这种互为因果的关系使得任何以商立市的城市都不会拒绝北宋汴梁留下的模式。商业，恰恰又是工业革命以来生产力极大发展之后城市经济的主要形式，恰恰也是工业化之后的新思潮使得北宋汴梁模式经受了两次危机。

"北宋模式"（让我们姑且这样称呼它）的第一次危机来自现代主义城市规划思想的风行。19 世纪末 20 世纪初，西方世界经历了快速城市化的过程，强大的机械一方面使得乡村中农业生产对劳动力的需求度急剧减少，另一方面却使得城市中工业生产对劳动力的需求度急剧攀升，劳动力需求的级差使得人口从乡村大量涌入城市成为时代必然。再一方面，西方城市中心区在工业化以前已基本完成建设，新建的工厂与新进入城市的劳动力则只能向城市边缘分布。大量涌入的人口在使得城市基础设施捉襟见肘之余，也使得整个城市的面貌显得混乱、肮脏与拥挤。这种城市印象震动着许多人，从文学（如艾略特的《荒原》）到社会学（如恩格斯的《英国工人阶级现状》），社会充满着对改变传统城市弊病，改善社会空间正义的呼声。现代主义设计思潮正是在这种背景中酝酿产生，而现代主义设计思潮，在当时无疑是具有先进性的。

与同时代号召回到田园时代的一派思路相反，现代主义设计师们深受机械理性与未来主义的影响，认为解决当时城市问题的答案在未来不在过去。在机械理性的代表法国工程师嘎涅（T. Garnier）关于"未来工业城市"的构想中，城市本身的集聚没有错，但是必须将城市中的各个要素依据一定的规律组织起来，使得各要素之间形成井然的秩序，这样城市不会像一台良好的"机器"那样高效、顺利地运行，传统城市中的种种问题也就能迎刃而解。未来主义的代表，意大利诗人菲利波·托马索·马里奈缔（F.T.Marinetti) 在他发表的《未来主义宣言》中同样表达了对工业化、机器主导社会的顶礼膜拜。他主张以速度之美、技术之美和力量之美来替代旧有城市沉沦的形象，并将高度集聚作为未来城市的基本特征，认为未来城市只能由高层建筑组成，历史和传统对于未来都市都毫无借鉴意义。

这种对未来的乐观与对机械理性的狂热崇拜糅合在一起后对后来现代主义的领军人物勒·柯布西耶产生了深刻的影响。在城市规划方面，他在继承了嘎涅和马里奈缔思想的基础上提出了自己关于"光辉城市"的构想。在这份构想中，这位生活在法国的瑞士建筑师不再像他的先驱那样仅仅停留在完全由他们自己想象出来的乌托邦里进行设计，而是大胆地选择了巴黎作为实践自己思想的画板，将他的模式运用到了具体的环境中，提出了他构想中未来巴黎的城市形态：

> 代替了一座拉平伸展且杂乱的城市，比如飞机首次映入我们的眼帘，慌乱中有种恐惧……我们的城市在垂直地向天空生长，开敞于光和空气之中，清澈透明，光彩绚丽，熠熠生辉。土壤，其表面的70%～80%到现在为止仍然被密密麻麻的住宅所塞满，而现在在其上的建设仅仅达到5%的程度，剩余的95%贡献给了重要的快速道路、停车场和开放空间。林荫大道成两倍和四倍增加，并且公园设在摩天楼的底部，事实上，它使城市自身成了一个巨大的花园。[1]

柯布西耶以这种方式向当时自己所身处的那种城市作了一个激烈的告别，他写道：

> 我们是处于黎明破晓时分的那场比赛的一部分。我们对这个新社会有信心，它最终将成功地对其力量做出壮丽宏伟的表达。我们相信它。其力量就如同被暴风雨吞噬的急流；一种毁灭性的暴怒。这座城市正在破碎、瓦解，它不能持续太久；它的时代已过去。它太老了。[1]

他的这种具有"毁灭性的暴怒"的规划思想最终在CIAM（国际现代建筑协会）的《雅典宪章》中被完整地表达了出来。他们期望通过"科学"地分析城市生活的各个组成要素，再将支撑这些组成要素的用地"科学"地重新组合协调起来，从而最终告别古典城市的拥挤、混乱与污浊。城市中不再有人行道，甚至没有机动车交叉口，人和车甚至车和车都完全被分隔开来。街道再也不会被两侧的房屋围起来，呈点式稀疏分布开来的摩天大楼式住宅确保了每家每户都能享受到阳光而不再被街道的噪声与污浊空气所烦恼。这份宣言式的《宪章》发表于1933年。它所展现在人们面前的那幅理想画卷是如此具有秩序，情景是如此清澈纯美，与当时西方城市形成的对比是如此强烈，以至于它迅速在具有不同意识形态的社会群体中取得了认同。就连苏联和第三世界的人们也被这种秩序环境所感动。

[1] Le Corbusier. A Contemporary City [M]. The Urban Design Reader (ed. Michael Larice, Elizabeth Macdonald). New York: Routledge Taylor & Francis Group. 2009: 69–75.

现代主义播下了日后在世界范围内生长壮大的种子。

　　不久之后爆发的第二次世界大战无疑是人类历史上惨痛的一段经历，一方面，它中断了 20 世纪初百家争鸣的学术与艺术氛围，给欧洲许多传统城市带来了毁灭性的打击。战后欧洲与亚洲遍布着满目疮痍的城市，居民缺少物资却仍然需要在废墟中将他们的城市重新建设起来。另一方面，在第二次世界大战后纷纷独立的原殖民世界新国家也同样急需建设自己的城市。作为新兴政治势力，这些国家的城市建设还要寻找一个使它们与原殖民者区别开来的新形式。这些都在客观上为现代主义建筑和规划师们提供了丰富的创作机会与试验场，原本停留在纸面及文字上的思路，如今可以被付诸实践。由战前通过文化艺术的形式埋下的种子此刻寻得了适宜它们生长的环境条件。于是在战后 30 年间，世界各国都不同程度上依照《雅典宪章》所陈述的思路建设了自己的城市。旧世界的伦敦、巴黎、柏林纷纷出现白盒子式的"国际式"高层住宅楼；新世界的印度、巴西、澳大利亚则出现了完全按照功能分区思想设计的全新城镇。

　　应该承认，现代主义建筑设计为人类设计小范围的物质空间提供了一套完整且新颖的思维框架和审美视角，它的影响使它足以被拿来与古典式、哥特式、巴洛克式及穆斯林式与东方式建筑风格并提。但是现代主义城市规划思想却成为城市历史上不折不扣的灾难。这种灾难的起因正是现代主义设计思想将他们与传统完全割裂开来的做法。尽管 CIAM 号称要以理性的态度重新审视并建构城市，但 CIAM 成员中的大多数还是仅仅停留在了"感性地崇拜理性主义"的层面，没有能够真正掌握理性主义的工作方法。现代主义建筑师与规划师中的大多数是艺术家而非科学家。无论他们如何宣称自己是以理性的眼光看待和解构城市设计，本质上却还是浪漫主义的思维方式在控制着他们的方式方法。他们将城市放进科学实验室，却发现自己其实只是个文学院艺术系的毕业生，描绘几幅惟妙惟肖的解剖图或许得心应手，但真正解剖一个实体的专业科学技法却根本不曾学会。尽管如此，我们的这位狂热的艺术生仍然满怀自信地下刀了，他"理性"

地从"城市"这个生命体中解剖出交通、游憩、工作、居住四块器官，然后放下手术刀，转过身来告诉他身边的同学与同事："我们只要将这四块器官分开塞回到那具躯壳里，这个生命体就自然会复苏，并且之前困扰这个生命体的病状都将消散。"街道，这个看似被病症缠绕的器官正是在此时被遗弃在了它原来所属的那个生命体外。

回望历史，我们知道这样的医术简直骇人听闻。但在当时的实验室中，几乎是所有人都被这位身披医师外衣的艺术生的热情所感染。人们热切地期盼着那具被移除了许多器官的躯体能以崭新的面貌复活，但是显然重新站起来的这个生命体表现得比以前更虚弱了。原先困扰它的病症并没有完全消失，甚至还有所加重，而因为被平白移除了部分器官，许多新的病症开始困扰这个生命体。CIAM 承诺的愿景一个接一个的落空：以清除贫民窟为目标的城市更新（Urban Renewal）不过是使贫民区转换了一种形式出现在了城市的另一个区域；僵硬的功能分区并没有给城市带来多少秩序，却客观上延长了进行任何活动的通勤时间，加剧了钟摆效应；早期现代主义千篇一律的白盒子式摩天大楼使得人们不借助点别的参照物就难辨自己到底身处何处；新城建设不仅耗资巨费而且也未能起到太多疏解城市人口的作用，相反倒是吸引了更多周边地区的人口聚集到大城市辐射圈。这些历历在目的各色问题迫使越来越多的人从现代主义完美意向的狂热里冷静下来，开始反思这曾被热切称赞的思想框架到底缺少了什么？

最早开始对现代主义城市规划原则提出质疑的是来自 CIAM 内部的"第十小组"（TEAM X），随后在 20 世纪六七十年代出现对现代主义城市规划思想全面批判的高峰。尽管每个人主要关注的内容不同，研究者们还是很快就不约而同地注意到传统街道生活的缺失在现代主义城市中产生的影响力。随之，在各种对现代主义城市规划"毁灭"城市的"罪行审判"中，使街道的生命力消失便成了最重的一条罪状。从 J. Jacobs（1961）到 A. Jacobs（1987）的 30 年间，无数专家学者的著作都对现代主义城市规划消除了合围道路的物质空间建设，将道路简单化为仅仅服务交通的单一功能事物进行了批判。这些著作从各个角度指出了一个简单的事实：失去了合围街道的房屋，没有了临街而开的店铺，赶走了人行道上的行人，用封闭的快速车行道在各城市空间之间搭起了可见的与不可见的隔离墙（Invisible Wall），这些都是使得那些原本可以发生在传统城市街道上的故事无法在现代主义光辉城市中再现的原因。

失去了两侧丰富的物质空间为街道提供的支持，街道变成了纯粹交通的空间，居民的出行变成目的性明确而单一的点对点的输送，抹杀了在交通过程中可以产生的一切可能。从这个角度看，现代主义光辉城市与隋唐时期城市道路的景象还有几分相似，都是想用一种简单强硬的手法控制城市活动，进而以虚假的秩序压制表现混乱却实具活力的可能。

所幸的是，尽管《雅典宪章》影响了战后全球范围内几乎所有国家的城市发展与建设，但除了昌迪加尔与巴西利亚外，真正完全按照现代主义光辉城市设计的城市几乎没有。同时，由于 20 世纪六七十年代完成的对现代主义规划思想广泛深入的批判，大多数城市及时停止了 CIAM 式的城市规划方法，避免了更大规模的破坏产生，并转而使用更新颖且考虑周详的办法维持城市发展、恢复街道生活。中心城区的车速重新被规划降低下来，街道两侧重新建立起足具围合感的建筑，临街的商铺重新开启，人行道上的设施被更仔细的设计起来。从 20 世纪 90 年代开始，街道的活力又重新出现在欧美的各大城市中。"北宋模式"的街道就这样大起大落地在半个世纪中挺过了它的第一次危机，不过第二次危机却也接踵而至。

21 世纪的头十年开始出现的电子信息技术发展或许是事关普通百姓日常生活的最重要的技术革新。在短短 10 年中，全球移动终端的用户数量增长速度已经到了传统统计手段难以跟上的程度。如今已经很难再在人群中找到没有被移动终端覆盖的点，同时移动网络与固定热点网络的覆盖面积也比 20 世纪末大踏步地向前迈进了。在任何一个大城市，居民们的日常生活事无巨细都几乎离不开网络的支持。实时资讯的收发、社交网络的维系、工作信息的交换、生活物资的购取存在于生活的各个层面，网络使得城市中人与人之间建立起了一种基本超脱于物质空间之外的虚拟空间，而且这种虚拟空间与现实物质空间之间的交换互动的便捷程度仍在与日俱增。信息技术的狂热拥护者们已经信心满满地宣称将来的城市生活，无论是生产还是生活，都将完全摆脱传统的模式。新的城市生产生活模式同样也将颠覆维持现今城市生产生活模式的物质空间构成。毫无疑问，后工业时代信息技术的巨大发展使得从人的日常交往到认知空间两个层面上"这里"与"那里"的界限被弱化了，如果不是已经完全被打破的话。由计算机、移动终端、网络组成的超脱于现实物质空间之上的这种新空间，不少学者将其命名为赛博空间（Cyberspace）[1]，以一种空前的自由度、丰富性和可及性为当代城市生活中的人们提供了超越物理尺度、完成日常生活事项的能力。这种能力的出现及发展或多或少已经使得现实世界中依靠人际交往而建立起来的活动开始被弱化。以现实生活中频繁的人人交往为依托及特征的"北宋模式"街道生活同样也经受着来自赛博空间的挑战。

设想这样的场景：你打开电脑，桌面上弹出你的备忘录提醒你今天晚上爸妈会来你这吃晚饭，而你昨天计划今晚要做鸡鸭鱼羊菜各一品。你点开旁边超市的应用程序，然后开始在网上超市里选购你想要的东西，放进购物车正准备买单，桌面上即时通讯软件弹出窗口显示邻居唠叨的王大妈给你发来讯息："小金啊，今天怎么亲自来超市买东西啊？"你怕耽误时间不想跟她唠叨于是谎称："不是本人，用小金的账号买点东西。"然后赶紧结账，转去另一个酒品专卖网店挑了一瓶称心的红酒。这时即时通信软件又弹出一个窗口显示你妻子发来信息："爸妈啥时候来？东西都买好了？我还要一个小时才能下班。另外帮我充个话费。"你刚想回复："没事，不急，东西都买好了，一会儿……"还没来得及说完，另一个窗口弹出是你的同事找你："金工，××项目的资料您能发我吗？明天我陪老板出差，他让我跟你要点资料先熟悉一下。"于是你赶忙跟妻子说："一

---

[1] 约斯•德•穆尔.赛博空间的奥德赛［M］.麦永雄，译.桂林：广西师范大学出版社，2007.

会帮你充话费。"然后从随身 U 盘里拷贝出一份 ×× 项目的资料在线传输给同事。

　　这样的场景虽然描写上略微有些夸张,但对于大多数生活在当代城市中的中青年人而言却基本没有陌生感。信息技术快速发展的时代,我们已经可以在网络平台上快速完成以往需要到实体商店中去完成的事,并且可以多线程同时完成以往要发生在不同地点的事。此外,赛博空间的匿名保护性使得在面对不情愿面对的人或事件时,处于网络环境中的使用者可以快速规避这些烦扰而不用担心产生太多不良的后果。在赛博空间中,由 0 和 1 组成的"数字存在",以一种特定的算法联系到了我们日常所在的物质空间,并将我们日常所在的物质空间中的事与物、需求与回答,用另一种算法反馈回去。依靠一种虚拟的存在,许多物质空间被联系在了一起,并且让这些物质空间所承载的活动也一并被解构后转移了出去。这从根本上削弱了传统商业休闲为主的街道生活的物质存在必要性。与上一次现代主义城市设计中忽视传统街道生活的重要性不同,这一次的危机并不是以显性的形式直接作用于物质空间的营造,而是通过改变原物质空间背后的社会生活模式来威胁传统街道的存在。

　　这种威胁表现在现实世界中就是从 2000 年以来,网络服务发达国家的实体零售业在不断收窄。过去的十年各种品牌实体零售店因难以应对日益发达的网络电子商务而关张的消息时见报端。这些报告从各方面说明立足于互联网技术至上的电子商务已经对传统商业模式发起进攻,并且已经攻占了不少后者的领土。毫无疑问,现代城市居民高强度、快节奏、碎片化的时间使用模式与越来越普及的个人移动终端设备及网络是促成电子商务如此骄人战绩的两个推手,前者从社会精神层面拒绝了传统零售商业花大块时间"逛街"的模式并客观上对当代城市提出了找到新模式来应对这种新生活模式的需求,而后者则从技术层面响应了这种需求,并为之最终实现提供了可能。

　　那么以零售商业和休闲为主要依托的传统街道模式真的已经到了冰

消瓦解，让位给网络空间的时候了吗？让我们先别那么急着下结论。因为就在电商大鳄们为 2014 年"电商部落"进一步蚕食传统零售业领地而弹冠相庆的几个月后，包括埃森哲、麦肯锡、戴德梁行等多家评估机构的报告，纷纷显示出人们对于电子商务的态度发生了一个微妙的转折，表示愿意在今后更多进行线下消费的人员数量开始反超表示愿意增加线上消费的人员数量。并且在各种场合的消费体验调查上，报告显示尽管线上线下消费体验都较以往有所提高，实体店的消费体验仍然超过其他形式而稳居第一。

另一方面，从电商自己的统计数据来看也让人淡淡地能感受到一些盛世隐忧：以中国第一大电子商务平台天猫为例，2013—2015 三年"双11"的销售增长分别为 293%、165% 和 63%，[1] 增幅已明显放缓（当然这也是因为其日益扩大的基数已经几乎覆盖了全部中国市场），并在 2016 年"双11"晚会活动中由官方明确表示了此后将不再关注"双11"的业绩增长。电子商务在快速替代了一部分传统消费市场的需求之后，也遇到了它自己内生性的问题，制约着它全面取代实体消费。

在谈及电商与实体店问题时，"你吃完饭顺路陪女友去买了一条裙子"和"你吃完饭赶紧催女友回家等网购配货的快递"这两句话惟妙惟肖地描述两种情景巨大的相异性。这两句简单地描述切中了传统街道商业与电商之争表象下的三个要点：人的社会性、多层次需求、体验的重要性。事实上我们很少有只身一人徜徉在商业场所里消费的情况，更多时候我们会与我们的伙伴、家人以及其他社会关系人一起出入这些场所进行消费，这是人作为一种社会性动物的客观属性。从马斯洛先生的多层次需求理论来看，或许当代都市人在进行为了维持其最基本生理需求的消费时会越来越多的选择快捷的网络购物形式，但是为了满足更高层次的心理需求时（比如争取重要社会成员的认同时），具有良好设计感的实体空间就明显变得不可或缺了。另一方面，高强度快节奏的现代生活方式固然给当代都市

---

[1] 尹志洪. 2014 "双11" 电商购物狂欢节的启示 [J]. 电子商务，2015（6）:1–2.

人带来了许多碎片时间，但如果这些碎片时间（比如吃完饭回家的路上）恰巧与高质量的"碎片空间"（比如设计精美、服务周到的服装店）契合上了，那么进入实体店消费就变得十分顺理成章了（顺路买条裙子）。况且，网络所创造的线上空间本身就具有极度随意与可达性。这使得在高质量的实体空间中进行的消费行为并不总是与在网络电商中的消费行为相冲突。在如"吃完饭顺路逛街"这类情景中，实体空间实际上与线上空间是完全可以重叠的。完全可能女士在实体店中试衣的同时她的男伴也在手机上浏览了电商那里的其他选项。有时网店的价格会显得更具吸引力，而有时又是实体店方便的服务与特定款式更能打动购者心中所需，甚至有时买家会同时买下实体店与网店的两件产品亦不为奇。

我们还应看到，"北宋模式"的街道除了表现为较大型的热闹商业街式外，还有更多的是以较小型社区休闲街样式出现。后一类街道因其包含的活动类型特点，实际上并不容易受到电商模式的冲击。它们存在的基础是一城一地居民特定的习惯，更地方性，也更草根化，许是有点"太土了"的意味，以至于电商根本没有将它看在眼中。但同样也是这类街道，尽管它们的存在未必对于我们的生活而言生死攸关，却是真正实实在在地贴近我们的生活。每年春节前后中国沿海大城市居民生活的变化就是一个鲜明的例子。对于居住在中国沿海经济发达地区大城市中的居民而言，每年的春节都会使城市生活进入一种独特的"春节节奏"。这段时间原本数以百万计的外来务工者都会回到他们的家乡。这对于那些中西部的小城而言是迎接远归游子的热闹，但对于瞬间少去了几百万人口的各个沿海都市而言却是多了几分寂寥，城市巷曲里弄中的许多小店、市场也都会随之短暂地关张。只有在每年的这段时刻，留在沿海大都市的人们才会想起，那些馄饨摊、煎饼铺、拉面馆对于他们的生活是多么的无足轻重却又是多么的难以割舍。春节只是一个极端情况，每年只有那么一回，但是"春节节奏"背后隐藏的，是一种时常被我们轻视的城市空间形态以及常在其中活动的社会群体。而较小型休闲活动为主的街道也正是依靠着这些为"精英阶层"所不屑的活动与群体所蕴含的活力在来势汹汹的电商冲击波中岿然不动。

中国人，总喜欢让历史告诉未来。我们回顾了"叙事性"在中国城市街道生活的变迁中所起的作用，并且也看到了被西方历史学家们称为11世纪城市革命的北宋汴梁为我们带来了何种富有生命力的街道生活模版。但我们并不是想要成为那种"一切都是过去的好"之类老朽，而是想指出，那些历经沧桑的躯壳中不灭的叙事精神是营造具有生命力的街道所不可或缺的元素。吴良镛先生曾就设计提过"一法得道，变法万千"。无论成千上万条具体的街道表现在形式上各有何种不同，我们可以看到"叙事性"这个"道"是如何以"北宋模式"为开端在各色危机中生生不息地延存下来。

街道的构成

设计师们关于街道的构成考虑大多集中在由长、宽、高构成的几何三维空间，虽然也有少数学者如布莱恩·劳森等尝试过将设计的考量范围扩张到此三维之外。数百年来，关于街道三维的这些考虑已经十分全面地覆盖了街宽比（*D/H*）、步行间断距离、心理感受距离等许多方面，在事关具体的街道设计时具有极高的现实意义。然而，对于要恢复街道空间的叙事性这一点而言，对于街道的构成考量就不能被局限在几何三维的桎梏里，更需要引入叙事文学中"人物""情节"等为街道的空间设计增加额外的维度。

以上海著名的南京路为例。全长5.5千米的南京路，东起外滩西至延安西路，以西藏中路为界被分成了南京东路与南京西路。两段各自形成了两个商业中心，每天都吸引着如织的人流光顾。然而尽管南京东西两路同属上海十大商业中心，又同以"南京路"为名，两条街道的氛围却相去甚远。南京东路集中了上海开埠以来相当数量的殖民建筑，以砖石为主的建筑群支撑起的是平价商业与旅游观光。一路之隔的南京西路则高楼迭起，在几十年间改建成为中国商铺租金最高的高端时尚消费场所。到过这两条街的市民或是游客都能明显感到这两条街截然不同的氛围。主要为游客设计的南京东路将其中一段完全转换成了供行人使用的步行街并采用了全开放式的路面。两侧建筑平均在 7～8 层，除却一幢写字楼与一幢五星级酒店，整条街道基本维持在 $D/H=1.0$ 的宽松状态。由于采用了全开放式的路面设计，使得行走在南京东路步行街上，如非旅游热点季节，行人之间几乎总能保持相对适宜的心理距离。两侧沿街建筑伸向街道的侧招牌鳞次栉比地依次排开，形成芦原义信先生所说的"第二次轮廓线"，并且对于沿街行走的步行者而言，这第二层轮廓线覆盖面之广几乎使得整条街没有一处建筑的立面是可以在行人视角被完整地观察到的。相反的，南京西路则全线没有设置步行街而是按照普通的"人行道－机动车道"系统展开。沿南京西路的建筑的门类比南京东路来得更加复杂，整条街显示出一种沉积岩式的建筑编年史之感。更繁复的功能也使得南京西路的建筑高低错落，由东向西不低于 100 米的高层建筑不少于 20 幢，不足 10 米的居住区也有 5 个。两侧建筑这样巨大的高度错落也使得南京西路沿线的 D/H 值振幅极大。2013 年静安嘉里中心开业后，沿南京西路的商业综合体达到11 个之多。多数商业综合体沿街后退得较大，与街道另一侧居民房几乎没有退界的人行空间形成了有趣的对景。此外，各个商业综合体也在自身建筑与道路之间的退界区域内设计了多样的软硬景观，在确保人行通畅的基础上丰富了沿街的空间体验。同时，由于商业综合体云集的伴生效果，极大地减少了两侧建筑伸向街道的广告牌。没有了杂乱的"第二层轮廓线"的干扰，人们可以在视角层面上完美地欣赏各种建筑的立面。无论是驾车还是步行，沿南京西路而行的空间感受比之南京东路的一成不变要丰富得多。

很明显，尽管这两条街的历史相近、宽度相同、长度相仿，但是设计者在构思这两条街上的"叙事性"时却并没有（也不能）使它们看起来相近。作为携家带口来上海游玩的游客，南京西路过于"整洁"的街面多少显得有些拒人千里之外。无论两侧商业综合体的建筑看起来有多新颖，LED广告看起来有多丰富，喷泉雕塑看起来有多好玩，这都不如南京东路上那些对着街道大开店门，货店小厮当街叫卖来得更让初到上海的游客感到亲切。相仿的，对于那些久居上海的青年白领而言，裹挟在一大群人中挑买服装饰品显然不属于他们的习惯。更多时候南京西路上相对更"安静"也更时尚的商业综合体倒是更能吸引他们驻足一二。对于路过上海旅游的游客而言，餐饮的优先级极其有限，南京东路上数量众多却毫不讲求店面的小吃店无疑是符合游客的节奏的。而对于那些本就是成天待在写字楼里上班的企业职员而言，中午或是傍晚下班的时候，能就近有一两处环境不错的餐馆酒吧与人小聚消磨些时光则比仅仅能填饱肚子来得更贴心。对于南京东路而言，它的故事几乎已经在两侧欧洲样式的砖石建筑上直白地写出来了，游客们所要做的更多的是去观看了解那些别人记录下来的往事。而对于南京西路而言，即使仍然保留了一些诸如上海展览馆这样的建筑，大多数建筑与环境却是用来让来到这里的人们去创造属于自己的故事、留下自己的记忆。换言之，南京东路是在表演戏剧，而南京西路却是在提供舞台。

就"表演戏剧"的类似于南京东路的街道，设计师们所需要做的极其有限，或者说所能做的极其有限。因为作为"戏剧"本身的古迹建筑群已经摆在那里不能改动，设计师们只要确保之后在此区域更新的小玩意儿（无论是景观，还是设施或是一两幢非文物建筑）不会跟原来街道两边大多数建筑相去甚远、格格不入就好。就像剧本已经写好，情节不能变动，接手的编剧们所要做的就是将台词做必要的简化或补充就好。超出此范围的调整反而会使得整部"戏剧"莫名其妙地失衡。而对于"提供舞台"的南京西路之类的街道，设计师们所要做的就变得复杂得多。此时的设计师是一位接手了一部未完成剧本的编剧，他需要理解原来的剧本设定中哪些是值得保留的情节，哪些是一定要去掉的糟粕。在此基础上，他还得考虑可能来看这出戏的观众的习惯与偏好。大多数适合这些编剧们制作的都是面向所有大众的作品，因此他还不得不考虑在满足如此众多观众口味时不同口味出现的顺序与持续的时间。然后，编剧们还得构思好意向的演员，全玻璃钢架立面的建筑太冷，全砖石木材的建筑太暖，四五层高的楼显得胖墩墩的足够亲切却没有气势，超过百米的大厦修长挺拔摄人心魄但也容易吓跑大伙。有时，编剧们还得考虑观众与演员的互动问题，毕竟很多时候，从另一个角度看，观众也是保证演出成功非常重要的角色。当剧本情节、观众喜好、演员阵容都敲定以后，出色的编剧们还得构想一些"番外篇"来丰富这个主线剧本。因为毕竟如果这部剧真的叫座又大卖了，无疑会有不少观众慕名而来或是回头再度品味。这种情况下，没有什么比时不时的来点正常情况下不太常见，只在特定时间或者特定前置事件后才会发生的情节来得更能满足观众了。

　　常年被联合国誉为最适合人类居住的墨尔本在提供这种"舞台"方面深具经验。一条纵向贯穿墨尔本市中心的 Swanston 大街便是极好的例子。这条大街是在 1837 年墨尔本中心区规划方格网状道路系统的一部分，它从南到北连接雅拉河南岸与城北墨尔本大公墓。尽管如今这条街道已经成为墨尔本作为宜居城市的宣传活证，但它实际是像墨尔本的城市格言"Vires acquirit eundo（随行聚力）"所描述的那样，花费了将近两个世纪的时间才慢慢凝聚起现在这般活力。事实上直到 20 世纪下半段，Swanston 大街仍然深受汽车拥堵、一氧化碳污染、失业者游荡和红灯区的影响而形象不佳。从 1990 年开始的对 Swanston 大街的改造从限制机动车进入着手，逐步延伸到街道雕塑的提供、两侧房屋的建设控制以及引入街头表演艺术等方方面面，到新千年之交时，这条街道已经面目一新。街道两侧陆续开放了越来越多的商铺、餐厅、咖啡馆，这些新开的店铺与原本就坐落在 Swanston 大街旁的城市文化地标和古迹景点等一起构成了现在沿 Swanston 大街丰富多彩的活动组合。

　　从空间的构成上看，Swanston 大街从南到北的 *D/H* 值变化非常大且无明显规律可循，但总体上对行人而言仍属宽松舒畅的类型，并且大致呈现出从南到北逐步变紧凑的态势。就人行道的绝对宽度而言，Swanston 大街南段的人行道大约有 10 米宽，视觉上给行人的感觉与车行道几乎等宽。但同时为了不使得如此宽阔的人行道显得空旷，南段设有相当数量的亭式零售店来丰富行人的体验。这些亭式零售店本身的设计各有不同，且售卖的货品也种类繁多，从报纸鲜花到零食饮料一应俱全。殖民时期遗留的主要历史建筑也集中在 Swanston 大街南段，但并没有像南京东路外滩那样连续成片而是相对分散开来。在历史建筑与历史建筑之间留出的空位上，墨尔本人并没有守旧地使用仿殖民式建筑作为填充。相反，他们选择了更现代的建筑风格，但将这些现代建筑风格向后退界得更多，然后在建筑与道路边线间留出了一系列约 30 米宽、80 米长的"口袋广场"或"口袋公园"之类的公共空间。通过这种建筑加景观方法，Swanston 大街南段的街道不仅保持了古典与现代两种氛围的有序融合，也创造了松紧宽窄变化多样的空间感受。在墨尔本中心车站（Melbourne Centre Station）附近的街面与中心车站附近高容积率的商业综合体内部交通融合到了一起。这一段因为包含了地铁、电车、州立图书馆、RMIT 大学以及两座大型商业综合体，因而成为墨尔本日常人流最繁华的地段之一。巨大的人流和复杂的周边业态使得该段成为整条 Swanston 大街的高潮。南段人行道上用于丰富空间的亭式零售点在此段被取消了，归整的人行道与严格控制的高层建筑退界使得虽然两侧耸立了三十多层高的居住楼也未让行人在此感到压抑。州立图书馆的馆前草坪更是与街道融为一体，有效舒缓了该段总体紧凑的节奏。越过此段后，Swanston 大街进入大学区与居民区，两侧建筑高度降低了下来，*D/H* 逐渐降到 1 以下，人行道的宽度在此段也收窄了下来。

　　Swanston 大街另一个吸引市民及游客的地方在于其丰富的"番外篇"计划。除了上述常年常在的由精美的古典建筑与高质量的现代建筑联袂演出的"主线剧情"外，Swanston 大街每年定期不定期的会成为市民们集会游行的场所。定期游行包括每年的新年庆祝、春节庆祝、"一战"停战日、赛马日、澳网庆祝、F1 墨尔本站庆祝，等等。这些定期的游行有明确的组织方，往往伴随着多姿多彩的文化表演。游行队伍盛大，常能占满一整条 Swanston 大街。不定期的游行则与最近发生的各种事件有关。大到呼吁中东停战世界和平，小到抗议进口特定作物，热情不减的墨尔本人总能找到许多由头征召起不少伙伴走上街头为"创造美好世界"呼喊。平日里，在 Swanston 大街上当街表演的艺人也并不总是一成不变的。除了几个几乎任何时候都在的职业街头艺人之外，许多诸如"快闪"或是静态抗议的行为艺术，也会结合当时的时事，艺术化地展现在游客与市民面前。

　　倘若我们以"编剧"的角度来回看墨尔本人对 Swanston 大街的设计改造，就不难发现这部剧中每一个主线情节都找到了非常合适的"演员"来出演。这部戏的开场就是一段群舞加咏叹调的戏份，由圣保罗大教堂、Flinders 火车站和联邦广场联袂出演。这些各个时代的标志性建筑物以其各具时代代表性的建筑形态刺激着游客与市民的视觉感官，而站在 Swanston 大街南部端头无论是要欣赏这三者中的任何一个都不会有视觉死角。联邦广场与街道融为一体后使得想要观看大教堂或火车站的行人都能轻松获得 $D/H=4$ 的黄金比例。经过了开场的轰炸，移步往北，在圣保罗大教堂背后，市政厅之前是一个面积较小的城市广场。广场的一段用一面艺术景墙收头，另一侧则用一个非常具有现代感但体量不大的精致咖啡馆扎住阵脚。中间的区域简单放开，稀疏的树木和开阔的硬质场地一起削弱了广场侧面十层高的居住楼带来的压迫感。纪念先驱们的雕塑立在街口极具视觉引导意义。再移步向北，这一段的房屋都相对矮小，餐厅与咖啡店的店主们纷纷将自己的一部分座位外移到街道上，延揽来往客人。唯一的明星演员是市议会二号楼，但它也只是选择静静地蹲在一个口袋广场的后面融入这一段整体安静舒缓的氛围中。这一整段都是舒缓的间奏。在这段间奏之后的是由中央火车站综合体、QV 综合体以及州立图书馆这三位明星演员出演的全剧最高潮。虽然 D/H 在这里已经无法像在开头那样为行人提供全角度观赏那三位演员的宽裕程度，但州立图书馆门前的广场却有效地弥补了这个缺憾：这块广场是 Swanston 大街行道此处唯一的草坪广场。天气晴好的时候，行人们尽可以躺在这里，从两侧高楼约束好的边际中望出去，欣赏蓝天白云，体会一种寓静于动的复调唱法。越过州立图书馆，Swanston 大街就进入了大学区，从这里，墨尔本的两所著名大学接管了舞台。由年纪较轻的皇家墨尔本理工大学先唱，以它较时尚而有活力的台风承接刚才的高潮，给行人们一段缓冲的空间。随后是年纪较老的墨尔本大学再唱，用它那比较古典而舒缓的唱腔诉说着这座城市在教育与文化方面不长却值得骄傲的故事，并且暗示 Swanston 这一部长剧就快要终结了。等到墨尔本大学也从舞台上退下，行人继续向北走去，人行道已经开始变窄，不消多时便可以看到这部戏最后一位大牌演员的身影：墨尔本公墓（现今尽可以将之视为一处公园）。它平平地躺在那里，一望不尽，以一种旷寂肃杀的氛围为这一部剧画上休止符。

　　回到中国的现实情况来看，具有中国特色的"人口多、底子薄"，固然使得类似南京西路的中国街道不可能完全照抄 Swanston 大街的模式，至少光限制机动车进出一项对南京西路而言就难以实施，更不消谈像 Swanston 大街那样沿街设置许多室外的餐座吸引有闲有钱的市民游客坐下来，参与街道生活这出大戏（出于中国特有的文化传统，有钱有闲的上流社会成员往往又不屑于在这种与其"身份不符"的街道上抛头露面）。但仍然有不少在 Swanston 大街上卓有成效的手法可以被移植过来。首先是拓宽人行道。如果不计算因为高层建筑需要向道路退界而留出的那一部分空地（多数情况下会被开发成与人行道融为一体的景观），南京西路的人行道实际上是相当狭窄的，大约仅有 4～5 米宽。这些人行道再被旁边的行道树与花坛占据，就显得更加局促了。这种情形在南京西路地铁站附近，以传统建筑为主的区段里表现得相当直观，如此狭窄的人行道使得两侧商铺的门面几乎就开到了机动车道边。这种做法像是 19 世纪以前机动车尚未大行其道，行人与马车共用一条大街时的模式了，显然不适合当今的现实条件。一侧是川流不息的机动车，一侧是紧紧压迫过来的店铺，即使不在人流高峰时段，行人与行人也几乎可以算是摩肩接踵。这样的情形自然会激发起行人紧张的心理，只想越快速通过越好，又怎么可能放缓人们行走的脚步使两侧的活动取得更高的参与度呢？因此拓宽人行空间是给街道这出"大戏"搭建舞台的最基本一步。

其次是要丰富街道两侧的活动类型并将适宜的活动适当外延到拓宽后的人行空间里。拓宽后的人行空间倘若没有相应的活动予以支撑，则会显得空旷乏味，与过窄的人行道一样难以让行人产生舒适的空间体验。这种情况在中国的街道中同样不少见，就上海而言，陆家嘴地区的世纪大道就是个活证。因此，拓宽后的人行空间中应被注入比原先更丰富多彩的活动。应该增加能让人较长时间停留的业态（创业餐厅、咖啡馆、茶楼、可参与式工坊，等等）在沿街商铺中所占的比例，替换现在以时装百货为主的静态橱窗式街道。此外也应该增加像 Swanston 大街那样丰富的街头艺术，增加具有故事性的雕塑群，以及不定期组织表演等。用这些灵活的方式与两侧建筑内外延到人行空间中的活动结合起来，将拓宽后的人行空间更丰富地使用起来。最后是设置更丰富的口袋广场与口袋公园来调节街道空间的宽窄松紧感受。中国街道两侧的高楼，无论数量还是高度都要超过大多数国外城市，这种 *D/H* 比值非人性的客观条件要求适当增加沿街行走时"偶遇"小型开放空间的频率。像纽约第 53 大街上著名的帕莱公园（Paley Park）仅仅占地 405 平方米，但在袖珍瀑布与简介景观的作用下却能成为当地重要的标志。中国城市的高密度特征使得大规模建设复杂的公园绿地的行为既不经济也不宜人，而具有主题的口袋公园则是一种可行的替代手段。

如果说南京东路式的街道叙事性是由"链接到别人的记忆"为主构成的，南京西路与 Swanston 大街式的街道叙事性则是由"链接到别人的记忆＋自身参与＝形成共同记忆"为主构成。在这两种模式外，还有一种街道，比如故乡的小巷，其叙事性则是纯粹依靠"链接到自己的记忆"构成。这种类别的街道叙事性设计师所能做的就更少，因为这些记忆实际上对物质空间保留的完整度并没有多少依赖度，只要确保原先记忆中的某些活动还在，还能给过往的映像起个头就足够了。比如重归故里的时候，倘若楼下卖了十几年米粉面条煎饺的早餐店还是那个老板还在继续营业，那么这家店是还像原来那样的木屋还是变成了钢筋混凝土小楼就显得没那么重要了。当然，倘若与老板的关系真的不错，也不妨与他聊上两句，告诉他这年头连手机都有人靠"情怀"做买卖，何妨留着木屋来做一做"情怀米粉面条煎饺"？老板若也是好说话的人，也多半会告诉你，孩子大了，取了媳妇又生了小孩，现在孩子的孩子都打酱油了，木屋不够住，给孩子买新房又不够钱，只能把木屋拆了原地盖新楼。况且一条街上的老街坊都拆的改得差不多了，就孤零零的留下一幢谈得上哪门子"情怀"哟。这便是中国的另一种困境。由翻地盖楼推动的地方经济迫使本应执行监管职责的政府与房地产开发商结成了城市开发联盟，越是小城市，地方政府遵从《城乡规划法》的意愿就越低。资本的力量就越大。这种情形，无论设计师们有多期望帮助原住民设计出能保留原有地方记忆的街道空间，最终还是会被资本胁迫着变成展现它们力量的地方。

　　街道的构成基本要素是几何三维：长、宽、高。街面不应过宽，街道不能过长，人行空间不能过窄，两侧建筑不能过高或过低，这些是设计街道物质属性所必须思考的。叙事的构成基本要素是文学三维：时间、事件、人物。在什么时候，安排什么样的角色，发生什么样的故事，这些是编排引人入胜的艺术作品所必须思考的。叙事性街道的构成要素则需要将几何三维与文学三维有机融合到一起。设计师们需要理解什么样的建筑形态能够给人们带来什么样的心理暗示，建筑物中的活动要按什么顺序在街道上展开，以及何种程度上街道上的观众会自发地转换成演员而参与到这一出戏中丰富情节的发展。至于其他超出设计师专业范畴的，就只能期望将来的中国地方政府能够更严格的执行《城乡规划法》及其他法规对城市开发建设与运营管理的规定了。没有它们，一切都只能是幻觉。

广场与公园

有一种说法是：热情如亚平宁之夏的意大利人创造了广场，阴冷如不列颠之冬的英国人发明了公园。这大概是对西方城市历史上最重要的两种公共空间起源最艺术化的描写了。但是在遥远大陆的另一头，东方各国的城市里，广场与公园基本上并不存在于传统的城市肌理中。这当然很大程度上是受政治体制的影响：西方市民议会制度的早熟使得广场和公园成为市民聚会的必要物质场所，而东方封建集权的政体则对此并无需求。但另一方面也是因为有相当一部分西方城市广场与公园的作用在东方城市被更发达的街道体系所包含了。像圣 - 马可广场这样的商业性活动自不必说，即使是像遍布意大利各城的教堂前广场这类仪式性的大空间，在唐宋的城市中也是由连接宫城与郭城的御街完成的（唐长安之朱雀大街与宋汴梁之南御街）。此外，传统西方城市相对松散的城市管理制度和力度使得城市建成区域总是显得混乱不堪，因此相对宽广而整洁的大空间自然被视为调剂城市生活的重要手段，进而成为市民眼中主要的公共空间。而在传统的东方城市，自上到下的管理体制和相对更强力的管制力度使得总体上城市并没有表现得那么混乱，甚至于条件稍好的人家都能拥有自己的花园院子，因此不是相对整洁的广场公园而是相对热闹的街道更吸引东方城市的居民们。

但是东西方的这种差异随着工业革命后日渐频繁的交流而逐渐消失。广场和公园后来出现在东方城市中，一方面是由于西方殖民者入侵时对东方城市物质空间上的直接改造，另一方面则是由于输掉殖民战争后东方各国也陆续将经济模式从农业经济转向工业经济，并最终导致东方城市不得不面对工业城市的通病：急剧增加的人口与住房的矛盾、工业生产的污染与自然环境的矛盾，以及日益巨大的交通压力的矛盾，等等。这些矛盾压缩了原来街道作为公共空间的能力，恶化了城市居民的居住条件与总体城市环境。东方城市原有的那种各家各户小花园的城市脉络再也无法保持，街道现在充斥着喧嚣的交通而不再显得那么对居民友好了，工业生产的巨大污染也迫使居住和公共空间均已被压缩的东方城市居民现在不得不把公园和广场引入自己的城市里作为一种无奈的补偿办法。

作为晚起步的后来者，中国城市中的广场与公园在总体设计质量上明显落后于这种空间形态的发源地国家。有人会说，中国的造园历史非常悠久，造园技术十分高超，还一度对西方园林设计产生了非常大的影响，怎么能说中国是晚起步者呢？当然中国确实具有很悠久的造园传统，而现存的园林艺术价值之高也毋庸置疑，然而中国的园林自始至终几乎都是"私园"，是文人墨客士大夫阶级与帝国统治阶级的"私人定制"，这与以公共意识和公共行为为立园基础的"公园"相去甚远。陈从周先生曾在他关于中国园林造园技艺的论述中多次提到：造园若行文，立意在先，文循意出[1]。就像是写惯了散文的人，即便其文笔再佳，也不能在短时间内写出像样的论文，殆因立意行文的习惯相去太大的缘故。叠山理水的古典中式园林的做法在很大程度上是为了配合商贾士绅立宅围院生活用的，确实也能供他人参观使用，但殆半参观者也同属商贾士绅一个阶级，且参观的人数不会太多，使用的功能不会太复杂。毕竟说到底这些园林并不是被设计来作为"公共空间"的，因此这种园林与现代城市中公园广场存在的差别也就是自然的了。中华人民共和国成立后，虽然收回了各种私家园林的所有权并转为对公众开放，但大多数此类园林还是仅能作为一处处名胜古迹供人凭吊，不能真正嵌入城市肌理成为一处处市民游客茶余饭后能来歇脚散步谈天的去处，这种现实正是这两种园林之间差别的直观体现。理解这种不同正是我们认识讨论设计具有叙事性城市广场和公园的第一步。往往并非彼此的相似而是彼此的不同帮助我们完善对这个世界的认识。古典中式园林在其具体的构造手法上明显已经不适合拿来营造当代城市的公园与广场，但是著名造园家计成在他的《园冶》一书中提纲挈领的"有法无

---

[1] 陈从周. 陈从周讲园林 [M]. 张竟无, 编. 湖南：湖南大学出版社, 2009:177.

式"[1]却仍是一种非常有价值的设计哲学。

就像前一节中讨论叙事性街道空间的营造时所提到的，叙事性本身是一个文学上的概念，其核心是"人"。营造广场和公园的叙事性也还是要从"人"的角度出发来展开。

直白与含蓄

当代城市生活的快节奏是过去任何时候都无法比拟的，至少在中国是这样。由此带来的一些风俗习惯也就时移境迁。当代中国人的行为方式从"含蓄"走向"直白"便是这些变化中非常直观的一个。这种观念上的变化在许多其他的设计方面已经渐渐得到了反应，从家居的内装到建筑的造型，但在建筑之外的广场与公园营造上却还没有产生足够的推力。

有的学者认为从含蓄走向直白纯粹是一种西风东渐产生的文化侵蚀的结果，认为西方文化崇尚直白的（近似于野蛮人）的态度玷污了"传统中国文化"。这种观点显然是出于对"传统中国文化"考察断层选取的范围过小所产生的。因为倘若稍加扩大考察的范围，从有文字记载的西周一直到清朝，我们就不难看出中国的传统文化从来都是将"直白"与"含蓄"并重的，甚至在很多时候取得更高艺术成就的反而是那些"直白"的作品。在中国第一部文学艺术总集《诗经》中，反映周时各国民风，用词组句简单直白的《国风》篇延传下来，为后人脍炙人口的诗歌就远远多于代表王公贵族们所做修辞华丽婉转的《大雅》与《小雅》篇。东汉末年以曹操父子为代表的建安诗人们也是一反两汉时期诗词的华丽风格，直白议事抒情，成就了名动一时且流传千古的"建安风骨"。中唐时代韩愈、柳宗元为首的文士们直陈初唐以来骈文过于修辞华丽而文章实无内容的弊病，发起了继承先秦散文铺陈直议、质朴自由文风的"古文运动"，韩柳两位大家更是以此文风影响了之后并称唐宋八大家的许多文坛泰斗。崖

---

[1]　陈从周, 陈从周讲园林 [M]. 张竟无, 编. 湖南：湖南大学出版社, 2009:177.

山之后，中国文学艺术非但没有受入侵的游牧民族质朴的影响，反而在元与清两代，以元曲和清戏为代表，发展得越发俗丽。由此可简单明了地看出，至少在文学艺术上，自汉以来，中华文化一直都在含蓄与直白之间寻找着平衡点，甚至大多时候仍是直白为主。文章之事最计工笔，属于当时最受封建礼数约束的文人阶级的产物，尚且是直白略胜含蓄。仅以现存明清遗构就宣称中国传统文化最重"含蓄"未免稍显武断。

　　直白与含蓄实际上应该被看作是构成一件具有叙事性的艺术作品所必须同时具备的品质，只是对于不同情景的塑造两者的组成比例应各有不同而已。含蓄吊起人们的胃口，让人们构思猜测将要发生的事情，但如果人们在一个期待之后迎来的不是答案而是另一个谜面，多少会让人感到一些沮丧和迷惘。如果此时接在这第二个谜面之后的还是谜面，那么无疑会让大多数人为之却步。因此调用了含蓄的手法之后，必然在一个点需要直白的展示这件作品的本质意义与目的。对于明清时代遗留下来的传统中国文人园林，因其本质是供少数阶层相近的文人天天使用，因此过于直白的表达手法显然容易让人玩味不足而感到乏味。这就直接降低了人在其中感受到的空间品质，殊不可取。然而对于如今面向普罗大众构造的广场与公园，其一不可能像旧时私人园林那样为每个个体天天使用、时时观察；其二不可能如旧时私人园林那般仅除却静态景物外，便无它样活动；其三加入其中的使用者往往已不再如原先文人士绅那般有过多的闲情雅致来慢慢思忖不同构景的意义。因此如今面向普罗大众的广场公园设计自然不需要（也不应该）像原先的私人园林那般过分追求"含蓄"的手法。

　　芦原义信先生在他关于街道美学的专著中曾列举了他基于纽约洛克菲勒中心广场所得的感悟而对东京核心区日比谷公园所做的改进想法。芦原义信先生指出，日比谷公园原先的设计明显遵从了传统东方园林的一些设计原则。在框定园林界限的四边用大树、栅栏、围墙与周围街道空间加以隔断，在繁华热闹的东京中心隔出了一个自身独立而向内收敛的寂静的空间。这种内敛的做法使得行走在四周大街上的行人无法在视觉上建立起与公园内部空间的联系，同样内部空间也因此出现了许多瞭望死角。这种处理方法削弱了日比谷公园作为东京中心这个大整体中有机的一块，限制了四周与公园之间交流的可能。因此，芦原义信先生在他的修改构想中提出首先要消除内外空间的视觉阻碍，降低边界树木的密度，使得无论在白天夜晚公园内部都不再存在令人害怕的瞭望死角。其次是将东侧靠街道的部分改造成浅浅的湖面。这样在夏天可以为身处闹市中心的人们提供庇荫纳凉的场所，而在冬天湖面又可以变成如洛克菲勒中心那样的冰场，吸引更多的人参与公园的活动。最后是将公园西侧临街改为室外雕塑广场。定期更新在这里举行的艺术展会，这样既为城市提供全新的文化艺术交流场所，增进东京中心的艺术氛围，也提高公园吸引人气的能力，并能与周边建筑中的商业活动连成一体，组成一条丰富的活动链。[1]

　　芦原义信先生对日比谷公园提出的改造意见大略可以看作是一种将含蓄转向直白，将内向型空间转向外向型空间的尝试。这种改造意见的提出正是建立在对当代城市公园与城市广场公共性的深刻理解上。现今的东方城市，在人口密度和高建筑密度的双重制约下，难以建立起像欧美城市中那种大面积、自成一体的公园（纽约中央公园、伦敦海德公园等）。因此，与其将公园内向完全蔽挡起来，变成一个狭小局促的孤立空间，不如将公园的边界向外打开，与周边的建筑、街道上的活动交融到一起，在更广阔的范围内形成一个多功能融合、活力充沛的"场域"。换句话说，就是将原来半遮半掩、仅仅吸引少数兴趣高昂的游客来消费一次的形式转变为打开蓬门、笑迎四方宾客的模式。显然对于规模不大的东方城市中心公园而言，这种直白的方式还是更能唤起人们的认同。

　　当代城市广场与公园的设计与过往园林设计最大不同的元素便是"人"。当代城市广场与公园最重要的"景观"恐怕已不是传统园林的假山与池塘（当然这并不是说它们就不重要了），而是形形色色进入广场与公园的人。这些人本身各具特色，进入广场和公园的空间领域里所进行的

[1]　芦原义信.街道的美学［M］.尹培桐，译.天津：百花文艺出版社，2009:65.

活动又会反过来丰富这些空间领域的意义。相较于以往的园林是去看山看水，在当代城市广场和公园中则主要是"看人"。因此建立相对紧密的视觉联系，保持相对开阔的视野，使广场与公园的各色要素更直观地表现出来是有必要的。此外，现今进入城市公园与广场的主要是在周边工作生活的人，大多不再具备原先园林体系所服务的那些文人的情怀与文学修养。因此像原先园林中以修山理水之法来模拟名山大川胜景或是堆土筑亭演名诗名句的做法已难以唤起人文学的遐思，反倒是采用一些直接的水岸芦苇、荷塘栈道，更能让深居城市太长时间而久违自然野趣的当代都市人感到好玩。最后，当代都市人快节奏碎片化的生活模式也对城市广场与公园所应呈现在他们面前的景物提出了更直白的要求。毕竟，仅仅是午餐后散步的十几分钟，还想让人慢慢体会"水晶帘动微风起，满架蔷薇一院香"的意境明显是不可能了。反倒是倘若能将公园或广场上正在发生的某些有趣的事件活动通过移动终端发送到每个附近的人，更能吸引现今目的明确的都市人。

营造广场与公园从某种意义来看就像是追求一个姑娘，过于直截了当的搭讪基本总能成功吓跑她。因此，在构建广场和公园的某些给人留下第一印象的地方，少许含蓄的氛围是必要的。之后交往日久，若是还一味含蓄，则不免缺少些男子气概，也让人感觉三心二意、心怀鬼胎。因此，对于时常来光顾这里的人而言，通透的视线、开阔的视野使得广场与公园的大多数角落都能尽收眼底、时时发生的趣事总能感染内心。这是提高这些公共空间在空间使用者心中好感的方法。以含蓄开头，以直白收尾，这应该是营造当代城市公共空间的一种普遍模式。

连续与碎片

城市生活的碎片化过程是伴随着城市发展在逐渐加速的。碎片的产生是由城市人要在一天有限的时间中完成的任务越来越多、越来越复杂所致。这种完成任务的数量、频率与任务强度还在随着生产力发展与社会分工细化而增加。后工业化时代带来的信息技术发展与移动终端普及是对这种碎片化城市生活方式的又一次催化。生活在碎片时代，已经是当代城市人无可回避的现实。

与此相呼应的是文学和表现艺术上也出现了由连续向非连续、碎片化发展的倾向。对比公元 10 世纪代表中国书画传统的长卷《韩熙载夜宴图》和 20 世纪同样具有代表性的达利作品《记忆的永恒》，可以明显地感受到在画面对故事的叙述方式上，后者较于前者而言已经明显呈现出断裂的、交由观者自发理解自发扩充的倾向。这种倾向在电影艺术中表现得更为直白。作为本身就是蒙太奇艺术的电影，在进入 21 世纪后有许多声名远播的作品开始大量采用远比原先的电影更碎片化的呈现方式。从远者如《骇客帝国》第一次频繁采用"闪回"的方式铺陈故事，到近者如《云图》使用了几乎完全不具有时间或逻辑连续性的表达方式。这些作品都代表着在叙事性的传统领地内，不连续的情节组合手法已经渐渐变成一个跟连续组织手法同样受人看重的新方式。

那么就城市公共空间中最直观的组成部分"广场"与"公园"的设计来说，倘若我们也将之看成是一种表达的艺术，那么在营造广场和公园的叙事性时，也将不得不考虑当代城市人的这种客观习惯与艺术表达上的主观可能。

传统园林的设计（尤其是尺度稍大的园林）讲求将景致按一定的顺序连续地铺陈在观者面前。对这种铺陈逻辑有许多箴言式的概括如："径缘池转，廊引人随""水随山转，山因水活""溪水因山成曲折，山蹊随地作低平"[1]，凡此种种都是教后来构园者设计大园之时要按序铺陈，以便在游园者心中留下连贯的记忆，吸引游园者慢慢行来，慢慢看来，慢慢感来。这种设计手法无疑对于古代拥有和使用这些园林的士绅文人相当合适。对于这些特定的"有钱有闲"群体，他们可以花上大把时间精力来慢

[1]　陈从周.陈从周讲园林［M］.张竟无，编.湖南：湖南大学出版社，2009:178.

慢品味这暗藏在园林中的完整故事线，甚至一次不足，乃复游之。

然而对于早已习惯了当代碎片化生活方式的当代都市人来说，古人的这种优哉游哉的心情恐怕已不为大多数人所具备。现今一切都讲求效率的社会背景迫使当代都市人在处理问题方面要做得越快越好，同一时段内能够完成的任务线程要越多越好，面对汹涌而来的信息流时对关键信息的感知能够越敏锐越好。在这种大环境中，使用城市广场与公园的当代都市人未必是（或者说大部分都不是）为了像古人那样单一游园消遣的目的而来。这种情形要求对当代城市广场和公园的叙事性安排也要从传统园林的那种连续铺陈手法中跳出来，转变到使用碎片化组合的方式，让空间使用者即使在不能游完全景的情况下，仍不会产生强烈的情节断裂感。换言之，即是要求设计师从原先构成主义的创作哲学转换到解构主义的创作哲学上来。弱化设计者作为故事编剧而强行赋予空间一个完整故事的"作者行为"，转而让使用空间的市民游客基于自身的经历与观察结合当时在环境中发生的事件自发的构想他们自己的故事。设计师为空间使用者提供书写自己故事所需要的必要工具，而最后艺术品润色完工的事则完全交到空间使用者去完成。

说到在连续的空间中碎片化布置各自完整的情节片段就不能不提到纽约的高线公园。这座位于曼哈顿西侧，跨越 23 个街区，与肉类加工区、西切尔西区及克林顿区三个重要区域相连的线型公园如今已经是蜚声海内的纽约城市景观新标志。这座公园原是建于 20 世纪 30 年代的空中货运铁道线，随着西部开发计划的终结，在 20 世纪 80 年代面临着被拆毁的危险。所幸的是，一小部分纽约人富有远见地意识到了将这座废弃的工业遗迹改造成市民公园的机会。1999 年，"高线之友"组织成立，他们在此后十年中持续不断的努力，用"把高线改造成公园"的想法感染了越来越多市民和设计人员。现在高线公园的设想已经变为现实。公园归纽约政府所有，由"高线之友"负责维护与运营，并向所有人开放。

高线公园一期工程从 Gansevoort 街跨越至 20 街，共九个街区，于

2009 年 6 月向公众开放。2011 年 6 月对外开放的二期工程从 20 街延伸至 30 街，共十个街区。高线公园的设计者们在将这件过时的基础设施转换成市民公园时，始终坚持尊重高线固有特点的立场不变，将已存在元素作为重点，在旧作的基础上增添新内容。"简单、野性、慢、静"成为指导设计的准则。从形式上看，高线公园是以一种毫不间断的姿态横向切入多变的城市景观中，这使得公园本身与周边城市区域建立起了一种非常紧密的联系。高线公园两旁林立着历史仓库、住宅楼和新开发项目。设计者们根据这些周边情况的变化，为各段赋予部分主调氛围，或亲和、或隐秘、或开放。置身其中会产生一种深入街区与身边这座繁华都市若即若离的感觉。不同建筑类型的混合及其与高线的联系方式，以及漫步高线沿线时时隐时现的哈德逊河、街区街道和标志性城市纪念碑等对景为人们带来真实的纽约体验。在漫步高线的这段旅程中，高出地面 10 余米的空中步道给市民与游客带来了与在地面步行游览纽约完全不同的城市体验，人们在深入城市的同时也在远离城市。高线的设计者们致力将城市作为借景、对景及供漫步者产生视觉与精神交流的媒介。很多对周围环境早已了然于心的纽约人也会不禁走上高线，以一种全新的视角一睹城市风采。

在细部的处理方面，设计者通过结实的工业材料（如混凝土、耐候钢、回收木材）来向漫步其上的使用者们暗示高线曾经的铁路线身份，并通过打造出废弃景观的荒凉感来进一步强化这种工业朋克的感觉。选择的草类和多年生植物及其布局营造了动态而富有野性力量的景观；铁轨和道岔等旧元素被重新置入；特殊地点、入口和十字路口的原结构被保留并显露出来。在整旧的同时，设计者们还是时刻不忘营造舒适的人性环境：路面采用创新科技材料，适合步行；单独混凝土板构成的路面中留有接缝供草木生长；道路边缘特意设计成锥形；路旁的土地上铺就了植被和轨道；减少雨水径流损耗，让更多的雨水自由流入栽种植物的土壤层从而削减了灌溉耗水；特制的长椅伸出路面，形成优雅的悬臂结构，使得长凳不仅是一件设施，本身也成为一件构筑艺术品。三三两两布置的长椅可供市民游客自由使用，观赏风景或聊天交流，一应自便。

高线公园的设计者充分考虑了公园沿线碎片式分布的景观文化资源与纽约人快节奏的生活模式。在这条连贯的线状公园上，结合项目各区段的环境特色分散布置了一系列特色鲜明的空间段落：灌木丛区域位于20街和22街之间，密集的开花灌木和小树为曼哈顿西区满目红砖黑瓦之间点缀了宜人的绿意，成为通往西切尔西区住宅区的分界点和门户。位于22街的区段中设计有宽大的阶梯式座席，可用于即兴表演、家庭野餐、浪漫的室外聚餐、艺术课堂和日光浴等各类活动。位于23街、占地面积450平方米左右的草坪高于高线公园的整体地平，为人们提供了眺望哈德逊河的小高地。在25街和26街之间的"林地立交桥"区域有一条高于高线路面2.5米的金属走道，植物在走道下方肆意生长，游人至此宛如步入雨林深处。26街的观景台为行人提供了视野极佳的城市瞭望台，同时借用昔日的旧广告牌唤起人们对此地过去记忆的重现。顽强的抗旱草和在不同季节开花的多年生植物主宰了位于26街至29街之间的"野花种植区"。从29街开始，高线公园拐出了一道长长的柔和弧线伸向哈德逊河，在道路的边缘设置了整整一个街区的长凳，一体化的长椅为市民游客提供了第二处观赏河景的场地。在北部终点处，高线公园的地平缓缓升起。通过移除下方的混凝土板，暴露出原有的结构，一座观景平台便悬空在这块缺口区域之上，市民游客可以透过这块缺口看到脚下30街流动的交通，带来了超现实主义的体验。

对于高线公园这种非常规的城市公园而言，如此绵长的连续空间虽可以被用来书写一段有关"高线铁路"的历史长廊，但设计者却选择了将来到这里、使用这里的游客和旁侧的建筑与自然景观作为主角。用一个个相互独立的故事空间占据整条铁路线公园。在这里大空间虽然是连续的，但故事线却是破碎的，人们不用担心因为没有能够走完整段而不能体会到高线公园全部的魅力。因为即使走完，下次再来的时候发生在同一段中的人仍会与上次不同，而这些不同的人才是上演不同故事的主角。高线公永恒的魅力就在于在这种碎片化呈现的故事空间中，将故事最终完成的权利交还给了本来的"观者"，由此作者与读者易位，有限的空间中便可以迸发出无限的故事。这应该是当代城市广场与公园摆脱旧式"赏景"园林的代表。

动与静

带有情节的艺术形式都要面对动与静的组合问题。一部电影不能总是让演员频繁地保持快节奏的动作演出，适当的时候，切入演员之间安静地以台词交换为主的场景是可以更好地帮助电影情节故事展开的。同样文学作品也要面对动与静的组合问题。《荷马史诗》中阿喀琉斯既要跟赫克托耳在特洛伊城下斗武半篇，也要跟阿伽门农在营帐里为一名女子"安静"地争吵半篇。至于舞台表演艺术就更不消说了。西欧舞剧以舞带剧和中国京剧以唱带剧是两种不同的文化传统钟情动静程度不同的直观体现。

就中国的传统而言，似乎主流是喜静不喜动的。文学作品静多于动的情况最为明显。隋唐小说的代表作《虬髯客传》中超过三分之二的篇幅描写的是虬髯客与李靖红拂女等人物彼此之间的谈话，以动作为主的"武戏"约不到全篇的四分之一。在游记散文方面，代表人物柳宗元所作著名的《小石潭记》中，超过一半的文笔描写的是作者静观小石潭美景的状况。舞台艺术上，被誉为国粹的京剧中大多名角也是以唱念为功，少有行刀马而成角的。各类地方戏剧仅有蜀地的川剧以变脸为能夺人耳目，其余剧种盖以静制动为主。有甚者如苏州评弹，一掌琵琶一把三弦，两位艺术家在台上一落座就能慢唱数个小时而无丝毫别的动作。中国叙事性艺术在传统上重"静"轻"动"，人们即使迫不得已要动起来仍不忘要"寓静于动"。

在空间营造方面，动和静的概念就不像在叙事艺术那样简单了。在叙事艺术中的"动"与"静"指的是执行情节的人物是频繁动作还是基本靠说，而在空间营造方面，"动"与"静"不仅仅指空间要素是动态的还是静态，也指空间使用者是动态地与空间要素交流还是静态地与空间要素交流。正因为有了这两层含义，使得中国古典的园林艺术反而没有像其他叙事艺术那样表现出明显的重静轻动的倾向。

陈从周先生将中国古典园林对"动静"的安排概括为："小园若斗室之悬一二名画，宜静观。大园则如美术展览会之集大成，宜动观。"[1]陈先生认为中国古典园林中面积较小的，比如网师园，往往是选定三两个观赏的角度，将构园要素按这些点所能欣赏到的角度铺陈开来。使得游人在这些点能停下来细细品味山间、水间、花间、树间的韵味。而面积较大的园林则强调移步换景，要将园林中的构园要素更精细也更广泛地设置起来，保证游园客人随径走的一路上时时有新景，处处有看头。因而能在慢慢游玩偌大的园林后仍然能够不嫌其变化不足、空落乏味。

然而正如前面章节中所提到的，当代城市广场与公园与传统园林的根本区别在于受众的扩大化，设计公园与广场要面对形形色色的各种人物需求。这点影响了园林表现的手法从含蓄走向直白，从连续走向碎片，也影响着城市广场与公园的设计不能完全遵照古典园林对动静的指引。

首先是大园未必以"动观"。说"未必"是因为面积较大的公园广场必然要求空间使用者客观上产生位置的移动。既然需要移动，那么按照传统园林移步换景的手法设置一些新奇有趣的景致也不是不会出现。但是如今的大园与过往的大园有三点非常明显的不同：其一是"大"的尺度不同。当今高密度城市中，想要再像当时颐和园那样大手笔设置万顷之园已属不可能。当代城市公园中一口气占地几公顷的即可算是"大园"。其二是园中使用者的丰富程度不同。现代城市公园广场往往收容的空间使用者要在数量和社会背景上都远较过往来得多而复杂。其三是使用者在园中的时间不同。古人游园一游一整天的情形在当代城市公园中即属少见。如今城市公园中的使用者多半仅仅是将游园当作是进行其他活动的伴生品，因

[1] 陈从周，陈从周讲园林［M］.张竟无，编.湖南：湖南大学出版社，2009:193.

而在园中停留的时间已不像过往那般充裕。凭个人喜好来为当今城市中面积较大的公园广场框定出一条理想的"动观"游线往往显得有些强人所难且众口难调。因此，在当代广场与公园的设计中，即使面对面积较大的情形，未尝不可仍以"静观"为主来布景设计。让那些必要的引导性景观要素固定下来，划定设计者想要创造的各种次级场域。剩余的不可控要素，比如形形色色的游人，尽可以让他们自由发挥。这些自由散布在园中进行着各色活动的使用者们此时将不仅仅是使用者，也同时变成了一道不断变动的风景。就像卞之琳先生的那首诗所描述的："你站在桥上看风景，看风景人在楼上看你；明月装饰了你的窗子，你装饰了别人的梦。"这样观者静而景动的"静观"也未尝不美。

次者，小园亦未必要"静观"。以之前分别提到的曼哈顿帕莱公园与高线公园为例，同是小园，帕莱公园以静得人，高线公园（倘若将它看成一段段小公园的连接体）则以动动人。无论动或者静，两者都是纽约人喜欢去的地方。中国古典园林之所以推崇小园静看，乃是以静态的眼光在相对缓节奏的时代里形成的一种小众的观念。观者入园，几尺见方的回转之地没有足够的空间供人多面玩味，因此只能选定了角度、落定了座位，要人静下心来细细观赏眼前的景物，仔细品味那精雕细琢的景致暗喻的意境。然而时代发展至今，信息丰富如斯，读者尽可以想象一个占地虽不过百平米的小园一旦配备了各种科技呈现的手段（譬如全息投影与互动投影），则观者可从这足不旋踵的小空间中链接到何等广阔的天地中去？因此，在如今推崇观者亦能参与互动的设计风潮下，若能将自己所能调用的构园要素向信息领域扩展，则小园未必比大园小，而通过信息技术链接进来的广阔世界亦足以使来到这里的市民游客们频繁移步且面面不同。

园大却以静观著称的范例是法国巴黎的新阿尔勒共和国（de la République）广场。这个 300 m × 120 m 的广场是巴黎著名公共空间之一，位于市中心东北片区的 3 区、10 区、11 区交界处。2013 年改建后，新广场面积增大了一倍，由此成为巴黎城中最大的公共步行广场。在杜绝了机动车进入后，如今的阿尔勒共和国广场成为一个林荫道下宜人的城市多用途公共空间。广场采用一系列有色差的浅色石材铺装，营造出一个整体柔和舒缓的氛围。公园整体缓坡坡度为 1%，完全实现无障碍通行。园中心共和国女神大雕塑是一个视觉焦点，与广场上的亭式建筑、150 棵高大乔木、水池一起组成一条庄严的纵向轴线。大乔木的疏密程度刚好保证广场中的使用者能拥有几乎完美的开阔视野，同时也能保证周边的建筑、街道与广场的视觉联系。水池、餐饮厅、休息座椅等公共要素有序地安插在广场的两端，形成两个人流聚集的场域，同时也在这里形成两个观赏整个广场其他地方不停变幻景致的观赏点。整体简约、平整，且开放的形式保证了这块场地能被方便地调配成可以满足不同活动需要的公共空间。在这样一座著名的世界历史名城巴黎的城中心，这块两公顷大的超大型公共空间形成了一种宣言式的设计效果。

小园而以"动观"著称的案例当属香港百子里公园。这个在孙中山先生"辅仁文社"旧址上建立起来的小园空间虽局促，布局却十分灵活。因为这个小公园是为纪念孙中山先生领导的辛亥革命而建，所以在构园的故事安排上使用了多种手段，以尽可能完整地表达革命的历史经过。公园主要由 3 区组成，包括仿古特包亭、历史展览回廊及革命历史探知园。由于"辅仁文社"独特的历史地位和故事情节，所以设计师们希望透过与地形结合的设计布局重塑百子里当年的城市空间。通过一条连续化的线性空间将多样化的展览品及展示区串联起来，在不断的移步换景中去感受公园独特的文化内涵。构筑物建筑的风格样式尝试撷取中式风格建筑的元素，暗示设计的文脉与革命党人的精神，也为整个空间营造出区别于周边建筑风貌的造型特色。独特的封闭式公共空间和多出入口的台地式地理位置，使游人市民非频繁移步而不能领略小园全貌。新修后的百子里公园将原本衰败的街巷尽头空间活化成为具休息、娱乐及学习元素为一体的公共空间。

晚风拂树，是风在动？还是树在动？这个古老的佛教偈子指出了看待"动"与"静"的一种哲学观。两者本是一个硬币的两面，其实并没有必要像是分隔有害化学试剂一样非要把它们按某种规则给限定起来。中国人在文学和表演等叙事的艺术上的传统是偏重静态表现而多于动态，这种习惯多少影响了一些中国园林的设计手法。然而当代人对都市中广场与公园类的公共空间看法已有所改变，使用的习惯有所更新，并且新的信息技术也在调整着人们对公共空间活动的看法。因此，在当代都市公共空间中，"动"与"静"应该被当作是一个整体嵌入广场与公园的设计中，从而给空间赋予更灵活多变地讲述故事的可能。

雅与俗

无论是"含蓄与直白"还是"连续与碎片"抑或"动与静"，前面谈论的都属于如何营造具有叙事性的当代城市广场和公园的方法问题。换言之，是在谈论"如何讲故事"的问题。但是至于在当代城市广场与公园中应该营造"什么样"的叙事空间却还没有论及。因此接下来还想花些文字谈谈"如何讲？"之外"讲什么？"的问题。

在讨论那些严肃的"价值观问题"之前，且先看一段陈从周先生在评述江南园林的文字：

亭榭之额真是赏景的说明书，拙政园的荷风四面亭，人临其境即无荷风，亦觉风在其中，发人遐思。而联对文辞之隽永，书法之美妙，更令人一唱三叹，徘徊不已。镇江焦山顶的"别峰庵"，为郑板桥读书处，小斋三间，一庭花树，门联写着"室雅何须大，花香不在多"，游者见到，顿觉心怀舒畅，亲切地感到景物宜人，博得人人称好，游罢个个传诵。至于匾额，有砖刻、石刻，联屏有板对、竹对、板屏、大理石屏，外加石刻书条石，皆少用画面，比具体的形象来得曲折耐味。其所以不用装裱的屏联，因园林建筑多敞口，有损纸质，额对露天者用砖石，室内者用竹木，皆因地制宜而安排。住宅之厅堂斋室，悬挂装裱字画，可增加内部光线及音响效果，使居者有明朗清静之感，有与无，情况大不相同。[1]

　　陈先生是位文化人，词文师出夏承焘先生门下，而书画更得张大千先生赞赏。因此在陈先生眼中、笔下的拙政园、别峰庵具备了一种寻常人难以体会的风味。就像上面那段引述的文字所描写的，试问有几位读者在游览那两处景点时会注意到那亭与树？有几位读者会驻足品读那联与额？又有几位读者在品读这些联额诗画的时候能将诗画意境与自己游览的实体空间融合起来？如今的古迹园林游，对于绝大多数人而言，恐怕都不过是"门票五十，到此一游"罢了，能够具有足够的文化修为而像陈先生那辈文人一样去体悟园林文化氛围之美的当代人，怕是真要千万人中取其一二了。这是一个无奈的现实。

　　这便是中国历史上历来有之的"阳春白雪"与"下里巴人"之争。从这种二元论的横向维度来看，传统园林说到底是古代少数知识分子自娱自乐的工具，是精英文化的物质再现与重要组成。在那个年代也从不属于较少接受精英文化熏陶的社会下层民众。如今，虽然因为社会的大背景发生了改变，使得这些园林在物质层面已经对下层百姓一视同仁地开放了，但两种截然不同的文化之间的矛盾仍然是横置于彼此之间的鸿沟，在精神层面，这些园林仍然不属于下层百姓。而当填补这条鸿沟所必需的诗词歌赋训练又已经几乎永久性地退出了当代主要文化教育之时，想要重新熏陶数以亿计的"下里巴人"，使之能在精神上拥抱传统园林之妙，则无异于痴人说梦。从这种二元论的纵向维度来看，当今时代的"新阳春白雪"就诗文造诣而言也早已不能与传统园林所属年代的"老阳春白雪"相提并论。甚至于，如若稍微悲观一点，如今的"新阳春白雪"恐怕只能与当时的"老下里巴人"同属一个欣赏水平，而当今时代的"新下里巴人"也早已不像那个时代的"老下里巴人"那样同质而纯粹。在九年义务教育极大普及的时代，在一个草根意识觉醒的时代，在一个精英文化不再会被非精英阶层所崇拜的时代，在一个普罗大众普遍觉得自己的审美和行为模式才

---

[1]　陈从周，陈从周讲园林 [M].张竟无，编.湖南：湖南大学出版社，2009：180.

是最"牛掰"的时代,"新下里巴人"群体内早已碎片化而不再有一种统一的意识。因此,无论纵横哪个维度,用二元对立的方法来看待造园者设计的园林空间故事希望引起观赏者共鸣的这种现象已经多少显得有些力所不逮。对于当代城市广场与公园中空间设计"雅"与"俗"的问题,需要用一种更综合但也更模糊的方式来处理。

将城市公共空间设计中"俗"的内容分拆开来,大致可以得到"民俗"与"庸俗"两块内容。"民俗"之俗应当在城市广场与公园的叙事氛围的营造中加以保护与推广,而"庸俗"之俗则应毫不犹豫地摈弃。前者是城市公共空间主要使用者们的集体习惯,无论它看起来在价值体系中显得入流还是不入流,均是一个不应回避的内容。作为城市公共活动载体的公共空间本来就是用来为一城一地主要空间使用者的集体习惯服务的,公共空间的设计也就理所应当地要与一城一地民俗的延续相适应。城市文脉主义的主张很大程度上便由此而来。而后者则是落后思想的物质映射,是一些受时代条件限制而成的无奈之物。当历史的车轮向前进时,这些无益于人们在当前环境中健康生活的东西就应当被遗弃在历史的垃圾桶里。当然,"民俗"与"庸俗"有时是相互糅合,比如戏猴屠狗、装神弄鬼等,这些看似民俗文化的活动本质上属于披着"民俗"外衣的历史糟粕,应当从民俗的大集合里剔除出去。而剔除了那些庸俗成分之后,那些有利于一城一地人们塑造自己文化特色的民俗活动则是营造当代城市公园与广场"大俗大雅"的叙事空间的一块基石。

将城市公共空间设计中"雅"的内容拆开,大致可以分为"风雅"与"附庸风雅"。两者的区别在于一种是以开放的眼光,迎接时代潮流中具有价值的思想并将之物化映射出来,往往有首倡精神。而另一种则是用一种抱残守缺的思维,僵化地拷贝一些已经不属于当今时代或是其重要性在当今时代已经弱化的事物,往往是附庸从风。换言之,"风雅"之雅在于其具有感染大众的特质,而"附庸风雅"之雅则是一种孤芳自赏的状态。从某种意义上说,民俗之俗与风雅之雅有着千丝万缕的联系,而附庸风雅则与庸俗之俗相当神似。

就像"风雅"一词本是由诗经中反映普通人生活的"国风"和反映精英阶级的"大小雅"所共同组成的,雅与俗本质上应该是一个共同体。虽然用"太极"来比喻当今时代城市公园与广场叙事内容营造时雅与俗的关系会显得有些"俗不可耐",但客观的事实是雅与俗就像那相互分隔又相互缠绕的黑白色块,是会随环境变化而变化的。像"真趣"与"真有趣"虽只一字之差,但以后者给园林匾额题字当然显得不如用前者来得雅致,而用前者点评日常生活情景中那些动人的事物(孩子们的画作、老人的故事等)却也一样显得"雅得太俗"。想要给什么事物下一个一成不变的绝对定义来框定谁是雅谁是俗显然是非常困难的。当代城市广场与公园的设计从受众群体复杂多元的属性和爱好来看,也应该摈弃用这种绝对的二分法来处理。

中国的城市广场与公园以太雅而成俗的案例不胜枚举,但同样以太俗而成雅的案例也不在少数。前者多是设计师们自命清高的"艺术演绎"被百姓无情地抛弃了,如宁波斥资巨亿邀请众多"艺术大师"共同打造荒废无人的雕塑公园;而后者则往往是普罗大众在看似稀松平常的设计空间里创造出了适合本地特质的用法,如上海人民公园内驰名海内的"相亲角"。前者的不足无须多舌,而后者的趣味却应该被重视。

上海人民公园以其绝佳的地理位置和政治意义的烘托而成为上海公园广场体系中独特的一个组成部分。1863年建立的第三跑马厅是现今人民公园与人民广场的前身。熊月之先生与张宁先生的研究中指出,跑马厅在1863—1910年的半个世纪中主要扮演的还是休闲娱乐的城市公园角色。尽管在某些特定的时间段被赋予了部分历史与政治的特殊含义,跑马厅被完全当作一个"罪恶的标志"则是到了五四运动之后。[1]跑马厅时期的公园设施包括两个部分:第一部分是与赛马活动相关的设施设备包括(马道、马厩、观台、办公楼等),所有权归跑马总会;第二部分是普通体育

[1] 熊月之.从跑马厅到人民公园人民广场[J].上海社会科学院,1994:104-114.

运动设施（板球场、足球场、网球场、马球场等），所有权归体育基金会。两部分所占用地合计达 35 公顷。1945 年民国政府收回上海租界的主权后提出了对跑马厅的修改构想。在广泛征集的社会各界意见中，反对保留原来跑马厅功能的呼声占据了主流，而对修改后的公园功能则莫衷一是。尽管如此，民国政府仍然确定了将跑马厅建设成供市民健身、交流、聚会之用的"人民公园"的意向。这个意向在 1951 年"新中国"政府提出的修改方案中被沿用。此后跑马厅被一分为二，形成了以上海市政府大楼为分界的北部公园和南部广场，并分别被正式冠以"人民"称之。这一时期的人民公园采用了传统园林的构园手法，以太湖石叠山，开挖土方作池，形成了高低掩映的丘陵地形，并作小径竹楼造景。总体上营造的是传统游园式的小尺度空间集群。1951 年的设计是在当时强调多快好省的大环境下的时代产物，到 20 世纪 90 年代已经明显不能适应上海日益更新的节奏。于是在世纪之交，为适应新的社会需求，人民广场进行了一次综合调整。在 2000 年的方案中，主要设计原则被确定为：①生态园林，保留原有大树，构建生态多样性；②以现代理念为线索，融入富有现代气息的活动设施；③以人为本，创造人性空间，展开人与自然的对话。[1] 并在这样的设计原则指导下，在设计手法和设计形式上出现了所谓的"传统与现代交融"和"中式与西式并存"现象。在景观分区上重新划分出了"现代景观区""百花园区""儿童乐园区""健康乐园区"等大尺度活动场地。[1] 受当时的时代条件限制，尽管 2000 年提出的调整方案设计原则在如今看来也依然具有时代先进性，但当时具体实施设计的时候却表现得相当"俗气"。在传统与现代交融的思路下，原本环绕曲径的做法被轴线代替了，仅在公园的西南角保留了一处堆山迭水做法。而在中式与西式并存的思路下，更是建设了相当数量的欧式小品、设施以及小阁楼。调整后的人民公园正中心荷花池旁临水而建的小楼也变成了相当拙劣的仿欧式建筑。应该说调整后的人民公园尽管在服务能级上有了更新，但在公园的整体风格上却表现

[1]　江铭. 传统与现代的交融利用与改造的糅合. 中国公园，2000，2（3）：22−25.

出不土不洋的俗气。

但有趣的是，恰恰是这个"俗气"成就了人民公园如今的名气。如果说这块位于上海中心的土地过去留在人们记忆中的活动是跑马，那么如今一提到人民公园，大多数人的记忆都会跟"相亲"联系上。这项原本不存在于公园景观分区意图里的活动如今占据了主要大门附近近千平米的场地，并赋予了这些场地完全意想不到的活力。人民公园的相亲活动据说是从 2004 年改造工程全面完工后由一部分周边居民自发组织，发展到如今已经成为一个影响遍及上海全市的风俗活动。每到周末便有来自上海各区域的白发父母们带着自己未婚子女的简介来到人民广场的相亲角，希望为子女谋个好配偶。高峰时节这里能聚集两千多人，五号大门附近两侧步道上、草坪上、花坛边缘、水池边的平台上尽是这样的父母。由于借由这个平台收发相亲信息的人数实在太过多，后来相亲角不得不开始以信息分类的方式来让各需求不同的相亲对象更方便检索，由此衍生出了"新上海人角""涉外角""海外角""60 角""70 角""80 角"等详细按照社会条件分区的次级区域。有记者因此戏称这里为相亲大超市，但同时这也为一些学者研究人员研究上海社会结构变化和趋势提供了一个微缩版的极佳样本。

相亲角的风行是超出设计师意向的成就，它体现了人们能够在多大程度上通过自发的行为改变空间原本被赋予的属性，并给予这个空间一个全新的但往往也更具活力的属性。如今去往人民公园的游人有许多都不是为了看看那所谓的百花园或是石头假山，而更多人是为了去见识见识这独具魅力的相亲活动。这些活动甚至吸引了不少海外游客的好奇心。也使得这里成为拍摄现代都市剧的理想外景地。而通过这慢慢十年的发展，相亲活动在带动了周边活动之外，其本身也从原来单一的相亲功能渐渐扩展成了一个特定阶层的市民间定期信息交换、消遣聚会、亲子娱乐的混合功能活动。来这里的，无论是参与其中的父母们还是看在眼中的过客们，多半都不是受过精英教育，享受精英待遇的上层民众。这里没有吟诗作对的做作，也没有附庸风雅的必要。大家都很直白地将自己的希望和条件摆了出来。草根浑人们在这里浑得很"真"，真得可爱。这种真实比之矫揉造作的传统游园叠山迭水更有感染力，更适合这个坐落于上海市中心每天有着近万人使用的"公园"。可以说是这种真实成就了 2000 年改造后的人民公园。

另一个大俗大雅的典型当可从伦敦海德公园里为纪念戴安娜王妃而修建的一个小水景园中见微知著。2004 年当人民广场的相亲角开始初现端倪的时候，在世界的另一端，著名的伦敦海德公园中也有一处后来享誉海内的景观建设完成。这个小小的水景园作为戴安娜王妃的纪念性景观采用王妃生前给普罗大众们留下的仁爱印象为线索，以"Reaching Out-Letting In"作为构景的主要设计思路，从一开始就意图强调公园景观的可参与性。不过尽管如此，与人民广场在 2000 年开始的改造不同，设计师们并没有将自己的设计手法局限在"为人民服务"的桎梏里，而是大胆采用了当时时髦的参数化设计。为了实现设计中纪念泉底部那些让水景出现翻滚、跌落，或涌出效果的气泡纹理，景观设计师们与计算机工程专家一起合作，利用 SDE 汽车行业专业模型交互软件精确生成 545 块石头的 3D 模型，再通过 Texxus 数字化地解决了 230 平方米独特纹理与 SDE 模型结合的问题。这些技术使得设计者能够在一块具有高低起伏的土地上设计出一条连贯的水道。水道顺应地形的变化，形成了跌水、小瀑布、涡流、静止等多种状态，以水流的不同形态暗喻戴安娜王妃跌宕的一生。

这种看似清高孤傲的方式最终设计的结果却显得非常亲民：在设计落成的第二年已有超过 200 万游客来到这里，感受这里的氛围。[1] 在伦敦，阳光明媚的日子总显得格外珍贵，而每到天气晴好的时候，戴安娜王妃纪念泉就成了普罗大众来此享受自然恩赐的好去处。夏天天气炎热的时候，市民游客们可以脱下鞋子让流淌的水流与自己的肌肤亲密接触，享受灵动流水带来的清凉。年轻人会来此约会，好友们可以来此聚会闲谈，孩子们

[1] Gustafson Porter. 多年经典，伦敦海德公园内的戴安娜王妃纪念泵 [EB/OL]. [2015-01-23]. http://www.gooood.hk/diana-memorial-foun tain.htm

可以在这里戏水，有空闲又不愿被打扰的人可以插上耳机躺在草坪上看一下午的书。在这个由相当前卫的设计语言构成的景观中，普罗大众的日常休闲活动却得到了很好的支撑。在这个环境里，人们可以获得足够的弹性空间来自塑自己所需的活动组合，而不用被设计师们强行安排的各种空间要素追逼。在平淡的日子里，在世俗的活动中，感受到一种亲切，感受到一种无拘束、无负担的轻松。设计师们是通过成功营造这样的场域氛围，在无形间完成了对戴安娜王妃精神的纪念。这种借由高技术派手法设计近人尺度弹性景观，并由此进一步完成一个高尚雅致的精神暗喻的方式，与人民公园相亲角的做法虽然大相径庭，却同样是以大俗而成大雅的典范。

东方人做私园时是能够玩弄虚景、意境、氛围等妙到毫巅的行家里手。在这种园林中，时常要求游园者是以一种空寂的心境去体验禅悟的奥义。游人是以"静"为美，以"静"悟美的，因此做出"于无声处听惊雷"式虚中有景、虚中有境的意念空间确实佳构良多。在做以热闹、活动频繁为主要特征的"公园"时，面对复杂而巨量的不同受众，如何做出同样虚中有实、大巧不工的设计，东方人就远逊西方同行。这当然也并不奇怪。毕竟欧美人比东方人更早就摆脱了肚皮饥饿的困扰，有更多的时间来思考和尝试实践所谓"上层建构"的东西。与此同时，欧美社会中的中上流人士彼此之间在审美与生活情调方面的差异远比后进的东方各国同阶层人士来得小。至于社会中下层人士，即使欧美主流媒体极力渲染粉饰他们也受到了"无差别"的对待，但实际上真正能进入到使用主体是中上层人士的公共空间中去的往往还是少之又少。换言之，以社会阶层碎片化为因由导致的城市空间使用碎片化在欧美表现得很直白。这种碎片化保证了进入各种领域的人大体同属一个审美与行为类型，进而减少了因不同审美和行为类型而产生矛盾冲突的风险。这种情况在东方各国，尤其是中国，则显得非常不同。当西方设计师可以想象出明确的设计意向群体属性时，中国的设计师们往往要尝试在一个设计中讨好千千万万个有着不同取向的群体。因此在面对这样更复杂的挑战时，原来的许多传统并不一定适合当代的形式，中国的设计师们既要勇敢地跳脱出传统形式的束缚，又要时刻警觉被人指责是"数典忘祖"。同时在大雅大俗的问题上，中国的设计师又时常会陷入要么以自己的意志强迫使用空间的普罗大众跟随自己，要么被资本的意志强迫而设计出广告式恶俗空间的两难境地。

对于中国的城市广场和公园设计而言，要克服这种尴尬的处境最本质的改变应该是要认识到不能再用"雅"与"俗"的二分法看待广场与公园内空间设计的内容。相反的，应该放下原先"雅"与"俗"的成见，以一种模糊但开放的心态构想设计场地里发生故事的可能。为空间使用者营造一个能够让他们自由发挥的弹性空间，并充分尊重在这种弹性空间中使用者自发组织形成的活动，由他们去自塑空间的故事。也只有这样，城市广场和公园的空间故事才能贴近他们的需求。传统园林的构景太复杂让人眼累，主题公园式的构景太固定让人心累，宣言纪念型的构景太单一让人乏味。这些都不适合以流动、多元、高频率为特征的当代城市。当代中国城市公园与广场的空间故事设置或许也应当像费孝通先生评论多元文化关系的处理手法那样："各美其美，美人之美，美美与共，天下大同。"唯其如此，方能雅俗共赏，大雅大俗。

本章小结

在营造漫空间的过程中，一个不变的核心主题是"人"。而在人的生活中最平凡但也因此而最容易被忽视的活动是叙事。构建漫空间最基础也最重要的第一步是重拾我们对叙事性的意识。让我们从现代主义之后被强迫"祛魅"的思想阴影中走出来，重新从人性的原点开始看待城市中大小生活以及支撑这些生活的各色空间。这便是这一章的意义。

与其他叙事艺术相比，将城市空间的营造看作是一种叙事艺术，是有其相似性的。就叙事的三要素：主体、媒介、客体来看，所有的城市空间都像小说、戏剧、画作一样具有"作者"，无论我们现在认识到城市空间背后的"创作团队"相比较于其他叙事艺术作品的作者而言要复杂得多得多，但终究是有一个（一群）尝试要向别人"讲述自己故事"的主体存在。城市空间的物质形态便是叙事主体向叙事客体讲述故事的媒介。城市空间的"创作团队"编排城市空间物质形态的过程正是像作者组织小说的文字、导演组织电影的镜头一样按特定叙事手法组织叙事媒介的过程。最终这些编排好的物质空间会被市民和游客使用，他们是这部大戏的观者。他们尝试理解作者通过这些手段尝试从空间中向他们诉说的意志，就像看小说的时候阅读作者通过文字构建的臆想空间。这些都是将城市空间当作一种叙事作品来看与其他叙事艺术作品非常相似的方面。

但"相似"并非"相同"。有相似性的事物必也伴生不可磨灭的差异性。在将城市空间看作是一件叙事艺术作品方面，与其他叙事艺术作品最大也是最本质的差异性在于"多元性"。这种多元性一方面反映在"作者"的组成成员远比其他类型作品的作者来得多，每个成员都有他们的个人意志要表达，因此城市空间作为一种叙事作品，其所传递出来的"作者意志"本身就复杂多元。其次是作为一件叙事作品，城市空间的"观者"拥有极大的改变作品的可能。与其他叙事作品的观者在任何情况下都不可能在物质层面改变一件由作者展示的既成作品相比，城市空间的观者几乎总是可以进行一种身份转换，以一种特定的方式将自己的想法加入到既成的城市空间（作品）中去。这种观者与作者身份之间的模糊性是城市空间作为一件叙事作品所独具的另一种多元性。

城市空间从它伴随着农业革命而出现的时刻开始就一直具有"叙事性"，正是这种特质不断吸引人们前来。这点从几乎每座城市都有它的建城神话上便可见一斑。在相当长的历史时段里，这种由建城神话奠定的城市空间叙事性是得以借由人们相对重叠度较高、节奏较舒缓、活动较单线程的生活方式而延续了下来。在工业革命之前的城市中，围绕在少数由官方营造的空间外的多数城市空间是由市民自发建设完成。受约束的财力与建设能力一方面使得这些市民自发建设的城市空间尺度较小，但另一方面也因此而强化了这些空间中使用者彼此之间的交流。街巷、广场、沿街的房屋、室内室外的活动都被联系到一个近人尺度的系统中。这些城市空间的物质组成要素就像是一些简单的词句被以一种相对平实的手法组织到一起。虽然看来并不优美华丽，但考虑到阅读这些文字的人大多也并没有接受过多少更花哨的教育，城市空间的这种叙事手法和内容显得恰到好处。北宋时期的汴梁城为我们提供了非常好的对比样本。在这座被称为"11 世纪的城市革命"之城，街道生活在坊市制度解体后得到了极大的发展自由。传世的《清明上河图》向人们呈现了在那个时代城市空间的叙事性存在得何等自然且深入人们生活的方方面面。

工业革命为城市带来了非常多的变化，城市空间叙事性的逐渐消失就是其中之一。这个城市空间形成的"奠基者"却在工业革命后（尤其是现代主义规划观兴起的时代）一度被驱逐出城市。当然，现代主义规划观本意是想将城市空间的叙事性集中到特定的区域中去实现，但这种思路本身就是对叙事性在维系空间活力中所具有的重要性的低估。那些仍然具有叙事性的空间勉强维持着每天中一定时段的活力，但效果已大不如前；而那些被安排剥夺了叙事性的空间则变得无人问津。在鲜有的几个严格按照现代主义规划观建设起来的城市中，人们都可以明显地感觉到这种城市因缺失了原有漫延在城市各个区域的叙事性而带来的空间活力碎片化现象。也正是这些毁誉参半的真实案例使得城市空间的塑造者们重新意识到自己那双被"理性主义"狂热蒙蔽了的双眼所忽视的东西。"恢复城市空间叙事性"的呼声伴随着 20 世纪 60 到 80 年代对现代主义城市的批判而日益高涨。

然而工业革命带来的其他革新也同样是不能无视的。新千年中，要重新塑造叙事性的城市空间已经跟它们的前辈——农业革命到工业革命之间的城市空间——产生了许多异质性。因此即使人们就要在后工业时代城市空间中重塑叙事性这一目标达成共识，我们仍不能不面对一个挑战：那些为前工业时代城市空间叙事性塑造而提出的设计理论与实践手法在何种程度上能够被改造而重新应用到后工业时代城市空间叙事性的塑造中去？全盘接受，毫不更改地重新复古显然是不能成功的。因为即使是最基本的日常生活（吃行住用），现代人也已经与古人完全不同。完全复古的做法只会在当代城市中造就一系列活僵尸似的不合时宜的空间，对于提升城市空间的活力并无益处。根据当代城市的客观现实对传统城市形成叙事性的手段方法进行发展性地继承是当代城市空间塑造者必然的选择。在本章的后两节中，笔者尝试通过对两种城市空间里最具有代表性的正式和非正式公共空间——街道与公园广场——进行更细致的探讨来说明这种发展性地继承传统城市空间叙事性塑造手法是如何实现的。

从叙事内容的角度来看，后工业时代的城市空间产生了明显的从前工业时代城市空间一元主题占主导地位向多元主题占主导地位转变的趋势。这种趋势的产生可视为是后工业时代科学技术发展与社会权力结构下移共同作用的产物。在科学技术发展方面，信息化技术的日益成熟、计算机处理能力的指数级提升，以及移动信息收发终端的广泛普及都为当代城市中赛博空间的形成与完善提供了物质基础。这种借由无形的网络消除了物质空间中"此处"与"彼此"地理差别、"既有"和"未有"功能差别的赛博空间成为一种悬浮在城市物质空间之上，而同时又能不断与物质空间发生交互，为物质空间不断补充新内容的"同构异形体"。这种空间的存在是在技术层面保证了当代城市空间多元主题并存的可能性。社会权力结构的下移则从使用者层面打开了城市空间主题多元化的另一种可能。在过往的城市空间中，出于社会权力结构下层的民众是不被城市空间塑造者关注的。他们的意志与诉求也不会在城市空间中得到过多的表现。这种情形在以官方手段塑造的广场和公园类空间里表现得非常直观，而在非官方手段塑造的城市街道、住区等空间中又几乎总是没有足够的场地供他们来表现。而后工业时代对于国家和城市权力体系的重塑使得草根群体逐渐崛起。在世界各国，无论事实的社会分层多么明显，当代城市至少出于政治正确的层面也不能不对原本不受关注的社会群体放开一定的自由度。从城市公园与广场到街巷里弄，权力展示型、政治宣言型、财富炫耀型的空间逐渐被压缩。出于对社会稳定的客观需求，迎合草根群体的需求而塑造（或最终被草根群体按自己的需要而重塑）的空间在后工业时代的城市中日渐增多。"多元化"这种内嵌于草根群体之中的属性也由此潜移默化地影响着后工业时代城市空间叙事内容的塑造。

　　一方面是越来越广为人知的，由科学技术发展带来的，塑造多元主题城市空间的技术可能性；另一方面是伴随着草根群体权利意识的觉醒而对塑造符合他们多元需求的城市空间的客观要求，过往城市中那种主题单一的街道、广场、公园等形式，虽然仍然能够成为一次性游览的观览点，但已经逐渐表现得不那么被长期居住在城市中的居民所喜好。譬如南京东路之于南京西路，前者如今表现得非常"游客化"而后者则表现得更"市民化"。而当将南京西路与墨尔本著名的 Swanston 大街相比时，我们又能看到前者的街道空间是如何因其在空间叙事的内容多元性方面稍逊一层而显得没有后者那样具有更长效，更泛大众的吸引力。

　　后工业时代城市空间叙事内容从一元主题走向多元主题的另一个衍生现象是叙事内容中"雅"与"俗"的关系转换。这一现象在中国城市中表现得特别明显。在前工业时期，由礼教思想熏陶起来、把握着文化传播喉舌、控制着城市重要空间建设权利的社会精英阶层将符合自己文化范畴的事物定义为"雅"而不属于自己文化范畴的事物斥之为"俗"。在这种时代环境下，城市中那些被记录下来的，占据了重要地位的，具有标志性的空间几乎完全是按照所谓"雅"的形式构建起来。这种形式尽管在当时表现出了一定的文化优越性（空间塑造更精致、建筑物构筑物更美观、诗词文赋装饰更华丽等），但"雅"的手法却很单一。上层社会的固化像是一道挡水坝阻断了下层血液上涌而带来新思维新看法的可能。先期具有优势的上层文化终像一潭死水，在度过了早期的繁华之后便显露出了千篇一律的乏味。相反的，倒是那些被上层社会斥为"俗"的东西，尽管确实因其基底是如此的复杂而显得良莠不齐，无可避免地存在许多粗糙恶俗的糟粕，但它却也正是凭借着自己巨大基底带来的多样性而不断尝试、不断刷新并不断淘汰换代。在这种约束较少的原始丛林法则下，原本由市井群体代表的"俗"的事物显示出了千变万化的更多可能与活力。当上层社会受困于自己僵化的"雅"之法则而无法推陈出新的时候，下层社会却以一种残酷但有效的方法借由"多元性"在更长的时间中保持着生生活力。因此在前工业时代的城市中，越向"工业化"这个关键时间点靠近，那些原本被标榜为"雅"的东西，譬如文人的私家园林，就越显得拘束而造作。它们在有限思维范围里进行变化的尝试没能从根本上改善这些空间的活力。而那些原本被称为"俗"的东西，譬如以北宋汴梁城街道为代表的空间，就越显示出由大浪淘沙得来的顽强生命力。

在整个 20 世纪，现代主义规划观经历了一个从早期以推翻旧有的"雅"，提倡以平民精神为"雅"到后期僵化在自己固有的"五要素""四分法""白盒子"等设计框棺中的过程。像是一个英雄，想要战胜恶魔，但最终自己也变成了自己要战胜的对象。20 世纪 80 年代之后对现代主义思想的各种批判、修正、扩充都指向一个重要的设计思路原点：重新正视多元开放而非教条一元才能使设计具备活力。在这种认识的刺激下，新千年之后涌现出来的许多城市空间设计在构建叙事内容的时候跳出了雅与俗的二元对立的束缚，而采用一种模糊的但同样具有更高可塑性的方式进行空间要素的编排。上海人民广场 2004 年改造后出现的五号门相亲角与伦敦海德公园 2004 年落成的戴安娜王妃纪念喷泉便是受这种认识而完成的具有代表性的设计。设计者们不再执念于所谓的"雅"与"俗"的造型，而是给予了空间使用者相当大的自由度，尽可能地让他们自定义空间中发生的故事内容。通过观察这些空间使用者自定义的活动具有哪些偏好需求，再结合强大的计算机技术对这些偏好需求进行反馈设计，逐步修正城市空间的形式。这种"观察—假设—实验—观察—修正—实验—观察"的循环过程是真正将科学研究的方式融合进了城市空间的塑造中。

城市空间的叙事性重塑是实现漫空间"人性化"理念的一个最重要

的基石。在经历了现代主义这一波折之后，人们日益明白：即使是以驱逐传统城市中那些令人厌恶、致人疾病的不良因素为目的，过于理性化而让物质空间与使用者之间无法建立起故事联系的这种空间设计手法仍然会带来后果一样不堪的无活力城市。重新建立起使用者与物质空间之间的联系是塑造未来理想城市空间的一项共识。回到本章最开头描述的那些片段。让我们设想这样一个场景：在阳光明媚的下午，沏上一壶好茶，放上一首音乐，躺在院子里的躺椅上信手翻开一本书。这本书绝对不能是枯燥乏味的"使用说明书"。情节动人的故事，具有能够唤起读者记忆共鸣的冲突，这些艺术化了的东西或许不是生活的全部，但它们却是高质量生活不可或缺的一部分。在基本生理需求将不再是最大关注点的未来，能为空间使用者带来自我实现与社会认可的叙事性空间正是一种适应时代的空间发展高阶形态。

第三章　漫空间——智能的空间

　　如果有人在石器时代的部落中展示从矿石中冶炼金属的技巧，那他一定会被那个部落里的人敬若神明。同样，如果有人在封建时代的帝王们面前展示如今已司空见惯的发电技巧，他也一定会被这些帝王们视为天人。在著名的科幻电影《星际迷航》中还有过这样一个经典的设定：在星际舰队探索过程中，原住民的科技发展水平是否已经达到能理解曲率跃迁是星际探险者们能否直接与原住民展开外交接触的一项评判标准。冶金、发电、曲率跃迁，在这些桥段背后隐藏的是"科学"与"神力"之间纠缠不清的关系。这种纠缠关系是人类社会（或者任何智能种族）在其"智能"发展历程上的阶段标志。每一项技术的革新都标志着这个种族在生产效能上的跃变，而伴随着每一次生产效能的跃变，该种族生存与生活空间也会相应地更新。从历史的纵向看，人类智能的每一次进步似乎总是与人类赖以存在的空间形态发生着微妙的关联关系。理解这种"智能"与"空间"之间的关联关系，并基于这种关联关系的原则，结合当今时代的一些关键技术，探索当今及可预见的未来城市中人们生存与生活空间的一些特征将是本章的主要内容。

智能与城市

智能城市的兴起

尽管从广义上说，人类的城市空间从出现之日起就一直是当时人类"智能"的集中体现。因此广义的"智能城市"起源应该可以追溯到公元纪年之前。但在狭义上，如今日常所称的智能城市概念则是在 21 世纪后的头十年中，在继承了其理论前辈"数字城市""网络城市""流城市"等概念精华的基础上才以一个专有的称谓出现在众人眼前。考虑到"智能"一词所涵盖的意义是何等广泛，"城市"一词所包含的层次又是何等的丰富，就不难理解那个字面上由这两个词拼接组合而成的"智能城市"在被当作一个专有名词提出之后，对其定义与释义上表现出的令人眼花缭乱的纷繁。

在这种纷繁复杂的大环境下，由 IBM 公司在 2008 年提出的"智慧城市"（Smart City）无疑是一个阶段性的代表者。在这项提议中，IBM 从智慧的医疗、智慧的食品、智慧的交通、智慧的水、智慧的电力、城市规划、城市应急系统、绿色供应链，以及智慧的高新技术园区与城市一体化平台这 9 个层面展开了对"智慧城市"概念的探索。[1] 在那本系统地阐述 IBM 视野中智慧城市概念的《智慧城市白皮书》的开篇中，这样写道：

智慧城市策略就是：在城市发展过程中，在其管辖的环境、公共事业、城市服务、公民和本地产业发展中，充分利用信息通信技术（ICT），智慧地感知、分析、集成和应对地方政府在行使经济调节、市场监管、社会管理和公共服务政府职能的过程中的相关活动与需求，创造一个更好的生活、工作、休息和娱乐环境。为了抓住机遇和构建可持续的繁荣，城市需要变得更加"智慧"。[1]

无论是从当时 IBM 提出的智慧城市概念所细分的子项，还是从上面

---

[1]　IBM · 智慧的中国，智慧的城市［R］. 2009.8.

引述的 IBM 白皮书文字中所阐述的意义上来看，IBM 是从市政管理的角度来理解"智慧城市"这一概念的后半部分——"城市"。而这一概念的前半部分（"Smart City"一词中的 Smart）则更多表达的是"精明"的意思。因此在现在看来，2008 年版本的 IBM"智慧城市"或许应该翻译成"精明市政"才更准确。"Smart City"概念的实质是在倡导由高新科学技术的运用所带来的更精明的市政管理服务。

2008 年提出的这个概念几乎立刻引起了世界各国政府的关注。在美国本土，时任总统奥巴马于次年即公开肯定了这个理念，并将之上升到了国家战略层面的高度提请全国上下予以重视。紧接着开始的第一次实践则是在 2009 年，由美国能源部与迪比克政府联合实施由 IBM 公司提供技术支持的智能城市建设项目。其项目的目标正如 IBM 在其"智慧城市"理念中提出的那样：要实现迪比克市内自来水、交通、电力和燃气基础设施系统的信息化及跨系统联动。其行动的第一步从在迪比克市内大规模布设相关信息采集终端开始。[1]

在欧盟，2009 年启动的"欧洲智慧城市计划"站在整个欧洲国家联盟的高度为欧洲各国策划了 2010—2020 年城市智能化发展的行动路线图，其主要目标是提高能源效率、应用新能源以应对气候变化等问题。具体建设计划包括：智能建筑、智能能源网络、智能交通。[2]在单个城市的层面，几乎每个欧洲国家的重要城市都在 2008 年前后设计制订了各自的智慧城市计划，其中具有代表性的城市是维也纳、斯德哥尔摩和阿姆斯特丹。致力于建设"气候智慧型城市"的瑞典斯德哥尔摩市在 2007 年与 IBM 合作实施了"智慧交通"项目，以纾解市内交通拥堵、减少机动车温室气体与废弃物排放量。这项计划的成效是斯德哥尔摩城市交通堵塞降低了 25%，废物排放数量降低了 8%～14%，温室气体排放水平降低了 40%。[3]荷兰

[1] 孙艳艳. 欧美日智能城市建设及对我国的启示 [J]. 城市管理与科技，2012（5）：79.
[2] 段虹. 智慧城市建设及评价体系研究 [D]. 上海：上海交通大学，2014：18.
[3] 段虹. 智慧城市建设及评价体系研究 [D]. 上海：上海交通大学，2014：20.

阿姆斯特丹市在 2009 年开始推行的智慧城市建设计划，由阿姆斯特丹创新机构 Innovation Motor 及电网 Alliander 共同合作，集中关注可持续生活、低碳办公、可持续交通与可持续公共空间。[1]奥地利的维也纳市在 2011 年 12 月的巴塞罗那智能城市世博会上，击败其他 18 个国家 100 个智慧城市构建计划摘得最佳智慧城市计划的桂冠。"智慧城市维也纳"计划共包括三方面的内容："智慧发展道路""提高能源效率""保护环境气候"。三方面的具体目标和任务包括：城市能源系统的宏观管理，高效生产及供应技术、智能网络和热能供应、低能源需求的"活力"建筑，发展环保、高效节能、低碳排放的活动系统。并以 2015-2020-2050 为标志将计划分解成为短期、中期与长期三段实施。[2]

在亚洲，仅有的两个发达国家日本和新加坡也在 2008 年左右推行了各自的"智慧城市"方案。在新加坡，新加坡资讯通信发展管理局（IDA）于 2005 年首倡的"智慧国 2015"计划，试图通过在①超高速、普适性、智能化的信息通信基础设施建设；②关键经济领域、国家机构与社会改造；③具有世界竞争实力的信息通信行业研发；④具有世界竞争实力的信息通信人才储备，这四大战略板块的建设，帮助将新加坡打造成为基于信息通信的智慧国家和全球都市。[3]日本则走得更远。作为一个资源紧缺的国家，日本从实用阶段与实证阶段两方面推进自己的智慧城市建设计划。以神奈川县藤泽市为代表的实用阶段智能化城镇将自己的关注点主要放在更高效的能源利用率与更多样的能源来源上。以验证新技术、设备和系统为主的实证阶段智慧城镇则在日本各部委的支持下从能源、交通、医疗、与灾难应对这几个方面进行着不断的尝试。[4]

毫无疑问，2008 年 IBM 提出的"智慧城市"虽然不是全世界范围

［1］　段虹.智慧城市建设及评价体系研究［D］.上海：上海交通大学，2014：21.

［2］　段虹.智慧城市建设及评价体系研究［D］.上海：上海交通大学，2014：18-19.

［3］　段虹.智慧城市建设及评价体系研究［D］.上海：上海交通大学，2014：12.

［4］　段虹.智慧城市建设及评价体系研究［D］.上海：上海交通大学，2014：15.

内所有相关尝试的指导思想之源，其以高新科技带来精细市政管理的理念却在这段时间前后的全球城市实践中反复再现。但是，2008 年提出的"智慧城市"概念，显然是立足于欧美发达国家的城市发展状况而来。在IBM 尝试将这个概念向发展中国家推广的时候，2008 版本随即出现了明显的水土不服。在这些发展中国家，基础建设的程度还远未达到发达国家城市那种几乎饱和的程度。即使在以基础建设闻名的中国，大多数的城市仍处在大规模建设的阶段。这种大背景使得 2008 版本"智慧城市"重管理调配、轻规划建设的特征暴露无遗。拓展未来市场的需求迫使 IBM 在 2009—2010 年又提出了一个面向发展中国家的修订版"智慧城市"概念[1]。在这个更新过的 2009 版本中，原版本里"智慧＝精明、城市＝市政"的认识虽然被弱化，但仍然在字里行间有所透露。更新过的版本其出发点仍然是仅从信息化角度解读"智慧"。试图通过技术和设备层面的更新，由更大规模的使用高科技工具来优化城市中纷繁复杂的市政管理。着眼点仍然是物的智能而非人的智能。中国工程院院士潘云鹤先生在他的文章中明确指出这种观点与中国城市真正所需要的"智慧"仍有出入。[2] 潘云鹤先生结合了在中国的实证研究指出中国的智慧城市需要着眼于解决中国城市在可预见的未来所必须面对的"新四化"问题（工业化、信息化、城镇化以及农业现代化）。[2] 这一观点随后影响了 IBM 对其"智慧城市"的概念定义。在 2015 年 IBM 的官方网页上，对"智慧城市"的专题页面上，IBM 对"什么是智慧城市"做了如下陈述：

> 随着中国"新四化"进程的全面推进，建设"智能、集约、节能、绿色"的智慧城市得到了中国大多数城市管理者的广泛认同。智慧城市是城市现代化发展到一定阶段的必然趋势，是提升城市竞争力的有效途径。建设智慧城市，对加快工业化、信息化、城镇化、农业现代化融合，提升城市可持续发展能力具有重要意义。

---

[1] IBM《智慧的中国，智慧的城市》白皮书 . 2009.
[2] 潘云鹤 . 中国的智能城市和城市大数据［N］. 中国信息化周报，2014 – 9 – 15（5）.

　　中国的城市发展经历了"数字城市""无线城市"到"智慧城市"这样的衍变历程。其中，智慧城市阶段更加突出城市的"智慧"特征：一方面，管理者通过运用各类新兴技术手段来满足城市内日益丰富的应用类型；另一方面，城市内不同业务部门之间乃至各城市之间将被有效贯通，通过数据的智慧化分析、信息整合和数据挖掘，能够更好地满足产业发展、民生保障以及政府服务等方面的业务需求。

　　IBM 的"智慧城市"概念通过三次升级发展到如今已经成为这个领域的一个重要标志与集大成者，它同时也对人们理解"智慧城市"产生了许多潜移默化但又根深蒂固的影响。其将"精明"等同于"智慧"，将"市政管理"等同于"城市"的逻辑，即使通过三次修订仍然是其概念主要的指导方针。这使得后续的学者们也陆续陷入了这种唯技术化、唯信息化、唯数字化的桎梏中。这种现象在中国，一个相关领域的后进国，表现得更加明显。"数字城市＋物联网＋云计算＝智慧城市"这一理解一度占据了政企学三界的主流认识。这种认识也反映在了中国相关城市的实践上。在中国工程院 2012 年的专题报告《中国智能城市建设与推进战略研究》[1]中指出，中国从 2010 年以来在各地方城市提出的建设"智慧城市"计划基本仍是以城市管理系统数字化和信息基础设施全面建设为主。以深圳、上海为代表的一线城市受益于改革开放的先驱影响，以较雄厚的经济实力与较同步的指导思想率先实施了城市关键系统数字化、信息化的部署。相比较于其他城市，深圳、上海等城市在城市智能化之路上已经开始走向借用高新技术提高各方面（交通、能源、民生等）市政服务效率的阶段。而以宁波、无锡、南昌等为代表的大多数二三线城市仍然走在城市系统数字化的过程中。这些城市提出的智能化建设方案很大程度上还停留在"数字城市""网络城市"的阶段，虽然同样提出了近似于"智慧城市"的更高阶段愿景，但从这些城市的行动计划所包含的子项来看，它们对"智慧"的理解与实践都还未达到一线城市行动计划的高度。

---

[1]　潘云鹤.智能城市更适合中国［N］.中国房地产业，2014（12）：28-31.

在集合了中国相关领域的顶尖学者对前阶段各地方城市智能化建设的行动方案设计与落实情况研究之后，2012 年的《中国智能城市建设与推进战略研究》专题报告站在更宏观的层面对中国未来城市智能化建设进行了更全面的定义，提出未来中国城市智能化的重点建设内容将包括：①城市建设的智能化，由三个课题组成：研究城市的经济、科技、文化、管理、规划彼此之间的关系，研究城市的空间组织模式、智能交通与物流，研究城市智能建筑和家居。②研究城市的信息的智能化发展，由三个课题组成：关于信息网络研究，智能测量与认知，知识中心和信息处理。③城市产业的智能化发展，包括智能制造，智能电网与能源和智能商务与金融。④城市管理的智能化发展发展，包括：城市环境、智能医疗卫生、城市安全。2012 年年底，住房与城乡建设部发布了中国智能城市建设的官方纲领性文件《国家智慧城市（区镇）试点指标体系（试行）》。次年 1 月，公布第一批国家智慧城市试点名单，共 90 个城市。7 个月后，住建部再次将这份名单扩大到了 103 个。并承诺将在十二五规划中与国家开发银行一同为智慧城市建设提供 800 亿元资金支持。[1]这一系列从学术研究到国家政策的动作，标志着中国从国家顶层层面正式吹响了内容丰富、理念先进的城市智能化发展号角。

物的智能或人的智能

拨开过往那些各色"智慧城市"方案构想纷繁的外表，其实不难感受到，无论是在欧美发达国家还是在亚洲发展中国家，关于城市智能化建设的逻辑其实存在很大相似性，即最终的愿景都是实现更适宜与更可持续的城市生活。而实现这些愿景的手段是借助计算机与通信技术，在更大范围，更全面地感知、采集、分析、反馈城市中原本难以被处理的信息要素，再借由计算机技术将这些信息物化成现实问题的解决方案，以期通过

---

［1］ 段虹.智慧城市建设及评价体系研究［D］.上海：上海交通大学，2014: 24.

更精确的点对点式调配资源达成整体系统过的集约高效运转。打个比方来说，就像是从传统农业的大面积水田模式转变成科技农业中的滴灌模式，从而将资源的利用效率最大化。尽管没有任何智能城市计划在其发展方案中明确提过，但一个明显的普世倾向是认为通过这样更精明的资源调配模式，城市中的各项服务水平都会极大的提高，而居民与游客的各项城市生活或游览体验也即随之改善，城市生活因此就更"美好"了。

正是基于这个逻辑，当前大多数"智能化城市"行动方案在设计上都非常强调围绕"信息"进行一系列建设，所不同的仅在于各城市由于各自的发展阶段和基础不同而选择在围绕"信息"核心进行建设的主要内容上各有偏向。譬如德国、日本这样的通信网络基础雄厚、技术发达的国家在围绕信息核心的城市智能化建设上更偏重于信息的"分析"与"反馈"这些后端阶段，而像中国这样的发展中国家在其城市智能化方案中则仍然需要将相当一部分精力放在信息"感知"与"传递"的前端建设上。但是，无论是关注"信息后端"还是"信息前端"，各方案背后围绕"信息核心"进行建设的指导思想是相同的。

应该承认，这个逻辑的存在显然有它的道理。在很大程度上，城市中各项服务的效能提高会改善各类人群在城市中从事各种活动的时候的感受。更快捷的服务确实会在一定程度上提高人们的幸福感。试想当您迫切的需要将一分重要的文件传送给正在城市另一端的同事时，高效率稳定的通信网络必然比不稳定且慢速的通信网络让人感到更愉快。同理，当我们在城市中的任一角落突发疾病时能够得到及时的医疗救助，或者甚至在将要发病之前就得到了智能设备的提醒，由此规避了死神的镰刀之时，显然我们家人的心情也会比痛失挚爱来得愉悦。这些都是更精明而高效地调配城市资源、提升城市服务所能为人们带来的直观的幸福感增长，也是基于当代城市生活方式的必要客观需求。但是这种"城市生活幸福感"与"城市功能服务效能"之间的正向增长联系是有极值且非线性的。也就是说，当城市各项功能服务的效能达到一定的效率之后，继续增加执行这些服务的效能将无助于继续提升城市中人们的愉悦感。任何以提高城市居民与游客城市生活幸福感为最终目标的"智能化城市"行动方案都应该认识到这一点。

在前述提及的许多发达国家"智慧城市"发展计划中都提到了"人才储备"这一子项。将人才储备作为智慧城市发展的一个行动目标，体现出相关国家意识到所谓"智慧"的城市最终一定不能仅仅停留在物质设备信息化、数字化的层面。一个城市最终究竟能多有"智慧"，其根本还是在于城市中的人的智能发展达到何种程度。因此，智慧城市应当在完善城市系统信息化改造的阶段目标之后，转向为城市中就业、学习、生活的各种群体提供有益于其智慧发展的环境构建上来。唯其如此，才能让城市智能化建设真正成为数字化建设、信息化建设的升级版，也才能让千千万万平凡的城市空间使用者们真实地感受到所谓的"智能化"并不是虚无缥缈的，而是就在他/她们身边。城市的智能化最终应该进行一次观念上的根本转变，即从城市智能化是"由人类赋予城市系统以智慧"这种认识，转变为城市智能化是"高效的城市系统帮助人类进一步发展自身智能"这种认识上来，也即从"物的智能化"回归"人的智能化"。

就中国的情况而言，在2013年以前的各地方型"智慧城市"建设试验过程中，已经能够充分体会到对城市物质系统进行信息化改造，而让这些改造后的系统使用者跟上时代步伐艰难这一现实特征。这种物质系统改造与使用者习惯更新之间的脱节是中国复杂国情的一个客观反映。以几乎所有"智慧城市"计划都包含的"智慧政务"一块为例。通常根据各城市自身所处的发展阶段可以将智慧政务相应的分成三个阶段，第一阶段是"办公自动化"（Office Automation），是以计算机技术与通信技术在办公环境中的普及为标志，以办公文件的处理及交互数字化为核心的系统改造阶段。第二阶段是网上政务、在线政务（Government Online），以政府建立官方在线平台，通过自己的门户网站向外发布信息、提供线上服务为标志的系统改造阶段。第三阶段是泛在政务阶段（U–Government），以政府信息与民间信息彼此更广泛的交互为标志。在此阶段公民不再是政务的被动客体，同时也以其自主性和对低层信息的理解与供给成为辅助政务更有效开展的主体。[1] 在中国，大多数一线城市的政务服务尚且处在第二阶段的早期水平。更广大的经济欠发达地区城市则仍处在第一阶段。这种 20 世纪欧美发达国家已相当普及的办公自动化系统在中国许多经济欠发达地区的城市政务执行过程中仍然常年沦为一种摆设。在一些地方政府部门之间甚至同部门内部，文件交互与日常电子邮件系统都还没有成为工作人员熟练掌握的技巧，无论是内部沟通还是对外服务效能都还停留在办公系统没有更新之前的水平。更不消说大多数以政府官方形式建立起来的对外信息发布平台上所包含的信息从广度、深度到及时性都与西方发达国家已经取得的水平相去甚远。

那么问题来了，为何相同的"智能化技术"在发达国家或地区表现出来的"智慧"在欠发达地区却很少能够被体会到呢？这种"橘生淮南则为橘，生于淮北则为枳"的现象根源不在于系统"物的智能"发生了变化，而是系统使用者"人的智能"有区别。就像将一把宝剑交给一个剑术高超的侠客与将宝剑交给一个乳臭未干的小孩一样。在前者手中，因为使用者本身的能力与意愿，这一件强力的工具能够发挥相当大的作用，在面对环境给予的挑战时变得得心应手。而在后者手中，因为使用者本身的能力和意愿不足以驾驭（或者不希望使用）这件工具而在面对环境给予的挑战时并不能真正起到助益。

在像中国这样的欠发达国家，许多人在使用习惯上还远远没有习惯信息化、数字化改造以后的工作生活方式。特别是对于目前正占据社会工作中高层主力的 1960—1970 年代出生者来说，他们受制于特定的历史条件，在全球范围内第一轮计算机与信息技术大发展的年代却并没能够像国外同龄人那样接触到这一新的技术。这使得 20 世纪 90 年代末期才在中国

---

[1]　徐晓林，朱国伟.智慧政务：信息社会电子治理的生活化路径 [J].自然辩证法通讯，2012（5）：95.

兴起，21 世纪早期才在工作中普及的许多基本数字信息技术，对这一特殊群体早已成型的工作生活习惯而言成为一个巨大的挑战。从主观意愿和客观接受新事物的能力两方面，中国目前占据社会工作中高层主力的人群都对这些新技术的运用产生了消极的情绪。当一个嫌打字发邮件还不如挪步小跑两层楼把纸质文件当面递给同事来得方便的中年群体占据了工作主流的时候，信息化数字化改造的功效在使用者层面就被极大地弱化了。这种情况在 1980—1990 年代出生者们开始进入劳动力市场并开始逐渐成为劳动主力之后得到了明显的改善。作为受全球化影响成长起来的一代人，这些劳动力市场新涌入者们在生活生产习惯方面与国外先进发达国家同龄人并无差异，这使得原本被闲置的信息化数字化系统得以在他们手上重放光芒。这种现象也正是从另一面映衬出使用者的习惯对于物质系统"物的智能"到底能发挥到何种程度有着非常明显的影响。

在可预见的未来，智慧城市的建设必然会出现一个分歧点，已经先期取得一定物质建设基础的城市将会越来越重视在行动计划中补足系统使用主体"人"的工作生活习惯与物质系统之间的这种脱节，而尚未完成物质系统建设的城市则仍需将主要工作计划集中于追赶先进城市物质系统建设的步伐。毕竟，究其本质而言，"智慧"或者"智能"最本初的意义是指高等生物所具有的基于神经器官系统（一种物质基础）的一种处理信息的综合能力。这包括高等生物体对来自周边环境中各种要素信息的感知、筛选、记忆、理解、联想、逻辑、辨别、分析、判断以及反应等一系列复杂的过程。生物体智慧从低到高的发展历程即是以越来越高效的完成上述过程为表征的。高等生物为了更有效地应对特定的周边环境而逐渐发展出各项"科学技术"（以火取暖，种麻织物，伐木建屋等），这些技术是智慧的产物和物化体现，但它们本身并不能等同于"智慧"。只有通过技术的不断推进，让高等生物体（在城市的语境中也就是我们人类）能够更有效地对周边环境所涌现出来的纷繁信息做出感知、筛选、记忆、理解、联想、逻辑、辨别、分析、判断，并最终形成有利于生物体生存、生活、发展的反应，这个过程才能称为"智慧"。换言之，也就是只有在生物体于新技术出现之后与环境信息的交互过程变得比新技术出现以前更有效才能称为"智慧"得到了发展。

因此，即使在早期建设阶段，确实由于"智慧"（Wisdom）的某些方面与"精明"（Smart）存在着某种相似，而使得两者指导的城市发展几近相似，但精明终究不能等同于智慧。在后期城市系统的建设中，两者之间的相异性将会逐渐表现得比其相似性更明显。未来的"智慧城市"（智能城市）必然会超越现今的"精明城市"，重新站在以激发使用者智能发展为目标的角度进行建设。完成了第一阶段城市系统数字化建设，拥有了高效能市政服务体系的城市在其更高阶段的建设过程中会将更多的注意力转到构建有利于城市居民智能提升的空间环境这项任务上。毕竟，广泛存在于城市中的各种各样的空间是人类活动最终发生的场所。这些空间最终能在何种限度上影响人类行为习惯，并潜移默化的改善（或者限制）人类本体智能的发展是未来评判一座城市在何种程度上具有"智慧"的重要标志。因此，从更宏观、抽象、且笼统的"智能城市"大系统中抽出"智能空间"一项，以更具象的方式对未来城市中各色空间所能具有的"智慧"进行探讨是本章接下来的主要任务。

智能与空间

试想如若将英国的剑桥镇、美国波士顿的坎布里奇镇以及日本的筑波科技城拿来与 2013 年列入中国"智慧城市试点名单"中的各个城市相比，问谁更有"智慧"？答案无疑是显而易见的。剑桥、坎布里奇与筑波，这些城市在物质空间的设计上并没有受太多科技巨头们推销的"智能化"技术的影响，但它们仍然在大多数人心中留下了"智慧云集"的印象，不是因为别的，正是居住、生活、工作在这些城市中的人在起作用。

城市物质空间的形态与其中使用者的智能发展水平这两者之间似乎

并没有什么直观的联系，但这不过是大自然的一个障眼法。实际上城市物质空间的形态会在各个方面对其承载的人类社会架构产生作用，而社会架构的形式则会进一步对处于这个社会中的每个个体行为模式产生作用（环境行为学）。人的个体及群体行为模式，从更长的时间跨度来看，正是影响其智能发展水平的根本要素。因此，城市物质空间的形态，通过人类社会架构转述，最终还是会对其使用者的智能发展产生影响的。

循着这个逻辑，反过来看，未来要建设的具有"智慧"的城市，就必须要以建构能够正向刺激人类智能发展的空间环境入手。这种空间环境应该会具有许多种不拘一格的物质形态（剑桥与筑波在外表上看起来就大不相同，但它们都是正向激励其中居民智能发展的范例），但它们同时也应该会具有一个公共特征，即此类空间所营造的环境氛围能够激发起任何人在任何时间、任何地点以任何方式学习、改善、并增进自身对客观世界的理解之行为。换言之，此类空间是有利于人们进行泛在学习的空间。

环境行为学

环境行为学起源于 20 世纪。其基本观点是认为客观世界的环境会对人的行为产生极大的，有时甚至是决定性的影响。其学科研究的目的是试图探究这种客观世界与人类主观行为之间的关联性究竟如何，并尝试通过将已取得的关于这种关联性的认识运用到此后客观环境的构造中去，来引导和改善人们在环境中的主观感受。从这个学科诞生之日起，环境行为学的流派观点就一直对人类塑造物质空间的行为产生着相当重要的影响。尽管作为一个新兴学科，对环境行为学的定义与历史沿承还没有相当统一的意见。但从广义的角度来说，主要脱胎于心理学，并在日后发展成一个跨学科的复合型科学的环境行为学，在其对环境与人类行为之间所存在的关系研究中大致形成了三个认识阶段。

第一阶段是从 20 世纪 20 年代开始的"环境决定论"阶段。这一阶段"环境决定人的行为"是解释人的主观行为和物的客观环境之间关系的主流理论。环境决定论认为人的行为本质上是一种应对刺激的"反应"，而外部的客观环境则无时无刻不在向人们提供各种刺激。人是外部环境要素的被动接受体，人的行为完全受外部环境要素的支配。[1]"环境决定论"在建筑设计与城市规划学科上形成的影响与 20 世纪早期的"现代主义建筑运动"相重叠，直接影响了早期现代主义建筑与城市规划运动先锋的空间创作意识。最直观的表现是俄国构成主义对公共住宅新形式设计原则的探讨。构成主义相信，通过重组住宅相关的物质要素，新的建筑形式能够影响居住其中的人的行为，并由此推动社会性的行为变革，成为加速俄国告别过去封建帝国社会体制，走向"新时代"的助力。由于将人的行为看成是对环境要素刺激下的被动反应，"环境决定论"衍生出一个重要推论即：人的各种行为一定能与特定物质环境要素的组成模式形成一一配对。这一推论对此后建筑与城市形态学的研究方向产生了深远的影响。相当一部分学界泰斗曾尝试建立起这种元素周期表式的相对关系手册。

第二阶段是伴随着早期现代主义教条在实践中受到愈来愈多质疑而开始的"相互作用论"阶段。这一阶段"环境要素与人的行为之间存在着相互作用"这一认识取代了前一阶段中将环境要素视为人类行为主要影响因子的"环境决定论"，成为解释人的主观行为和物的客观环境之间关系的主流理论。"相互作用论"是人们在实践中认识到"环境决定论"过于看轻人的主观意志而进行的一次理论修正。比"环境决定论"进步的是，"相互作用论"从二元对立的角度，将人的主观能动与物的客观影响摆在了相对等的高度，指出了人的自主意识在产生行为结果的过程中所具有与环境要素所产生的客观刺激一样不可忽视的重要性。从这一时期开始，人不再被看成是环境要素的被动接收者，人在环境中产生的行为的解释也被立体化了。从建筑和城市规划专业的历史上看，"相互作用论"成为环境行为学主流理论之后，建筑与城市规划从业者们也意识到了"环境决定

[1]　李斌.环境行为学的环境行为理论及其拓展 [J].建筑学报，2008（2）：31.

论"阶段那种——配对式的相对关系手册是不符合人与自然关系本质的。城市大小空间的设计也不可能通过一本元素周期表式的手册给予范式化的框定。

第三阶段是在 20 世纪末开始的"相互渗透论"阶段。尽管"相互作用论"在理解人与环境的关系上较早期理论有了长足进步，它将人与客观环境二元对立起来的理论基础却显得多少有些狭隘。"相互渗透论"是在"相互作用论"的基础上，进一步强调人的主观能动作用的又一次理论修正。在"相互渗透论"中，人与客观环境要素不再被看成是两个独立的系统，而是被当作一个整体不可分的巨系统。人们认识到，人在环境中的行为不仅仅是基于环境要素给出的刺激而做出反应并微调的结果，而更是会主观地选择、调整、解释、再定义环境要素的意义，并基于这一系列主观能动综合作用的结果。"相互渗透论"将人在人的行为中所发挥的作用看得比环境要素所发挥的作用更重，指出人的主观选择与物的客观刺激在形成最终行为结果之前是同时发生且多次往复的，且最终是人的主观选择比物的客观刺激更能影响最终的行为结果。简言之，也即爱默生的名句："人们总是只能看到他们想看到的东西。"

从"环境决定论"的物高于人到"相互作用论"的人物对等再到"相互渗透论"的人高于物，环境行为学在研究环境要素与人的行为之间关系的过程中尝试了各种不同的看待问题的角度，并且从各个角度得出了一些有利于解释人与物之间关系的认识。不论是以上的哪一种，又或是未来还会发现的什么新的认识，有一种笼统但具有代表性的认识却是贯穿始终的。对于绝大多数人而言，想要静下心来写些东西的时候图书馆总是比闹市更好的选择；想要放松身心的时候，国家公园总是比实验室更好的选择；想要安心休息的时候家里的床总比旅馆里的床更贴心。尽管我们不可能建立起完全一一对应的关系手册来解释多宽的街道会让人开心，多少雕塑能让广场活跃，种什么花草能让人心情舒畅，我们仍然可以体会到环境中不同要素组合形成的特定氛围能更有效地促进或妨碍我们进行某些特定方面的活动。

丹麦的著名环境行为学者杨·盖尔在其研究公共空间活力的著作《交往与空间》一书中将发生在户外公共空间中的各种活动分为三种类别：必要活动、自发活动以及社会活动。并指出，必要活动是人们对由环境要素所产生的刺激客观反应的行为（环境决定论领域），无论外部环境要素如何都会发生；自发活动则是人们基于一定的判断而形成的反应行为（相互作用论领域），它需要一定适宜的外部环境才能发生；社会活动则是建立在必要活动和自发活动之上的复合行为（相互渗透论领域），只有在充分改善了必要活动和自发活动的环境中才能产生社会活动。一个具有社会活动的空间即称其为具有导向性的空间。[1]

应该指出，杨·盖尔关于户外公共空间活动的三分法同样适用于许多其他空间中发生的活动。在杨·盖尔的三分法基础上，我们可以认识到：若要通过空间的物化设计来引导空间中人的行为，就应该从优化必要活动及改善自发活动的角度展开设计工作。决定必要活动和自发活动发生率的那些关键空间要素与人的感官感受之间的联系是可以被量化统计并加以分析的。例如空间大小与"拥挤感"的关系、空间中物件装置数量与"复杂感"的关系、空间几何形态与"迷失感"的关系等。设计工作的重点即在于有效地组织起这些可量化的空间要素，确保必要活动和自发活动能有效产生，剩下的工作就要交给空间使用者自己了。

在未来的城市规划与建筑设计中，要构建有利于城市居民智能发展的物质空间环境就必然需要借用如前所述的环境行为学上的认识。通过系统性地解析诸如剑桥、坎布里奇、筑波这种城市的环境大氛围中哪些是构成"必要活动"的环境要素以及哪些是促进"自发活动"产生的环境要素，并将这些要素系统性地整合到未来城市空间的氛围塑造中去，更高阶段的"智能城市"才能实现。

[1] 李翊. 环境行为学引导下的公共空间活力营造 [J]. 华中建筑，2010（7）: 70.

普适计算

自从 20 世纪 90 年代提出以来，普适计算（pervasive computing，另称泛在计算—ubiquitous computing）已经成为信息与通信技术学界一个炙手可热的概念。同时由于这个概念所具有的时代性、未来性及宽泛性，在其成熟发展并变得广为人知的过程中，也逐渐成为影响其他领域提出各自领域内新概念的一个理论基础。最明显的两个例子即是传媒学领域的"泛在媒体"构想和教育学领域的"泛在学习"构想。在过去的 20 年间，围绕着普适计算及其相关概念开展的研究一时达到令人眼花缭乱的程度，不同研究者们往往从各自的研究主题出发对普适计算的概念进行了（有时甚至是有些任性的）扩充与发展。

应该指出，普适计算最早仅仅是作为一种区别于历史过往计算模式（Computing Paradigm）的新型"计算模式"概念被马克•威瑟（Mark Weiser）提出的[1]。其本身是一个思想概念，更多的是一种应用技术。它本质上描述的是一种新的人机交互未来。与以往的"主机计算"（Mainframe Computing）和"桌面计算"（Desktop Computing）两种模式截然不同，在普适计算模式中人与计算机不再形成严格的一对一式匹配。未来计算机在延续了已经出现的计算能力强化、物理体积减小、联网能力增强这三大特征发展下去之后，将会变得能够被轻易地植入人们日常生活的方方面面中，"不可见"变成了普适计算区别于传统计算模式最直观的特征。内嵌的布置方式使得计算机本身首先在物质层面从使用者的感官系统中消失了。随后，受益于更强大的互联网络服务能力与机械的人工智能程度，使用者在需要计算机（群）服务时也不再被强制要求进行过多的计算机操作，计算机（群）的输入、运行、输出全过程能够实现快速一体化与自动化。这样，计算机操作在心理层面也从使用者的感官系统中消失了。不过，"不可见性"并不会降低这些隐匿在其他日常事物中的计算机群所提

［1］ 石为人，周彬，许磊．普适计算：人本计算［J］．计算机应用，2005（7）：1480.

供的计算服务效率，相反的，其广泛存在与广泛连接的模式特征使得计算服务能够更广泛地渗透到使用者各种活动的每一个层面，帮助使用者在更广阔的时空环境下享受更有效的计算辅助。正因如此，马克·威瑟在他代表作中反复强调虽然普适计算的设计目的是让人们能够随时随地享受到计算服务，但其本质特征是物质与操作心理两个层面上双重的"透明性"。[1]

在马克·威瑟对普适计算技术特征总结的基础上，其他研究者们在此后更广泛地研究中进一步将普适计算的技术特征总结归纳并扩展到了五个基本点：

1. 无所不在的（pervasive）：用户可以随地以各种接入手段进入同一信息世界；

2. 嵌入的（embedded）：计算和通信能力存在于我们生活的世界中，用户能够感觉到它和作用于它；

3. 游牧的（nomadic）：用户和计算均可按需自由移动；

4. 自适应的（adaptable）：计算和通信服务可按用户需要和运行条件提供充分的即时性和自主性；

5. 永恒的（eternal）：系统在开启以后再也不会死机或需要重启；部件可以因需要、出错或升级来去，但整个系统则永远可用。[2]

在确定了这五个基本点之后，对普适计算概念本身的研究已经基本完成。人们已经能够在脑海中勾勒出一幅清晰的新一代计算模式的运作形象。但是显然，这个由马克·威瑟给人们勾勒的动人的未来幻想想要真正从概念转化为融入人们现实生活方方面面的技术应用，则还需要仰赖于许多其他领域技术研究的突破。在这份"相关技术名单"中，最关键的技术系统包括：芯片制造和集成技术、信息传输技术、传感网络和射频识别技术以及设备自动化技术等。在新千年之后，关于普适计算的研究便从以空想主义引导的构思畅想阶段转入以实用主义引导的实验尝试阶段，并开始

[1] 徐光裕，史元春，谢伟凯．普适计算［J］．计算机学报，2003（9）：1043.

[2] 徐光裕，史元春，谢伟凯．普适计算［J］．计算机学报，2003（9）：1045.

逐步将关注重点转向了推动普适计算模式与其他关键应用技术系统结合的方向。

最早的普适计算实验模型是由马克·威瑟自己与其所在的 PARC 研究人员一同开发的"Ubicomp"系统。在这个实验模型中，系统被按照大小、功能以及适用场合的不同被分成了三个种类，即：墙板（Board）、本笺（Pad）和标签（Tab）。所有系统均由普适计算设备、身份标识和其他基础设施组成。在对这个系统的介绍中，研究者们声称"Ubicomp"系统可以自动识别设备运作状态、位置和链接状态，使用者"只需要无意识的使用普适计算设备就可以完成相关工作。"[1] 但是从其缺少更详细的描述系统中普适设备究竟完成了何种工作以及基于此而开展的后续研究所关注的工作复杂程度来看，马克·威瑟当时所建立的"Ubicomp"系统应该是一个受制于时代限制的原型系统，并不能在惠及人们日常生活的层面予以太大支持。

在马克·威瑟之后，欧美出现了以高校、科技企业巨头和政府机构形成的普适计算实验系统研究领域"三分天下"的现象。高等院校开展了如 MIT 的 Oxygen、卡内基·梅隆大学的 Aura、伊利诺伊大学的 Gaia、伊利诺伊理工的 HawkTour 以及加州伯克利大学的 Endeavour 等实验性项目；科技企业巨头开展了如 IBM 的 DreamSpace、惠普的 Cool Town 以及微软的 EasyLiving 等实验性项目；而以美国和欧盟为代表的国家机构则开展了如美国 NIST 的 Smart Space、欧盟 Disappering Computer 等实验性项目。[2] 这些都是十年间，研究者们提出的各种普适计算实践性应用的乌托邦式幻想模型。可以看到，在与普适计算概念相关的各应用技术领域中每出现一次技术突破，研究者们对普适计算所具有的实践可能性就有了更进一步的认知。

然而这些林林总总的研究项目并没有都一帆风顺地开展下去。在 21 世纪开始的数年中，普适计算实验模型的研究项目经历了大浪淘沙的

［1］ 石为人，周彬，许磊．普适计算：人本计算．计算机应用，2005（7）：1479.

［2］ 石为人，周彬，许磊．普适计算：人本计算．计算机应用，2005（7）：1482.

过程，其中不少项目受到包括投入产出、目标设定、关键技术阻碍等各种因素的影响而中止。另一些则在意识到了普适计算作为一个宽泛的概念所存在的模糊性和不确定性之后，开始在实验层面与更新兴而明确的概念结合，以一种全新的形式在更精细的层面继续推进。这其中最为明显的便是从普适计算实践模型基础上演化出来的"智能空间"模型。前文提及的各色普适计算实践模型无论在设计目标方面还是在包含内容方面都已经具有了"智能空间"的雏形。诸如 MIT 的 Oxygen，卡内基梅隆大学的 Aura，伊利诺伊大学的 Gaia 等都不约而同地将研究重点放在了物理空间中信息处理设备的上下文感知技术上。像 IBM 的 DreamSpace 和微软的 EasyLiving 项目更是直接在其设计描述中指明了此类模型构建的是"居家和工作的智能空间"是"联网的工作空间"。普适计算的研究从此作为一个广受赞同的理念退居二线，而由它一手推送出来的"空间智能化"及其衍生课题自此走上了研究第一线。

泛在学习

　　泛在学习，从其字面的意义就可以很精到地把握其概念特点，那就是无时无处广泛存在的学习形式。这种学习形式的起源从广义上说古已有之。北宋大儒朱熹所言"无一事而不学，无一时而不学，无一处而不学，成功之路也"[1]；明朝大儒王阳明心学理论核心"知行合一"；以及清代作家曹雪芹在《红楼梦》中的名对"世事洞明皆学问，人情练达即文章"[2]等等，这些文字学说表达的都与如今广为传扬的泛在学习的概念非常相近。而从狭义上说，泛在学习是在 20 世纪 90 年代普适计算技术与泛在网络技术概念成熟之后，教育学研究者们从信息通信技术领域借鉴而来的一个舶来品。广义的泛在学习是从理念的维度阐述了一种每时每地每人都学

[1] 杨孝堂.泛在学习：理论、模式与资源 [J].中国远程教育，2011（6）：70.
[2] 曹雪芹.红楼梦 [M].北京：人民文学出版社，2013.

习新知的学习形式，而狭义的泛在学习更多的是从技术的维度构建了实现这种学习形式的一种可能。不过，即使是对狭义的"泛在学习"概念，虽然从其理论初现至今也不过短短数年，这个概念如今受到来自社会各个群体的关注已经十分了得。

应该指出，狭义的泛在学习的概念也并不是随着普适计算与泛在网络概念就一蹴而就地形成的。在泛在学习作为一个独立的具有完整定义的概念被提出来之前，它还经历了两个前置理论探索阶段。其中之一是直接源于普适计算实验模型的探索，一个重要的代表案例是由中国清华大学研究者们尝试的"智慧教室"实验[1]。在这个本意是验证普适计算理论的实验模型中，研究者们通过在传统教学模式中加入泛在计算及网络技术，强化了对教学过程中学生学习和教师教授的各环节信息感知、收集及分析处理的能力。尤其是强化了在物理空间中调用虚拟空间学习资源的能力。通过对这些关键信息的理解，智慧教室模型能够帮助人们改善在传统教学环境下的教学效率。"智慧教室"模型中对物理教学空间与虚拟教学空间进行融合的尝试开创了"远程学习"这一在当时非常时兴的新领域。而泛在学习的另一个前置理论模型是"移动学习"。"远程学习"为人们打破物质空间的限制而获取学习资源及进行教学互动提供了一种全新的视野。在之后的实践中也逐步得到了广泛的认同，并充实完善了教与学各环节的机制设计。然而远程学习因其脱胎于对传统教室教学的特性，而在很大程度上保留了对正式教学行为和准正式教学行为的针对性。从本质上说，远程学习仅仅是通过去课堂化这一手段弱化了物质空间中课堂的存在感。它作为一种学习形式对于当代生活日益碎片化和日益非正式化学习行的关注不够，也无法满足这种学习需求。因此，在远程学习模型之后，伴随着移动信息设备及移动宽带网络的完善，"移动学习"被当作一个进阶概念提到了台面上。移动学习强调在学习者的移动终端上开展教学活动。通过更细碎的学习资源布置方式，让学习者能够通过连接到了移动宽带网络的移动

[1] 徐光祐，史元春，谢伟凯．普适计算［J］．计算机学报，2003（9）：1044.

终端设备在任意时间任意地点执行学习行为。在实际的应用层面，如今各智能手机软件中心时常能看到的瞄准各上班白领用户层的语言学习类 **APP** 就基于移动学习理论模型的实践典型。从这一点上说，"移动学习"已经初步具有了后来泛在学习"3A 理论"的一些雏形，与泛在学习概念具有了相当的相似性，以至于在许多非教育学专业人士脑海中，两种概念常被混为一谈。

远程学习和移动学习作为两位理论前辈，为泛在学习作为一个独立且完整的概念提出铺就了道路。泛在学习继承了这两个前置理论模型的特点，同样也强调打破虚拟空间与物理空间的界限，并提倡由计算机及网络技术为学习者提供一个任何时间、任何地点、以任何方式进行学习的自由环境。但在对学习主体、学习资源以及学习行为这三大学习的关键要素构成上，泛在学习在其前辈理论的基础上结合普适计算技术在可预见未来的发展提出了更具有建设性和未来性的意见。

首先，在学习主体上，泛在学习将学习主体扩大到了全体人类。从学习形式发展的历史纵向上来看，远程学习就在传统学习的基础上，将学习主体扩大到了课堂以外的人群中。学习主体不再仅仅是课堂里的"学生"，也包括许多其他社会人。移动学习则在远程学习的基础上进一步扩大了这些教室外社会人的范围。泛在学习延续了这一内生逻辑，将学习主体扩大到了全人类。在泛在学习中，全人类中所有有学习需求的人都能按照自己的需要快速高效地接触到学习资源，开展学习行为。学习主体的范围不再具有明确的与特定社会属性和物理空间相关的绑定关系，而是转为由当时当地随机出现的学习需求而确定。

其次，在学习资源上，泛在学习设想未来学习资源与物理空间的结合程度将远比现有任何模式中已取得的程度都更广泛。学习资源将呈现出一种"弥漫"的状态存在于物理空间的每一个角落，而不再是像传统学习形式下那种单点集中分布或远程及移动学习形式下那种散点集中分布状态。学习者不一定非得要到特定的物理空间节点中去（比如图书馆、展览馆等）才能获取执行学习行为所需要的学习资源。另一方面，在这种与物理空间解绑的学习资源分布模式之外，泛在学习中的学习资源在其自身构成的丰富程度上也将变得远较过往任何时代都更多元而广泛。传统学习将自己局限在具有明确主题与模块的正式教育资源内，学习资源的构成相当刚性，虽然具有概念上的普适性，但实际上却不能有效地满足日益个性化的学习需求。远程学习和移动学习对传统学习的这种弊端进行了一定程度上的补充，开始关注具有一定弹性的准正式学习资源供给上。但由于这些准正式学习资源的供给仍然在非常大的程度上依赖专门的机构与组织，其丰富性与及时性仍然受到一定限制。未来的泛在学习会成为传统学习和远程学习、移动学习的集大成者。它将会通过普遍存在的传感设备和信息网络将社会中所有正式的、准正式的与非正式的学习资源都笼括起来。学习资源的供给不再是（也不可能是）由几个教育机构提供，而是转变成由社会中所有参与者共同提供、共同改善并共同享有。学习资源的弹性、丰富性与及时性因此得以保证。泛在学习中这样的学习资源供给、分布与获取模式，一方面是为了构建起面向全社会、全年龄、全时段多元化学习行为所必须要完成的客观要求，同时也是由广泛存在的信息感知、采集、处理、输出一体化设备与网络技术所带来的潜在可能。

最后，在学习行为上。泛在学习提出人们将摆脱以往传统学习形式下学习设备给学习者带来的困扰，而将学习行为变得更纯粹、高频且终身化。在技术层面上，如前文描述普适计算时已经阐述过的那样，在未来普适计算技术已经完全成熟的时代，计算机在物理形态上将变得不可见但被更广泛地应用到生活的每一个角落。同时，得益于更加互联的信息网络与更高阶的人工智能技术支持，计算机从虚拟空间中调用与学习者当前关注课题最切近的学习资源的能力也将得到极大的提高。学习者在开展学习行为的过程中将完全免除现有学习形式中面对设备操作的负担。人们将从传统模式中那种需要从现实到虚拟再到现实这样反复的切换操作流程里解放出来，能够将全副精力投入在当前最关心的学习问题上。泛在学习形式下的学习者可以免于在兴趣最旺盛、感受最直接、体会最深刻的时间段内被与当前主题无关的操作平台消耗了学习热情与体验，从而极大地提高了单位时间段内针对特定课题的学习效率。另一方面，从传统学习形式下那种必须先熟练掌握信息设备的操作才能有效获取学习资源的模式负担中解脱了出来的学习者们将不再会产生由于设备操作带来的与当前学习无关的挫败感（这种情况在年纪较大的老人和年纪较小的小孩中尤其明显），学习者的兴趣也将得到有益的促进。这样，更高的学习兴趣、更丰富且易获取的学习资源以及更专注的学习过程，三者合而为一共同作用在学习主体上，使得学习主体自发开展学习行为时往往是下意识的且带有愉悦感的。这样学习者的学习行为也就必然变得更纯粹、频繁且终身化。

总的来说，泛在学习从学习的许多关键层面上都表现出了与其前辈学说不同的地方。这些不同也使得人们在谈起泛在学习的时候不可避免地感受到一种超现实的乌托邦情怀。确实，泛在学习与为其提供理论基础的普适计算概念一样，是一种人们为了摆脱现实的某些束缚而对未来能够具有的可能性的畅想。也正因为是对未来可能性的畅想，在这些概念的特征描述上一度也相当模糊。如今，在经历了近十年的懵懂摸索后，研究者们在对过往模糊的描述进行了总结与精炼后，提出未来泛在教育应该具有五个基本特征：①永久性；②易获取性；③即时性；④交互性；⑤教学活动的真实性等。[1]

永久性（Permanency）：学习者不会失去学习成果，除非他们故意删除。另外，所有的学习过程，都会被不间断地记录下来。

可获取性（Accessibility）：学习者可以在任何地方，任何时间，接入他们所需要的文档、数据和视频等各种学习信息。这些信息的提供是基于学习者自身的需求的，因此学习是一种自我导向的过程。

即时性（Immediacy）：不管学习者在哪里，都可以即时地获取信息。因此学习者可以迅速地解决问题，或者他们可以记录问题，并在事后寻找

---

[1]　李卢一. 智能空间的概念模型［J］. 中国电化教育，2006（12）：10.

答案。

交互性（Interactivity）：学习者可以同步或异步地与专家、教师或学习伙伴进行交互。因此，专家成为一种更易接近的资源，而知识也可以得到更有效的利用。

教学行为的场景性（Situating of instructional activities）：学习可以融入学习者的日常生活中。学习者所遇到的问题或所需的知识可以以自然有效的方式被呈现出来。这会帮助学习者更好地注意问题情境的特点。[1]

当然，在另外一些研究者的研究中，出于某些个人研究的需要，也会在这五点特征的基础上扩充一些别的特征。但总的来说，永久性、可获取性、即时性、交互性和场景性这五点已经很好地为人们框定一个独立完整无争议的概念形象。它们是将泛在学习与过去其他历史长河中的学习方式区分开来的标签。它们也是构建未来智能空间、评价泛在学习开展程度的标杆。

空间智能的构成

有了基于泛在学习和普适计算的新空间智能理论，下一个问题也就变得非常明确：如何构造起能有效支撑泛在学习开展的空间环境？这项任务虽然明确却并不简单，因为无论是泛在学习还是普适计算，它们都不过是乌托邦式畅想的结果，是一种价值观。而能将价值观描述中存在的那些美好事物转换成现实的方法论却往往在过往的研究中被轻描淡写地带过或者甚至只字未提。因此，尽管泛在学习为人们描绘了一个美妙的未来，人们对于通向这个美好未来的道路却知之甚少。就像河对岸的景色虽美，放眼望去却既不见桥也不见舟。

如前文所述，在泛在学习概念阶段的研究中，研究者们最终总结精炼了标志泛在学习特色的"五项基本特征"，正是这五项基本特征将泛在

[1] 李卢一. 智能空间的概念模型 [J]. 中国电化教育，2006（12）：10.

学习与其前辈学说区分开来。因此，要设计能有效支持泛在学习开展的环境就要从实现这五项基本特征出发组合环境塑造过程中其他影响要素。泛在学习的五点特征主要是从学习主体、学习资源和学习行为三方面对学习的全过程提出了异于前人的要求，因此要建构能够有效支撑这五点特征的智能空间，也就必须要从对应于这三个层面的不同环境要素系统分别入手。在设计任务组成上至少可以分为前台、中台和后台三个层次分别予以考虑。

　　前台设计包括对那些给人们留下最直观感受的物质空间的设计，这些物质空间也是人们日常活动发生场所。泛在学习要求将学习融入日常生活的每一个片段中去，因此对智能空间的塑造最终仍要由对大大小小各色物质空间的塑造来表达。与前台的"直观"相对应，智能空间的后台设计主要是对学习资源的设计。这些学习资源并不像前台层面的那些要素一样为人们日常所"见"，但没有丰富充足且分布广泛的学习资源，泛在学习也就无从开展。处在前台与后台之间，在整个智能空间中起到承载连接作用的是中台，也即信息设备与网络技术。中台设计主要包括对无处不在的微型高效计算机和宽带服务网络系统的设计。它们是将丰富学习资源高效及时地输送到各色开展学习的物质空间中去的保障系统。

　　从内核到表达，从后台到前台，这三个系统正是帮助人们摸索着趟过"智能空间设计"这条大河的三块关键之石。在人们探寻实现泛在学习理论中所描述的那些美好的场景过程中，事关这三块关键之石的三个问题必须得到解答：①如何建构信息支撑技术体系；②如何组织学习资源系统；③如何设计怡人的物质空间。

中台

　　信息支撑技术体系虽然是智能空间设计大系统中的中台设计，但它也是最基本的底层设计，对另外两个系统设计产生着举足轻重的影响。这个系统中最关键的要素主要包括：支持普适计算的信息终端设备、高速的信息网络以及高阶人工智能。它们结合在一起涵盖了信息从收集、传送、处理到输出这一整套过程，是处在智能空间中的每个个体得以开展它们各自不同的学习行为的技术基础。

从支持普适计算模式的信息终端设备层面来看，现有设备主要包括个人手机、移动电脑与 PAD 以及部分技术验证阶段的可穿戴设备。与上一代移动信息终端设备（比如收音机）相比，目前的技术已经能够保证使用者对由移动终端设备接收到的信息同时产生视觉与听觉感受。这些共同作用的感受为信息接收者带来对信息的多维度体验。这也意味着依靠这一代技术的用户与其前人相比已经能够更完整地理解他们所接收到的信息。从原来仅能满足人类的一种感官体验到如今能够满足人类两种最直观的感官体验，移动信息终端设备的发展逻辑正是要不断扩充其向人类传达信息时所能激活的感官维度。可以想象，遵循着这一逻辑发展下去，下一代移动终端设备必然会进一步强化信息接收者对接收到信息的整体感知程度。曾经只能在纸面文字的描述中想象"长颈鹿"究竟是何种动物的用户，在下一代虚拟现实技术普及时将能够身临其境地感受到长颈鹿的样貌、体温、习性以及从出生到死亡全过程的影音。

在手机、移动电脑和可穿戴设备这三个移动信息终端设备的主要形式中，可穿戴设备无疑是最具未来发展潜力的一种移动信息终端设备形式。毕竟，从普适计算的基本概念可以明确，未来支持普适计算的终端设备必然会走向"透明化"（Invisible）。因此，无论是时不时需要用户低头查看的手机也好，又或是携带已不方便使用更是局限的移动电脑和 PDA 设备，它们都不可能做到从客观物质形态到操作使用流程的完全"透明化"。而可穿戴设备恰恰具有实现"透明化"的天然技术优势：首先设备本身足够小，并且具有足够简洁的 UI（用户界面）和较高自动化程度的上下文感知能力。只需为可穿戴设备配备性能更强劲的计算芯片，将计算机的能力以某种方式整合到可穿戴设备中，它就可以无压力地完成普适计算理论所提出的一切技术层面的要求。也正是基于这种对未来的认知，自进入 21 世纪以来不少科技巨头企业已经先后在可穿戴设备领域做出了许多不俗的尝试。这其中以谷歌公司推出的谷歌眼镜（Project Glass）和微软公司推出的 HoloLens 最具有代表性。尽管它们两者在研发最初开展时的技术视角不尽相同，但最终都对"更高性能可穿戴设备"这同一个目标进行了实践性阐述。

谷歌公司开发的"谷歌眼镜"可以被视为是第一款具有大众性的高性能可穿戴设备。在谷歌公司于 2011 年收购了富士通公司关于此后谷歌眼镜基本原理和架构的一项基础性专利（US2001010598A1）[1] 后，谷歌在其智能眼镜项目的研发上进入全面推进状态。此后到 2012 年 4 月，谷歌在其旗下社交网络"Google+"上对公众公布了当时命名为"Project Glass"的产品计划，并在同月发布了其未来眼镜的概念设计。这也是谷歌眼镜第一次进入公众视野。在这项产品计划中，谷歌向公众展示了其意向中未来眼镜将具有的功能：导航、通话、拍照、收发邮件、浏览网页等十项。这项产品计划一经曝光立刻引起了相关领域关注者的一片沸腾。包括《时代》《连线》《麻省理工技术评论》在内的一众科技观察者们对其展现的未来可穿戴设备的技术潜力报以掌声。极客们则对谷歌联合创始人谢尔盖·布林（Sergey Brin）在产品计划发布会上炫酷的展示方式欢呼。从滑翔伞到自行车再到发布会现场，佩戴着谷歌眼镜的传递人员将传递这项未来产品的全过程清晰地展现在了与会众人面前。一年后，在 2013 年 4 月，谷歌对外展示了其第二代眼镜产品。在第一代的基础上新一代产品增加了包括视力矫正、搜索歌曲、播放音频等实用技术在内的一系列新功能。这使得谷歌眼镜已经基本具有了推向市场的一切功能。于是在此后一年经过紧张的一系列软件系统更新后（例如将操作系统同步到当时其他移动设备已经普遍应用的 Android 4.4）谷歌公司于 2014 年 4 月开始在其各大线上网店开放了这款产品的订购。这款对外公售产品最后的技术参数被

---

[1] 张德珍.谷歌眼镜采用的重要专利技术介绍 [J].中国发明与专利，2014（1）:46.

定格在：

> 净重 42 克
>
> 分辨率 640×360 的投影屏幕
>
> 720p 视频摄录的 500 万像素摄像头
>
> 支持 GPS 的定位系统
>
> WiFi、蓝牙和骨传导的传输技术
>
> 682MB 内存
>
> 德州仪器 OMAP4430 处理器
>
> 以及 16GB 与谷歌云同步的总储存容量

尽管从现在的眼光来看，当时发行的谷歌眼镜暂时还只是扮演着一个"手机伴侣"的角色。过小的内存，相对较弱的芯片处理能力，以及成像技术和硬件结构的限制，都迫使这一款谷歌眼镜不得不放弃许多当时概念设想中原本存在的大应用转而致力于成为用户和信息之间的一种新型交互媒介，成为手机的一块"增强显示屏"。但是这个产品已经多少能够让人感受到未来可穿戴设备的某些特征。被解放出来的双手，以及叠加在现实空间之上的额外信息都给人们带来一种超越时代的感受。这一款谷歌眼镜的使用者虽然并不能通过谷歌眼镜为日常工作带来太多便利，但在生活的许多层面，已经可以取得非同一般的体验。

从 2011 年开始研发到 2014 年市场投放，谷歌公司在这一代谷歌眼镜的研究计划推进步伐上可谓迅疾如风。然而这款产品的失败却也同样来得飞快。就在 2014 年 4 月开始公售之后短短半年，2015 年初 CSE（2015 年国际消费电子产品展）智能眼镜产品井喷的大环境背景下，谷歌公司却于 2015 年 1 月下旬宣布了这一代谷歌眼镜退市的决定，并将原产品开发部门转移到了新的部门下，从市场到研发全进行了大踏步的后退。虽然谷歌高层此后对公众媒体宣布谷歌不会放弃继续在这项至关重要的技术领域进行探索，但从市场现实的角度来说，谷歌对智能眼镜的第一次尝试已经以失败告终。

有趣的是，谷歌眼镜的此次失败很大程度上不但不是由于对普适计算技术原则的践行，而是由于对普适计算技术原则的背离所致。在谷歌做出其眼镜产品退市的企业决断后，不少社会评论即敏锐地指出其产品之所以无法取得市场认同的一个主要原因在于"逆人性"[1]即谷歌眼镜实际上非但没有让事关日常生活的辅助操作变得简单，反而在许多时候还需要调用使用者更多的注意力。使用者非但不能将更多的注意力集中到系统操作以外的当前主题行动中去，反而还要从当前主题行动的执行中分散出一部分去操作系统，这使得本就只占人口少数的极客群体们颇感烦恼。在此代谷歌眼镜中，普适计算技术的"透明性"原则不是被更好地践行了，而是被尚不成熟的操作和硬件系统妨害了。同时由于谷歌眼镜能够将用户当前所见的物质空间场景通过摄像—网络—播放的系统传播给其他用户，而相关的安全系统却又没有跟进，这不能不使得谷歌眼镜用户担心自己的隐私会否因为黑客侵入眼镜系统而暴露。而非谷歌眼镜用户也会产生同样的信息隐私安全的担忧。这从另一个角度破坏了谷歌眼镜赖以标新立异的普适计算"透明性"原则。

当然谷歌眼镜在推向市场时的遭遇如此失败还有许多其他的因素。比如市场定价过高、电池续航太短、侵害某些观察目标版权，等等。这些从商业到法律，从社会道德到硬件技术的一系列因素叠加形成了谷歌眼镜在市场上的失败。这些都是客观事实，但这又都不是此处我们最关心的问题。我们关心的是从构建智能空间技术支撑系统的角度看，谷歌眼镜作为目前最有希望的一款支持普适计算技术的移动终端设备，它在设计理念上因背离普适计算技术最根本原则而带来的失败，是从另一个方向向人们暗示了未来在真正实践普适计算人机交互原则的终端设备支撑之下，智能空间可以具有的更大可能性。

与谷歌眼镜不同的是，微软的 Hololens 产品是从另一个出发点起航却最终要驶向与谷歌眼镜相同目的地的一个实践模型。事实上微软公司选

---

[1]　谭忻. 谷歌摘下眼镜［N］. 英才杂志，2015（3）：22.

择向媒体公布它的智能眼镜产品时间正是谷歌宣布其眼镜产品退市消息之后第三天。或许这一进一退的两条重磅消息发布日期仅仅是一个巧合，但毫无疑问微软公司于 2015 年 1 月 22 日向公众展示其秘密研发达五年之久的 Hololens 眼镜时显得不无自豪且略带黑色幽默。在 Hololens 专项宣传片中，微软写道："It was science fiction，Microsoft brings it into science fact."[1]（这曾是科幻，如今微软将之带入现实）。

Hololens 与谷歌眼镜在开发研究的初心上并不相同。最明显的表现就是微软从一开始就将 Hololens 定位成现在便携电脑的"替代品"而不是像谷歌那样将眼镜看成是由眼镜—手机—其他移动终端设备共同组成的系统中的一部分。换句话说，微软从一开始就想做一个全新的产品以取代现在人们身边复杂的终端设备系统，而谷歌则是想在此系统中增加一个催化环节使系统其他各部分用起来更舒适。从某种意义上说，Hololens 看起来像是可穿戴设备领域中激进的革命党而谷歌眼镜则更像是一个温和的维新派。

带着这样一个宏大的初心，微软为 Hololens 开出的任务单就远远超过谷歌给它的眼镜赋予的要求。在配备了相当强劲的 CPU（中央处理器）、GPU（图像处理器）和全新独创的 HPU（全息处理器）之后，Hololens 实际上可承担的计算负担已经达到甚至超过现今部分计算机的处理能力。相应的测算表明，Hololens 日常可承载的计算量大致相当于二十年前拉莫斯实验室用以计算核聚变模拟的计算量。[1]这当然得归功于芯片制造这项底层技术近年来的突破。在英特尔公司 14 纳米制造工艺打造的 Atom 芯片支持下，Hololens 未来能承载的计算量可谓不可估量。

除了高性能的计算系统，Hololens 在信息采集和录入方面也进行了革新。视角达到 120°×120° 之宽的深度摄像头为 Hololens 的用户提供了非常宽广的感应面。与此同时，微软也采用了基于深度识别的 SLAM（实时

［1］ 徐浩 . 揭秘微软黑科技,Hololens 是如何炼成的,［EB/OL］.［2015-01-22］http://36kr.com/p/216573.html.

定位与地图构建）技术来提高 Hololens 对环境空间中基本信息的采集效率。SLAM 技术允许设备通过传感器获取周围环境的有限信息，比如视觉信息、深度信息、自身的加速度和角速度等，从而确定设备自己在空间中的相对或者绝对位置，进而完成对于设备正身处空间的虚拟构建。为增强现实（Augmented Reality）的实现提供更多可能。在深度摄像头和 SLAM 技术的支撑下，Hololens 的用户可以实时扫描自己所处的空间，并在自己的双眼和那个客观存在的物质空间之间架构起一个形态上与现实空间完全重合的虚拟层。在这个虚拟层上，高计算强度的设计、游戏、通讯交流等各种应用可以无障碍的开展起来，而使用者仍然能够真切地感受到自己与所处物质空间的联系，从而削弱了许多虚拟现实技术中由于隔断了操作界面与现实界面之间的感官联系而产生的心理恐惧。

在人机交互的体验层面，Hololens 发挥了自己作为微软旗下产品的优势。在计算机发展历史的较长时段内，微软为人们定下了由键盘—鼠标（手柄）—屏幕组成的系统进行人机交互的初代方式。如今在 Hololens 上，微软尝试了将其业内技术领先的手势和语音交互模式投入到硬件设备中。人们可以像操作日常现实空间中那些事物那样方便地对虚拟空间中的信息执行操作。这将极大地简化人机交互的中间环节，甚至使得"人机交互"这个名词本身变得有些不那么贴切：毕竟在手势和语音交互模式下，"人"与所处理信息间的交互变得更直接，而"机"已经在操作层面上退出了交互过程的主舞台。

可以说，高强度小体积的芯片确保了 Hololens 进行实时三维运算的执行能力；SLAM 与深度摄像头确保了设备与周围环境的交流能力，在 SLAM 基础上进一步推进的图像识别技术则保证了 Hololens 不仅能完成日常生活的辅助任务，还能成为人们未来工作（尤其是设计行业）的有力助手；而新一代技术成熟的人机交互模式使得 Hololens 在实践普适计算技术"透明性"原则上比它的前辈谷歌眼镜更前进了一步。当然，微软的 Hololens 也还并非完美。其一是它所宣称具有的一切能力还没有经历更广泛的市场验证，还不能完全自信那些功能能够很好地适应实验室中所不能模拟的复杂社会条件。比如在复杂环境中三维扫描的精确性、手势与音控交互的准确性等。其二是目前的硬件架构仍然显得粗笨。虽然比起它的一个前辈 Oculus Rift 来说已经精巧了很多，但与它的另一个前辈谷歌眼镜相比，Hololens 与其说是"眼镜"，倒不如说是"头盔"更贴切。佩戴的人体工学感受并不怡人[1]。在设备的视觉感官"透明性"上它还未达到谷歌眼镜已取得的水平。其三是设备的能耗问题，这是掣肘包括谷歌眼镜在内所有同类产品的一个关键问题。需要实时对环境进行三维扫描并进行 SLAM 运算以及手势和语音识别，同时还要完成与其他软件的交互和全息投影，Hololens 的能量需求必然会远远超过其他前辈产品。现有锂电池技术将不是最好的解决方案。但是让我们暂时抛开这些小瑕疵，退后一步看，拥有更小的计算中枢、更强的环境感知系统、更透明的人机交互模式，Hololens 在这三项关键指标上取得的成绩使它成为目前最接近普适计算理想的阶段成果。

诸如谷歌眼镜和 Hololens 之类的移动终端设备构成了信息支撑技术体系建设的第一环。紧随它们之后的一环就是为这些移动终端设备传送信息资源的高速信息网络系统。移动终端设备虽然能自己生成一部分有助于用户理解空间环境和当前所关注主题的信息，它们毕竟不是主要的信息生成源。因此要更有效地利用起这些日益成熟的移动信息终端设备，使它们能在支撑泛在学习的过程中全效发挥起来，身处物质空间和信息空间之间作为桥梁的移动网络就需要同步增强自身的效能。

从早期 GSM/CDMA 第二代移动通信网络（2G 网络）到后来支持蜂窝移动通信技术的第三代网络（3G 网络）再到如今已经日益占据市场主流的 LET 网络（4G 网络），移动网络在其传输效能发展的历程中呈现出了明显的指数跃迁现象。早期 2G 网络 KB 级别的传输速度在如今 4G 网

---

[1] 郑峻. 欢迎回到地球 – 微软全息眼镜 HoloLens – 虚拟现实交会 [J]. 世界博览，2015（3）：57.

络百兆级别的传输速度面前已经变得不值一提，但完成这个能效跃迁所花费的时间却只有短短数年。2006 年，人们以稀奇的语调谈论彩信能附带图片的场景犹在眼前，如今 4G 的使用者已经可以在有网络覆盖的任意地点随心所欲地流畅收看世界顶级赛事直播。4G 的铺开意味着移动网络的传输速度第一次基本与普通宽带网络的传输速度达到同一量级。同时也意味着移动网络的服务重心第一次从语音通信转移到了多维度、多媒体服务。在这样的高速移动网络支撑下，如今人们在个人移动终端设备上实时快速调用网络空间中庞大的信息资源成为可能。而在更广泛的物理空间中对网络空间中信息资源实行更高效实时地调用也正是实现泛在学习理论上"即时性"与"交互性"这两项基本特征的技术要求。

事实上，当代人对由信息网络服务和学习资料服务之间脱节而产生的郁闷感早已不陌生。作为互联网时代的子民，大多数当代人已经对那个虽然看不见摸不着，但确实存在的虚拟网络空间中所蕴含的丰富资源有了清晰的认识。在台式计算时代，人们已经养成了在有固定宽带网络连接的空间中，通过计算机等设备创造出的有限信息接口连入网络空间获取资源的习惯。但是在一段时间中，这样依赖固定宽带网络创造出的网络空间与物质空间之间接口的数量是固定而有限的。人们就像在现实生活中要到图书馆这样的固定地方才能获得特定资源一样，在台式计算时代也必须受制于固定的宽带网络接口才能建立起与信息空间的联系。即使宽带网络随后发展出了 WiFi 这样初具普适性的技术形式，需要到固定接口才能连入网络空间这一底层逻辑从本质上并没有改变。移动网络在理论上是突破物质空间与信息空间之间这堵"不可见之墙"的一个有效途径，通过建立起覆盖城市全空间的移动网络，任何拥有个人信息终端设备的人都可以方便地在城市的各个角落接入信息空间获取自己想要的资源。然而早期移动网络较低的效率使得人们的这项翻墙之旅并没有理论上想象得那么轻松。比如在中国著名历史文化名城成都，许多著名旅游景点的背景介绍已经通过全新的方式被整合到了景点在新媒体的官方平台。游客可以不用像过往那样依赖旅游景点的讲解设施或导游来对景点进行全方位解读了。景区为游客构想了一个只消打开随身携带的手机便可轻松享受丰富历史文化资料的导游新模式。然而现实中这个新模式的应用面却并不广泛，这是因为相当一部分景点的背景资料在数字化之后，动辄百兆级别的文件资料大小客观上限制了没有 4G 网络支持的一部分游客无法真正浏览到自己所关心的那些背景资料。由此，无论向网络空间中提供资源的供给方客观上怀有何等善意，制度设置何等完善，只要移动网络这把"过墙梯"的能级不能同步跟进，人们就无法真正开展具有泛在学习特征的学习行为。

目前在各基础设施建设完善的国家和地区，高速移动网络的建设都在稳步推进。在中国，经过两年全面设备系统建设和用户市场推广，移动信息网络如今也已经跨过了 4G 的技术门槛。中国的 4G 网络用户数量与供应基站覆盖率都已处于世界领先地位。4G 作为一种更快捷更稳定的移动信息网络在中国已经取得了一定程度的社会认同，并且认同群体还在加速扩大。这是推进高速移动网络系统建设过程中坚实的一步。当然，4G 网络不是移动网络的"终极形态"，而是目前迈向更快更稳定的移动信息网络过程中的一个阶段性最高成果。4G 网络这把"过墙梯"所要翻越的那堵横亘在物质空间与网络空间之间的高墙还在因为云端信息的加速增长而不断自我加高，当前足用的移动信息网络可能在不久的未来就会变得不能有效支持增大了的信息传输任务。拨号上网时代，中国网民之间流传过"大图杀猫"的笑话。这不仅仅是对当时落后的硬件设备的嘲弄，也是对想要利用网络资源却心有余而力不足的时代特征的调侃。虽然如今在 4G 网络的支持下，人们已经可以在等公交的间隙，从自己的移动设备上一口气看完一段 TED 高清视频来了解什么是"泛在学习"。可以想见，在未来，当在智能空间中需要涉猎的资料文件大小成指数倍增于我们现今所涉猎的文件大小时，当在智能空间中涉猎学习资源的方式比现今仅能依靠图片文字与视频来得更加丰富时，5G、6G 乃至 NG 移动信息网络技术不断研发跟进将成为不可回避的要求。也正因为这个原因，谈论以 4G 为代表的当前移动网络的优势与成就并没有太多意义。相反，倒是理解 4G 网络的局限以及目前 5G 网络研究中对 4G 网络局限进行的破解尝试，会更有助于进一步推进能够在未来有效支撑智能空间建构的高速移动网络系统建设。

尽管有相当一部分研究者从实践性的角度出发，指出 4G 网络存在的劣势主要包括制式标准不统一、通信系统容量受限、基础设施建设不全面以及信号覆盖面等[1][2]，但这些都不是不能解决的问题，也就不能成其为制约 4G 网络向更高效移动网络发展的根本局限。从技术上说，真正限制 4G 网络进一步增强其服务效能的本质原因是稀缺的频谱资源和受香农极限限制的频谱效率提升空间。这两者是按现今技术逻辑发展下去必将遭遇的无法突破的上限。与此同时，在中国研究组织 IMT-2020 推进组发布的《5G 愿景与需求》白皮书中，研究者们对中国下一代移动网络的关键需求和能力指标进行了明确地陈述：0.1～1Gbit/s 的用户体验速率、每平方千米一百万的连接数密度、毫秒级的端到端时延、每平方千米数十 Tbit/s 的流量密度、500 km/h 以上的移动性和数十 Gbit/s 的峰值速率。[3]对比 4G 网络来看，新一代移动网络（5G）在这些关键性的需求和能力指标上明显又有了一次指数式的跃迁。一头是按照现有逻辑发展下去难以超越的客观上限，一头又是下一代技术所需要达到的超高能力指标，在这对难解矛盾的倒逼下，研究者们清晰地认识到下一代移动网络的设计必须在空中接口和网络架构这两个关键技术层面取得突破，才有可能实现网速更快、时延更低、连接更多、效率更高的能力指标要求。[4]

事实上，空中接口技术的屏障来自目前人类无线通信技术依赖频段的物理特性。所以在研发出下一代无线通信物理理论之前，空中接口技

［1］　刘雅婷 . 4G 移动网络现状及前景展望［M］. 电脑知识与技术，2014（7）：4683.

［2］　何乐 . 4G 网络发展探讨［M］. 信息通信，2015（2）：257.

［3］　IMT–2020（5G）推进组·5G 愿景与需求白皮书［2］. 2014.

［4］　段晓东 . 5G 网络架构设计的 5 个重要问题［J］. 电信科学，2014，30（10）：129.

术方面的突破或许并非一代人的努力所能解决。然而网络架构则与之截然不同，它面对的技术障碍并没有超过当代人对物理的认知范围，同时对它所需要进行的改进方向实际上已在专业技术人员心中初具雏形。对于网络架构的关键技术讨论在于两点，其一是架构的集中与分布，其二是架构的扁平化与简化。对于前者研究者们已经认识到"集中控制－分布感知和处理"这种类人体的架构方式比全分布或全集中式架构都要来得更有效率，但要在何种程度上集中又要在何种程度上分布还没能达成共识。这必须交给实践去检验。对于后者，研究者们也认识到由核心网—接入网—用户驻地网这样三层叠加组成的传统移动网络架构在新的技术环境下已显得有些冗余。移动网络架构需要向简化与扁平化的方向发展。将核心网与接入网融合是一个必然趋势。传统架构中那种由接入网负责用户接入，由核心网负责业务处理的分工方式在未来网络架构中应该被整合到一起。

　　无论是空中接口方面所面临的技术困难还是网络架构方面所面临的技术困难，人们在探索构建下一代移动网络的方法上已经不再茫然无措。技术的困难总可以突破，因此构建信息支撑技术体系中第二环的任务或许已没有想象中的那么困难。在支撑智能空间建设的信息支撑技术体系中，高速可靠的移动网络是战场上连接前线与后方的运输线。如今谷歌与微软已经让人们看到前线上训练有素的"战士"是多勇猛善战（移动终端设备技术正在快步迈向成熟），后方的兵工物资生产也在高速运转（全社会储存在云端的丰富信息资源仍在快速增加），人们期待着移动网络这条运输线能够取得与前后两者同步的发展，唯有如此，战斗的胜利才能变得不仅仅是一种空想。

　　信息支撑技术体系中另一项至关重要的技术是高阶人工智能技术，而且这项技术也是现今人类技术库中相对较薄弱的一块。虽然提及"人工智能"这个特定词语显得有些深奥，但事实是当代科技早已将一部分初级人工智能完全地融入到了人们生活的方方面面：能够通过过往购物记录向用户推荐商品的算法；能够按照装入桶中衣物的重量与材质调节水量和洗衣模式的全自动洗衣机；能够根据室内光环境自动调节亮度的照明系统。这些当代人早已耳熟能详的设备都具有了一部分（无论多低级）的人工智能。智能空间的建设也需要这些人工智能的支持。在信息爆炸的时代，人类仅仅依靠自己已经无法方便快捷地从巨量云端数据中检索出适用于当前关注主题的信息资料。而随时随地随心频繁发生的短平快式泛在学习客观上又要求人们能够更准确有效地检索调用信息资源，这两个矛盾的背景迫使人们去寻找一个能在日常环境中高效率地为自己进行初步信息分拣筛选的帮手。这便是人工智能大展才华的时刻。

当今社会的学习者们已经能够越来越清晰地感受到由信息数据爆炸所带来的分拣调用困难。个人在各自单一的学习行为中所要向云端调用的特定信息就像是一个人要在茫茫沙漠中寻找到特定的几颗沙砾一般，可以想见是不可能由人类个体在短时间中完成的。但这个在人类看来相当复杂的任务却恰恰不会对计算机产生太大挑战。与人类擅长语意判断不同，计算机基于逻辑进行海量数据运算的特点决定了它执行这种分类检索并调用的任务能力远远超过人类。在泛在学习形式下，学习的冲动往往都是瞬发的，而学习过程也是相对短暂的。因此，调用数据的准确性与有限充分性就成为保证学习质量的两项重要要求。高效的人工智能技术在这种情景中能为人们免去许多麻烦，确保学习资料的有效性，并保证人们能将宝贵的注意力和学习热情集中在与当前主题最相关的材料上。同时通过与其他数据的交叉复现，人工智能还可以辨析当前主题材料与可能相关领域材料的相关度、使用者对相关领域材料的认知欲望以及使用者过往的知识基础和学习习惯，从而引导学习者就当前主题材料进行循序渐进又触类旁通的学习，从短期和长期两个层面上更有效地保障智能空间中学习者的学习效能。这样同时能够担当起"书童"和"老师"两种角色就成了未来支撑泛在学习的人工智能技术必须具备的关键性能要求。

不过人们对这种人工智能其实并不陌生。在许多科幻电影中，这样的人工智能已经屡次以不同的形式出现在银幕上并广受观众的喜爱。其中最具代表性的无疑是《2001 太空漫游》中的 HAL9000 系统（图 3-1）和《钢铁侠》系列电影中主角约翰·斯塔克的私人智能助手 J.A.R.V.I.S 系统（图 3-2）。它们共同具有的标志特点是能够通过语音与用户进行交流，并根据用户的反馈和环境的客观条件对其他设备进行的运行状态进行修正。从本质上说，它们虽然都只是存在于数字空间中由代码构成的程序，但对于观众而言，它们又是那样的有血有肉以至于完全可以当做电影的一个角色来看待。这种感受恰恰是人工智能之父阿兰·图灵在他那用以鉴别人工智能的"图灵测试"中所描述的感受如此相似。如今这些科幻作品中所描述的那些系统已不仅仅是停留在银幕上的幻想。当代科技巨头们已经在基础层面完成了此类人工智能的系统设计，并在一定程度上通过了社会与市场的实践检验。这些试验型人工智能系统中最广为人知的两个典型是苹果公司的 Siri 智能语音系统和谷歌公司的 Google Now 智能语音系统。虽然两者目前都还只是基于手机终端的语音服务系统，功能上还远远达不到电影中智能系统的水平，但它们在有效连接网络数据和与使用者智能交互方面已经取得了了不起的突破。在它们的基础上继续向前，人们已经不难想象可以投入使用的现实版 J.A.R.V.I.S。

　　Siri 是第一款接受市场检验并全球用户上亿的智能语音辅助系统。2009 年以一款独立软件的身份登录苹果应用商店以来，Siri 的用户一直在增加。2011 年随着 iphone4s 上线，Siri 更是因成为苹果手机预装软件而风靡一时，以至于当时坊间笑传"调戏 Siri，需要理由么？"在当季的《纽约时报》中，更是有部分测评人对 Siri 给出了非常罕见的高评价，称与 Siri 交谈"……无论你的表达多么含糊，Siri 都可以理解……最令人惊讶的是，Siri 的回答实际上构成了一次聊天"。[1] 如果用图灵论述人工智能的精神来比照，当时对 Siri 的这个评价可算得上是人们对人工智能的最高认可。作为第一款面向大众的人工智能辅助系统，Siri 确实在很多方面给当时的用户们打开了眼界。这款脱身于前美国国防部高级研究机

[1]　陈哲淘.iphone 4s 语音功能的符号化及其技术迷航 [J].哲学分析，2012（5）:113.

图 3-1　H.A.L（Heuristically Programmed ALgorithmic Computer）9000——航天飞船船载超级人工智能[2]

图 3-2　J.A.R.V.I.S（贾维斯）——"钢铁侠"的智能管家[1]

[1]　H.A.L 9000 是著名电影《2001 太空漫游中》负责航天飞船"发现 1 号"运营的船载超级人工智能及超级电脑。它掌握着发现 1 号的所有机械系统以及宇航员生活支撑系统，是发现 1 号名副其实的管家。同时它也能够执行语音识别、语音交互、人脸识别等高级人机交互行动。在原著中，HAL 与 1992 年 1 月 12 日上线，而提出这项设定的电影则成片于 1968 年。与 J.A.R.V.I.S 系统相比，HAL 的设定显然更初阶。它在很大程度上仍然只是为特定任务而设置的超级计算机。与 J.A.R.V.I.S 相比，HAL 的概念还停留在上一代计算机技术的层面，但从 1968 年的角度看，影片对计算技术的预言确实实现了。1992 年至今，人类目前的超级人工智能正是走在 HAL 所代表的方向上，虽然现在我们已经能看到由 J.A.R.V.I.S 所代表的下一代基于分布式计算技术而开发的人工智能新前景。

[2]　在电影的设定中，贾维斯更像个超级程序而不是一台超级计算机。也就是说，它是个软件而非硬件。贾维斯自主将自己转移到任意一个联网的数码终端，这与当前人们已经熟知的"云备份"有相似之处，但显然电影中的贾维斯能实现的功能和运算能力及稳定性都要强大得多。按照电影的设定，只要世上还有计算机贾维斯就不会消失。这个概念是漫威漫画在 20 世纪 90 年代时提出的，在当时看来仍只是一种科学幻想，但在如今看来，似乎已经不再难以理解。

构（DARPA）的软件在当时智能手机还群雄并起标准未明的年代就能够做到通过语音而非复杂的屏幕操作来帮助用户管理时间、收发讯息、解答问题、安排大小事务，确实也是领一时风潮之巅。而能做到这一步最重要的就在于 Siri 实现了人工智能从语音识别到语意识别的跨越。在 Siri 之前的人机语音交互中，机器对人类语言的识别几乎是按字 / 单词进行展开的，而在 Siri 之后机器实现了对词组和语句的认识扩展。这种区别在曾经的 Google 翻译上表现得十分明显，那个在经典的翻译问题："Fly like a butterfly"（像蝴蝶一样飞行）被翻译成"苍蝇喜欢一只蝴蝶"就是一个典型的例子。然而在 Siri 的对话展示中，它能够对用户提出的："I like a romantic place for Italian food near my office."（我想在靠近我办公的地方找一家浪漫的意大利餐厅）给予"I am looking for a Italian restaurants which reviews say are romantic near your work in San Jose."（我正在按照大众的点评寻找你在圣何塞工作地点附近且具有浪漫情调的意大利餐厅）这样符合人际之间对话模式的回答。这说明 Siri 能够理解特定语式中词语的组合意义而非单个词语意义的逐项解读。这在当时是人机交互上了不起的成就。

但是 Siri 并没有在市场上一直红火下去。就像大多数时髦商品一样，大约在其发布的两年后，仍然关注且频繁使用 Siri 的用户已经大为减少。越来越多的用户发现 Siri 实际使用的效果远远不能达到之前宣传展示中的程度。对于"无论表达多么含糊，Siri 都能理解"的赞誉在愈来愈多负面体验的反馈中变成了黑色幽默。用户们发现并不是所有句式 Siri 都能理解，向 Siri 提问或要求执行操作时的陈述方式往往是固定的。与此同时，尽管 Siri 在一定程度上做到了语意理解，但其语境理解的能力仍然非常薄弱。许多用户都有过在漫长地描述后，Siri 仍然不能执行意向中的行动的体验。此外，虽然以语音提示手机执行相关功能确实能够解放出用户的双手，但是越来越多的用户发现在公共场合反复呼叫并不是那么灵敏的 Siri 其实并不比传统的用手操作来得更简单省心。最后也是最致命的是，Siri 作为苹果内置的软件，会将用户的执行资料收集起来并与用户 ID 建立起联系，这就不能不使得许多用户对自己的信息安全产生担忧。这些林林总总的因素加总在一起导致 Siri 的用户体验下降，并最终致使 Siri 退出了智能辅助系统的舞台。人们意识到，虽然我们愿意对 Siri 给予最大限度的温情与幻想，愿意将 Siri 拟人化对待，它所代表的现时代智能人机交互技术离真正意义上的"交互"还有很大距离。

在 Siri 之后有不少科技公司，包括谷歌和微软，也推出了各自旗下的语音助理软件。谷歌的 GoogleNow 和微软的 Cortana 分别展现出了苹果以外其他科技公司对智能语音助理系统的理解与实践。应该指出，尽管这些后来者也在一定程度上体现出了自己的特色，但在帮助用户执行的功能上却并没有比 Siri 显现出太多不同。除了 Siri 已经向世人展示过的打理时间、执行搜索、收发讯息这三大主要功能外，GoogleNow 和 Cortana 唯一与 Siri 不同的是它们还能在基于对用户既有数据的分析基础上，在用户没有提问时主动帮用户推送相关信息。有测评人指出 GoogleNow 在用户航班延迟时主动将这个消息告知给用户而非等到用户提问之后再做反馈，这种"你未开口，我先运行"的能力是 Siri 还不具有的。从这个角度上说，这些后来者们在集成用户及环境信息并进行横向关联拓展方面取得了可喜地突破。但是在人机交互的人性化方面，它们比 Siri 做得还要差。GoogleNow 秉持了谷歌公司一如既往的冰冷思维，虽然在任务响应和任务执行的准确性上首屈一指，但用户能明显感觉到他 / 她（们）是在跟一架机器交谈。而 Cortana 虽然能对一部分预设的提问给出一些俏皮的回答，但它所能开的玩笑仅仅只有一句。还不能做到像 Siri 那样在一段语意中联想上下文。因此可以认为这些后的智能语音助理系统在人机交互方面仍与Siri 处在一个层面，但在与信息网络空间中云端数据链接的广度方面有了更新地尝试。

谷歌眼镜与微软 Hololens 向人们展示了未来泛在计算环境下移动终端设备的发展方向，4G 和 5G 网络技术建构与研究向人们展示了下一代高效移动网络的技术可能，苹果 Siri、谷歌 GoogleNow 和微软 Cortana 则向人们展示了未来高阶人工智能系统对日常生活的辅助作用。这三个环加总在一起组成了现阶段及可见未来阶段人们能够建立起来的泛在学习信息支撑技术体系。这个系统虽然还没能完全实现普适计算的那些理论原则，但总体上让人看到的希望已是巨大的。

后台

当然，泛在学习的信息支撑技术体系主要是从信息工程师与科技巨头的角度对智能空间构造的一个要素进行的探讨。而信息支撑技术体系还仅仅是智能空间大系统设计中的底层技术，是向前线输送武器给养的运输线，是大系统的"中台"。智能空间真正的"后台"是学习资源体系，它包括知识素材及认知模式，是要通过信息支撑技术体系向学习者传递的东西。因此如何组织学习资源系统是构建智能空间必须回答的第二个关键问题。

虽然"学习资源"一直是教育学界研究的一个非常重要的领域，但对于"学习资源"作为一个完整独立而没有歧义的概念，研究者们还没能形成一个统一的定义。美国教育技术与传播协会（AECT94）曾对这一概念下过一个较宽泛的定义："学习资源是能帮助学习者进行学习和操作的任何事物。"[1]这个相当笼统的定义随后被大多数教育学界研究者们接受，成为其他各种定义的出发点。从AECT94的这个定义来看，学习资源有狭义和广义之分。狭义的学习资源就是可供学习者使用的相关知识素材，而广义的学习资源则包括了知识素材和能够帮助学习者理解知识素材的人与其他系统。在中国现行的有关学习资源建设的规范文件（由中国信息技术标准化技术委员会教育技术分技术委员会发布）《数字化学习资源建设技术规范》（CELTS-31）中，学习资源的建设过程被分为四个层次：①素材类教学资源建设；②网络课程建设；③资源建设的评价；④教育资

---

[1] 王卫娜.网络数字化学习资源调查及其分布特点分析[J].山东师范大学，2013: 7.

源管理系统的开发。其中前两项是资源建设的本质内容，而后两项是维持资源建设有效性的支撑系统。在第一层次"素材类学习资源"中又细分为八大类，主要包括媒体素材、文献资料、课件与网络课件、试题、试卷、案例、常见问题解答和资源目录索引。[1]从这个分类中不难看出国家规范在框定学习素材种类时，为了避免不必要的歧义，采用了相对于普通研究论文更狭义但也更符合大众直观印象的定义。在此后的文章中，我们将遵从这个原则使用狭义的学习资源定义进行讨论。

　　智能空间下，学习资源最主要的特征是"分散"。它作为一种从传统学习形式发展到移动学习形式过程中每一代更迭都日益明显的特征，在泛在学习中必然会被进一步放大。它主要表现在两个方面，首先是在学习资源的分布层面，其次是在学习资源的生成层面。学习资源在分布层面上的分散性同时体现为资源在物理空间分布上的离散趋势和资源在覆盖学科广度上的持续扩展趋势。而学习资源在生成层面上的分散性则体现为学习资源生成主体的全民化和学习资源生成机制的自由化。

　　从学习资源在物理空间中的分布角度来看，在过去传统学习形式主导时代，学习资源在城市中的分布呈现出明显的单点集中样式。形形色色的学习资源被集中在譬如各大学、城市图书馆、专业行会与研究所等场所中去。学习者进行任何学习的尝试基本上都需要亲身前往这些场所才能获得相关的资料。到21世纪，靠着成熟的信息技术和轰轰烈烈的资料数字化浪潮，人们第一次有了对过往那种单点集中式学习资源分布形式发起挑战的能力。各城市中相继出现了数字图书馆、数字展览馆、在线资料库和在线远程教育中心等设施。通过将原先完全以实物形态存在的学习资源逐渐转换成数字形式，再经由信息网络和信息终端设备构成的信息系统链接到学习者的生活中，学习者有了不用被强制前往特定地点以获取学习资料的可能。物质空间对人们学习行为的限制开始被弱化。学习者们获取学习资料的方式也随之变得多样化，学习行为的产生变得更随时随地随意。这

［1］　王卫娜．网络数字化学习资源调查及其分布特点分析［J］．山东师范大学，2013：8．

成为进一步发展泛在学习的铺路准备。当然，也应该指出，数字学习 / 移动学习形式下学习资源在物质空间中的分布虽然已经大体跳出了传统学习形式中那种单点集中的大模式，但因为其本质仍然是类似于传统"图书馆"式的资源库建构逻辑，可供学习者使用的学习资源不过是被从物质空间里的"总库"备份到了网络空间的"总库"中去。同时期移动网络的建设仍处在较低阶段，学习者对多数学习资源的调用仍然在很大程度上受制于连接物质空间和网络空间的接口分布（譬如数量有限的高速 WiFi 热点）。因此学习者与学习资源之间仍然存在着一定时间与空间上的阻隔。学习资源在物质空间中的分布在这一时期是从单点集中式转变成了多点集中式。

在数字学习和移动学习时代，限制学习资源在物质空间中进一步分散分布的最主要制约因子是不成熟的移动网络技术，这恰恰是现今人类已经部分攻克并可以在可见的未来全面铺开的一项技术。与此同时，在数字学习 / 移动学习基础上发展起来泛在学习也以其比前者更明显的学习行为随意性，要求储存在网络空间中的学习资源在组织方式上摒弃过往那种将所有学习资料都储存在一起的"总库"模式。"随时随地随意"的特征客观上要求人们找出比过往那种模式（每到需要时都只能通过特定接口从总库调用资源）效率更高的新式资源组织方式。这样，一边是日益成熟的关键技术，另一边是日益迫切的架构更新需求，在这两股作用力的协作下，未来智能空间中学习资源在物质空间上的分布必然会从数字学习 / 移动学习时代的多点集中式发展为远更离散的弥漫分布式。

这种更进一步的分布分散可以从两个方面实现。其一是将相当一部分"事实类"学习资源内置到物质空间各个场景的每个角落中去。所谓事实类学习资源即是那些描述客观事实、无须学习者进行复杂认知推演就能掌握的学习资源，譬如一幢历史建筑的建成年代、历史背景、物理尺寸等。这些信息可以由移动信息终端与内嵌在物质环境中各种微型计算机之间的上下文感知技术实时呈现在学习者面前。学习者可以不用为了获取这类资源而花费时间精力去访问特定的资源库，从而取得"所见即所想"的效果。与此相对的另一方面是将那些需要经过学习者认知推演才能掌握的学习资源进一步整合到网络云端中去。由高效而稳定的移动网络与高性能的移动终端设备一起为学习者快速构建起一个有助于理解这些资源的学习场景。学习者在场景中通过身临其境地参与，得以更深刻且快速地取得自己想要的学习效果。例如一个正在学习外语的学习者，他在自己房间中踱步的时候就能通过他的穿戴设备感知房间中各种物件的对应外语词汇。这属于前一种层次的学习范畴。当这名学习者需要更详细地学习这些词汇，并在日常生活中具体的使用时，他可以启动穿戴设备上的全息投影装置，将过去记录的一段自己的生活场景重新还原到当前。这时，这段通过全息投影还原的影像资料可以通过快速调用网络云端的资源将场景中发生的每一句话转变成学习者正在学习的外语展现出来。这样，学习者通过极具共鸣感的情境化学习就能够更准确地掌握这门语言中特定词汇的具体用法了。

在理想的泛在学习模式中，"事实性"学习资源是交给日常生活中的事物自己保存的。只有需要逻辑推理演化和判断理解的学习资料才需要像数字学习和移动学习时代那样向网络云端调用。相当数量的"事实类"学习资源通过在物质空间中广泛布置微型计算存储设备的方法"物理"地分散到了城市空间的各个角落，而"推演类"学习资源则通过比前一阶段更广泛存在且传输高效的移动网络而"非物理"地分散到了城市空间的各个角落。总体上，通过这两种方式，在未来智能空间下学习资源在物质空间中的分布模式会继承并发扬学习资源在学习方式历代更迭过程中呈现出来的"分散"趋势。

智能空间里的学习资源除了在物质空间分布上会离散得越来越多以外，在其所覆盖的学科广度上也会呈现出越来越明显的离散现象。这种离散现象主要表现在两方面。其一是客观上人类社会作为一个整体所具有的学习资源总量在加速扩大，学习资源分布在从神学到量子物理学等千千万万个不同的学科上，再也不是像过往那样分布在有限的学科中。其二是主观上人类社会中的每个个体由于愈发细化的社会分工需要涉猎的学科领域变得广而浅。个体调用的学习资源往往不再局限在单一领域，具有了跨学科性。前者就像是人类学习资源这个大果园中不同种类的果树数量和各果树上的结果数量都在不断增长，而后者则像是每个路过这个大果园中的人需要且能采摘的果子在数量和种类上也在增加。两者加总即形成了学习资源在学科领域上的散布特征。

就学习资源的总量及其所覆盖的学科领域而言，数字和移动学习时代的资源总数和覆盖面已经比传统学习时代的资源总数和覆盖面有了成倍地增长。以世界范围内极具代表性的大英图书馆为例。自 1911 年起，大英图书馆开始依法收集全英范围内每年出版的所有受版权保护书籍各一册。到 2014 年其官方公开的数据显示，目前馆藏藏品总数达到 1.5 亿件，年藏品增加量为 300 万件。换句话说亦即当年藏品增加数量相当于实行收藏法令以来 100 年间年均馆藏品增速的两倍。[1] 而这些藏品所涉及的学科领域则在"社会人文"和"科学技术"两个大分类下各自演化出了难以计数的子分类。其中社会人文类的学习资源天然与时间成正相关，随着时间的推移必然会越积越多。科学技术类的学习资源则跟随着人类技术进步的步伐，虽然时快时慢，但总体上也在不断扩大。大英图书馆的馆藏虽然只是这种学习资源分布特性的一个侧面写照，但由此对于从传统学习时代向数字和移动学习时代过渡过程中学习资源在总量与覆盖面上的增长速率便可见一斑。从统计的角度看，这种增速是具有指数性的，越靠近当前年代增长速率也越快。可以想见，作为数字学习和移动学习在未来的升级版，泛在学习时代的学习资源分布特性将会继承和延续这种总量和覆盖面齐增的特性。人类作为一个整体所涉猎的学习资源必然会像苏格拉底之圆那样，不断变大而且越变越快。

另一方面，除了人类作为一个整体所获得的学习资源在总量和覆盖面上越来越多，每个社会人作为一个独立个体所能接触到的学习资源也在总

[1] The British Library. Facts & Figures [EB/OL]. http://www.bl.uk.

量和覆盖面上不断扩大。这是由日益细化的社会分工组织原则影响的。人类社会发展到如今已经演变成为一个结构极其复杂的庞然大物，其内部的分工随着时间的演进也日益细化。个体成为组成这个庞然大物的细小零件，所能对这个庞大整体产生的影响是空前微弱的但对这个整体系统的依赖却又是空前巨大的。现代化进程将人类社会真正打造成了一个协作社会。也正是这样的超静定极细分结构特征赋予了现代人类那种前现代人类所不能奢望的个体个性化与群体协作化的统一。这种时代背景决定了当代的每个个体人所需要的学习资源会根据学习行为的性质被分成两类。一部分服务于个体兴趣和利益攸关的学习行为，而另一部分则服务于个体兴趣和利益并不重要但有助于与其他个体进行连接的学习行为。前者主要对学习资源的深度提出要求，而后者则主要对学习资源的广度提出要求。两者加总在一起形成了现代人类需要学习资源在学科领域上进行分布的模型：以少数支点领域为核心广泛涉猎其他分散领域的资源组织形式。学习资源将不再仅仅集中分布在支撑正式教学的学科领域，而是进一步分散到支撑正式、准正式、非正式教学的各个学科领域中。这种基于个体自身生存发展需要提出的学习资源组织方式必然会延续到泛在学习时代并继续扩充下去。

　　智能空间中学习资源在生产层面的分散特征主要表现在学习资源的生成主体全民化和学习资源的生成机制自由化。泛在学习时代，学习资源的生成主体将不再仅仅是教育部门和大型知识机构，而是会扩大到全体有教育基础和知识共享意愿的民众。就像在网络媒体全面铺开以后讯息资讯通过微信微博这样的软件与社交平台实现了话语权下移一样，未来泛在学习时代，知识的生成主体也会下移。广布在社会中的有能力生成学习资源的个人与小组织将会兴起，为传统时代教育部门和大型知识机构所难以覆盖到方面进行补充。这种补充将首先呈现在非正式教学层面，以"科普"形式为其他社会人提供基础服务。在此之后才会渐渐发展成熟，成为能够支撑准正式和正式教育的既有深度又有广度的高阶服务。这其中维基百科和豆瓣网便是两个极具代表性的案例。

维基百科应当算是目前世界范围内最具知名度的线上知识系统。从 2001 年创办以来，维基百科不仅自身取得了长足发展并且以其开拓性的理念及实践激励了不少类似的线上知识系统的建立（例如，中国用户更熟悉的百度百科、互动百科等）。不过回溯历史，维基百科最初仅仅是被当做另一个线上知识系统 Nupdia 的辅助系统而草创的，但在日后的运营实践中，维基百科受到用户的热爱远远超过了 Nupedia。到 2003 年，Nupedia 正式宣布停止服务，并将其网站上原有知识资源全部转移到维基百科，从此维基百科以一个完全独立的知识系统形象呈现在世人面前。维基百科与其脱身的前任 Nupedia 相比，最根本的区别在于条目文章的编撰方式。Nupedia 坚持以传统百科全书的形式由各方面专家撰写里面的文章并必须经过同行评审，而维基百科则选择以开放的态度在确定的编撰规则框架下允许所有浏览者对其上条目进行编辑。虽然维基百科也因此饱受精英分子对条目文章内容深度和准确性的指责，但更亲近使用者本身体验以及更贴合普通民众认知的编撰方法，最终使得维基百科在市场上取得了此前所有线上知识系统从未取得的认同感。

维基百科的英文名字 Wikipedia 是由其主要创始人拉里·桑格（Larry Sanger）糅合了英文中共笔超文本系统的开头（Wiki）和百科全书（Encyclopedia）的后缀而形成的一个混成词。这个混成词极好地传达了维基百科的核心特点：协作、中立、全面以及开放。从创立之初维基百科便将目标设立在"向全人类提供自由的百科全书"，打造全球各地民众可以自由访问与编辑的知识共同体。与传统的百科全书相比，维基百科所秉持的这些条目编辑理念使得维基百科自身具有了不可比拟的成长性。因为省却了一定审议环节，维基百科可以比其他传统百科全书更快速地收录世界各地有价值的新兴热点。在维基百科上创建的条目内容将不会归属于任何编辑者个人，也不对文章做出交由权威人士审核的硬性要求。相对应的，编辑者必须恪守"可供查核、自由中立"的行动准则，并有责任自发地为文章的内容和架构达成共识而努力。不同语言版本的维基百科同时也受该语言主权国家法律的约束。

虽然一部分研究者们对维基百科所秉持的这种架构制度抱有嘲讽的态度，认为它在理论上就完全行不通，但维基百科却以实际行动证明了在有限约束框架下，人们在自主建构知识系统的过程中所能投入的严肃性和自律性。根据维基百科内部统计，从维基百科创建以来共有 3 500 万登记注册用户参与编辑工作，大约有 130 万名是长期参与编辑工作的积极贡献者。他们使整个网站编辑次数超过 10 亿次，共同创建了超过 3 000 万篇条目，内容覆盖了文化艺术、传记人物、地理位置、社会科学、历史事件、自然科学、应用技术、宗教信仰、身体保健、数学逻辑和哲学思想共 11 大类学科领域。从而使得维基百科在 2007 年打破中国明朝所编《永乐大典》保持了 600 年的世界纪录，成为世界上收录条目最多百科全书。到 2012 年整个维基百科项目共建设了 285 个独立运营的语言版本。这些努力使得维基百科在全球拥有共计 3.65 亿名民众使用量，成为权威网络流量统计机构 Alexa 的排名中全球浏览人数第六高的网站。仅在美国每月即有高达 2.7 亿人从维基百科上获取自己所需的知识。同时由于其坚持非商业化运作模式，也使得维基百科成为全球少有的也是最大的无广告网站。

从维基百科取代它原本的前任 Nupedia 变成主角到维基百科发展成为全球使用最广的线上知识系统，维基百科的成长是学习资源生成者下移、全民化参的代表。虽然维基百科的反对者们在此过程中不断就维基百科所含条目文章的可读性、可靠性和法律争议对这种新形式予以抨击，但是就像维基百科的创始人拉里·威尔士（Jimmy Wales）在给那些来信抱怨因为引用维基百科作为来源而无法获得高分的学生回信中所写的那样："看在上帝的份上，你在大学生活里本来就不该引用百科全书。"[1] 维基百科从本质上说是为全民提供一个便捷且"较准确"的知识源，普及性是它的本性。为专业研究者提供相关领域深入研究的资料本不属于维基百科的本意。此外，虽然因为采用共笔的方式而使得任何人都能在网站上添加不

---

[1]　维基百科词条.

正确或是虚构的信息，从而为维基百科上的条目文章准确性带来破坏，但也正是因为广泛的参与度和高关注度得以使得具有足够大用户基数的人们同样能够轻易修正这些行为所带来的错误。相比较于仅由专家编撰的百科全书，维基百科在消除自己就某一主题所带有的偏见时明显比前者更有效率。恪守中立的维基百科只消确保关于某一个主题的各派观点都能得到陈述，就足以为其浏览者创造出自由判断、自由撷取、自由思考的空间。条目文章的准确性是通过这种动态平衡而非过往那种静态考据的方法得到最大限度的保证。事实上，绝对的准确性本就不存在。

与维基百科在原理上相似但在表现形式和服务受众上不同的另一个典型案例是中国的豆瓣网。后者与前者一样，是一个几乎完全交由网络世界中各个个体来发布学习资源的社交平台。但与前者不同之处在于，后者并不致力于构建一个无所不包的线上知识库，且不尝试以那种普及的态度为全世界所有人提供非正式学习所需要的基础资源。豆瓣网是按学科和兴趣划分出来，具有明显群落特征的网络架构。它的成员可以自发发布、自发共享，并自发修正各种准正式学习资源。

当然，豆瓣一开始并不是以构建准正式学习资源交换环境为目标而被创建出来的。在 2005 年上线之时，该网站主要是一个为用户提供书籍、电影、音乐等作品信息的平台。在经过十年的发展和功能扩充后，豆瓣才逐渐成为一个为各种有相同相近兴趣的人群提供集聚机会的线上平台。这些兴趣并不总是集中在学科领域，而是广泛地分布在吃、穿、住、用、行等生活的各个方面。也正是因为这种覆盖面的广泛，使得豆瓣各兴趣群体之间的差异表现得十分明显，有了"一万个人眼中有一万个豆瓣"的调侃。愈往后发展的豆瓣越是呈现出一种鱼龙混杂、话题颇多状态。不过，因为早期进入豆瓣网的用户均为书籍影音作品爱好者，这从一定程度上奠定了豆瓣用户文艺化与精英化的基础氛围。虽然在后期发展中越来越多其他形形色色功能和用户加入进来使得豆瓣有了多个侧面，在其核心部分，豆瓣仍然一步一步完成了从一个学习资源信息发布平台到学习资源本身发布平台的转变。这是豆瓣充分抓住用户的兴趣这个媒介，通过站内氛围的塑造，激发群体间知识共享意识的结果。

在豆瓣网站上，多数功能版块都与准正式学习资源的生成、发布、和传播有关，包括豆瓣读书、豆瓣阅读、豆瓣电影、豆瓣音乐、豆瓣小组以及豆瓣小站。这些版块的活跃参与者是各种个性化的个人，他们定期或不定期地将纸质书书评、电子书资料、电影艺术及技术评述、音乐创作和乐器技法，以及其他学科专著发布到相应版块。按照原创性程度这些学习资料又可以被分为两类。第一类是对在实体现实中已经付梓成书的刊物进行的点评和内容重构，豆瓣用户是在原作者的基础上结合自己的理解进行二次演绎。另一类则是豆瓣用户针对兴趣课题给出的原创作品。这些在豆瓣网的社群内部及之间传递的学习资源与维基百科所提供的学习资源相比往往更具深度，需要接受者自己先期获得相关基础知识，才能结合自身需要进行更进一步的解读。从本质上说豆瓣用户发布的学习资源并不是入门式普及型作品（虽然也有一部分是），而是面向有良好教育基础及一定社会感悟的进阶受众群体之作。这些学习资源一部分会以个人首页的形式在作者的圈子群中传播，供已经与作者形成点对点式社交关系的用户使用。更多的则会在社群空间中以公示的方式发布出来，供具有相同或相似兴趣但还没有与作者形成点对点式社交关系的其他用户使用。无论是哪种情况，这些学习资源的发布者基本都是个体民众而非专有机构。

尽管豆瓣网上的学习资源无论是其生成者或是其受众都带有明显小众化、精英化的特征，使得豆瓣的学习资源生成模式在理论上看似并不具有对大众的广泛吸引力，但实际情况却是如维基百科一样，豆瓣上的学习资源使用率并不低。仅 2012 年，豆瓣读书版块每月就能吸引 800 万访问用户和过亿次的浏览量；豆瓣音乐版块每五分钟就能生成一首原创音乐；而豆瓣小组的总数更是发展到了 30 万个，月独立用户超过 5 500 万；单个豆瓣小站完成策划举行有意见领袖和洞见学者参与的线下读书沙龙达到

494 次。[1] 资源生成主体的下移和个人化不但没有因为受众群体和创作意见等因素影响学习资源的调用率，反而因为生成个体具有的即时性、个性化、开放性，以及亲和力使得这类原本由大型知识机构把控的准正式学习用学习资源在更广泛的人群中得到更广泛地调用。

维基百科向人们展示了学习资源生成主体下移后，分散成个人的生成主体仍然能够有效提供非正式学习用学习资源；豆瓣网则向人们展示了这一逻辑同样也适用于生成准正式学习用学习资源。虽然无论是维基百科还是豆瓣都饱受其反对者的质疑，而且它们本身也确实并非毫无瑕疵，存在着学习资源可读性与可靠性两方面的问题，但这并不能成为否定它们重要意义的原因。因为，通过它们人们可以感受到一种未来的可能，即在泛在学习的时代，学习资源生成的主体完全可以进行从大到小的分化，由个人或小机构组成的学习资源生成主体可以逐渐取代大型机构成为覆盖从非正式到正式等各阶段学习资源生成的主力军。

未来泛在学习时代，学习资源在生成层面的分散特征除了表现在以上提及的生成主体全民化以外还表现在生成机制的自由化上。具体来说就是学习资源会在生成机制上进一步鼓励开源、强化共享共建，同时进一步转变知识产权意识、刺激新知探索。

在传统学习时代，学习资源生成机制的一个重要特征是闭源化。这首先是因为缺乏开源的动机，其次是因为缺乏开源的技术，最后是因为缺乏开源的需求。受社会地位和经济水平的限制，过去并非所有人都有资本或资格接受正式教育，接受正式教育成为社会地位和经济实力的一种象征，而当时的学习资源又主要服务于正式学习，也因而在一定程度上延续了当时正式学习的特权性。学习资源成了一种只由特权群体享用的资源，是可以标榜自身地位的东西。因此特权群体内部成员自然没有主动将这些资源让渡出来的动机。另一方面相对低效的信息传播技术也限制了那些少

[1] 张月英. 基于社交网络的民间图书馆泛在化服务调研与分析 [J]. 图书馆理论与实践，2015（1）：66.

数有意愿的个人或组织将原属特权群体的学习资源传播给更多人。他们往往心有余而力不足，难以对把控资源的特权机构形成真正的挑战。此外，生活在过往时代的人们彼此之间的连接程度也未像现代人这样高，因此也不像现代人那样被环境胁迫着必须通过不断更新自身的知识面才能在社会中生存生活下去。过往时代的多数人在接受过足以为自己谋得生计的基础教育后便失去了继续索求新知的需要。从动机到手段再到需求的三向匮乏是过往大型特权机构能够以闭源模式把控学习资源生成机制的根本原因。然而这三者在现代社会已经部分出现松动。有理由相信，它们在可见的未来将被彻底颠覆。

　　首先是未来对学习资源的需求将在泛在学习时代成指数增长。日益精细的社会分工和日益强化的人际关系使得未来社会中每个个体都不得不时刻保持学习状态。学习的终身化、随意化、高频化将会使得人们调用学习资源的种类和总量都急剧增加。而为应对这种学习资源在需求端所呈现出的指数级增长，学习资源在生成端就必须提高效率。过往传统学习时代那种由少数特权机构把控的闭源式学习资源生成机制将无法适应泛在学习时代的巨量需求。现实市场中需求端的压力终将迫使生成端开源化，通过大量征召个体和小微机构补充原特权机构无法满足的效率缺口。其次是未来发达的信息技术将为个体和小微机构独立生成高质量的学习资源提供物质支撑。在过去仅能依靠纸质图书、广播、和桌面计算机的时代，个人和小微机构要独立生成和传播高质量的学习资源具有难以逾越的生产成本壁垒和传播成本壁垒。这是工业生产对规模化的需求给个人和小微机构带来的不便。但随着之前所述的普适计算系统日益成熟，生产规模和生产成本之间的关系将被弱化。个人和小微机构能像大型机构一样便宜地生成和传播自己的学习资源。一位有学术洞见的学者将不再局限于图书的印刷版数和周期，而可以通过电子书系统快速地在网络中向大众传递他的成果；对特定软件有经验的个体将不用再局限于教室和教时，而可以通过线上视频的方式将自己的技法共享给其他有相同兴趣的人；此外线上交流的活跃度还能侧面刺激线下现实世界中交流的活跃度。个人和小微机构从此具有了可与大型机构抗衡的竞争力。最后，对开源的动机而言，随着未来学习的受众加速扩大，教育覆盖面的全面增加，学习将逐渐成为一种泛大众地行为，而不再是社会地位优势者和社会地位劣势者之间的标杆。多数学习资源也将因此失去有过往时代那种特权性与排他性。在未来泛在学习时代，学习资源的价值衡量体系将会改变。普及度将被作为一个至关重要的衡量要素引入这个体系。一部分学习资源将不再是以它服务于多么小众群体而身价不菲，相反，将是那些服务受众越广的学习资源越具有价值。仍然以大英图书馆为例。在历史上大英图书馆经历了三次合并，并在 20 世纪 70 年代通过了《知识共享法案》[1]。该法案赋予了人们免费访问绝大多数大英图书馆馆藏资料的权利。这是当时人们对知识共享意愿的一项重要物化标志。随后，在 21 世纪的头十年，大英图书馆不断强化了与代表互联网时代知识交换新规则的谷歌图书系统进行的合作。按期推进放开版权保护的图书通过谷歌图书系统走向公众。在大英图书馆每年的公报中更是设有专项章节向公众及监管机构披露这一领域工作的相关进度。这既是这一老牌权威知识机构自发主动地接受新时代规则的尝试，也是对人们日益增强的知识共享意愿及需求的一次侧面写照。

从需求到手段再到动机，通过对这三者的颠覆，未来泛在学习时代将会从根本上颠覆传统时代学习资源生成制度的闭源性。新的以共建共享为核心的时代价值体系将会重新建立起来，学习资源的生成机制终将逐步转向开源化。

在维基百科等代表下一代开源型学习资源建构方式的实践经历中，知识产权问题一直是困扰它们的一个难点。反对者们动辄以侵犯知识产权的罪名抨击开源型学习资源生成平台，而现行许多国家与地区的法律也事实上有利于这些反对者。毫无疑问，法律的至高权力必须得到尊重，这是社会活动有序开展的大框架。但法律毕竟也像其他所有规范性文件一样是

[1]　The British Library. Free Information Act [EB/OL]. http://www.bl.uk.

落后于时代发展的事物，在新事物新需求出现之后就有必要从立法的本意上讨论对原有法律的修正与更新，以便最大限度地为有利于人类社会发展的事物创造适宜成长的环境。

众所周知，没有由知识产权保护带来的经济利益保障，人们将丧失探索新知的意愿，成为坐享其成的搭便车者。但是过强和过广的知识产权保护又会形成知识垄断，同样也会拉低人类社会整体知识探索的效率。这是一个无论向左还是向右倾斜都会给整体效率带来负面影响的微妙系统。然而知识探索的效率恰恰又是学习资源生成端效率的决定因素。因此必须要探索知识保护的限度和力度，寻找知识产权保护范围和程度的一个平衡点，使得整体环境既能够激励人们探索新知的意愿，又能够规避知识垄断的危险。在泛在学习时代，对知识产权的态度应该从原有的狭义知识产权保护转向广义知识产权保护，亦即从"知识产权保护"转向"知识产权鼓励"。

对知识产权概念稍有了解的人都知道所谓"知识产权"并不能简单地被理解为"知识的产权"。因为知识是人类共建共有的智慧结晶，是人类共同的财产，因此没有任何机构有权使之专有化，也不应被任何个体独占垄断，"知识"本身没有任何产权，具有产权的是知识成果化的结果。这一认识得到了全球各国的广泛认同，它被表现在各国际公约和国内法中。一方面，在这些法律框架下，知识产权产生的过程和条件被明确规定。知识产权只有在知识被个人或机构成果化之后才能形成。例如当"知识"被表达为作品时，著作者才具有版权；当"知识"被应用于技术领域形成解决某种技术问题的应用方案时，开发者才具有专利权和商业秘密权等。另一方面，知识产权被赋予了其他所有私有权所没有的时限性特征。不像其他私权所具有的永恒性，任何知识产权都限定了生产者独占知识成果并用以牟利的时间范围。这是因为与其他私有财富创造过程不同，在将知识成果化的过程中所使用的生产资料—知识—是全人类所共享的，这从理论上不应该被计入生产者的成本而向其他社会人征收使用费用。但由于在实际过程中显然无法通过物质等价的方式将之与其他确属于生产者投入的成本区分开来。因此知识产权的时限被引入作为一种变相抵扣。

从本质上说，"知识产权保护"并不是一个对知识成果所有权利的无限制庇护。它只是对知识成果化后产生的商业盈利权的保护，这一行为本不应该对各类知识及其成果形成传播层面上的阻碍。然而现实中却有许多个人和机构借知识产权保护的大旗对本不属于知识产权保护范围的正常传播行为横加限制，大肆责难知识及其成果的传播。这种道貌岸然地干扰主要集中在专利权保护和版权保护这两块与商业利益勾连最密切同时又最能影响未来学习资源泛在化建设的两个子项中。无论是维基百科、谷歌图书、豆瓣这些虚拟资源平台和社区，还是谷歌眼镜这些为虚拟资源环境提供支持的技术设备，它们无一不受到来自反对者基于专利保护和版权保护提出的责难。毫无疑问，专利的研发者和作品的著作者在商业盈利上的独占权应被尊重，其个人智慧和物质的投入成本应被回报，贡献新知的行为应被奖励，但超出独占盈利权范围外的其他限制行为则不应被支持。从建设服务更广大群体的学习资源环境以及促进长效知识创新持久活力这两方面来看，不损害原作者/研发者商业盈利权的传播行为还应得到支持和鼓励。

在未来构建良性学习资源泛在环境的尝试中，调和保护和开发之间矛盾的可能手段有两种。其一是增强国家权力机构保护下的"开放性"。例如在专利权方面，现有法律制度已经明确"公开"是专利的基本特征。权利人在申请专利的过程中必须要公开其技术信息供所有人查阅。后续的研究者可以通过这些公开的技术信息完全了解这项专利，从而在这项专利的基础上进行进一步研究。这一方面避免了重复研究的浪费，另一方面也加快了技术传播的速度，是一种有效增加社会总体专利发展的理念。其二是完善知识产权保护时限和传播技术速度之间的关联度，明确涉及商业盈利的传播模式和不涉及商业盈利的传播模式在调用受保护知识成果时的保护时限差别。过往那种基于慢速传播手段而制定的保护时限在许多情景中已经不再适合现在及可见未来的知识环境建设需求。一刀切式的知识产权保护时限又往往使得非商业盈利式传播平台不得不面对过长的知识产权保护期，进而在实际操作中遇到各种阻碍学习资源有效传播的壁垒。

无论是以上哪种手段，总体上都是要在实践中逐步探索压缩知识产权保护的时限和范围，细化不同知识产权的保护时限差异。其最终目标是继承知识产权保护作为刺激对新知识领域探索手段的这个大原则，同时尽力回避因保护方式所伴生的知识垄断对新知探索的阻碍，在更广阔的时空范围内为学习资源泛在化环境的建设提供政策法律体系的支撑。

前台

当一个城市具备了高效的普适信息技术体系和泛在学习资源体系之后，智能空间的设计就剩下最后也是最直观的一环：物质空间层面的设计。然而自从人类社会进入工业化时代以来，在日常生活中人们接触的物质空间类型已经极大地丰富化，并且各有特点不一而足。考虑到这种丰富性以及各空间类型各自恒有不断的变化性，要对这么复杂的空间系统在泛在学习时代将被如何改造做一一对应地描述既不现实也无必要。相反的，应该跳出自古典时代以来就一直束缚人们思考空间构造的因果律桎梏，转而从更贴近人们直观感受的角度来思考这个问题。如果我们将那些生活中形形色色的物质空间想象成是由一颗种子成长出来的不同植株，那么我们就不难理解对空间所做的设计其实并不需要复杂到去为每一支植株做分类那么细。毕竟在即将到来的时代，同一颗种子在成长中发生基因变异的速率会大大增加。过去那种"穷举法"将不可能适用（事实上即使在过去，空间类型有限的时代，人们也未能真正"穷举"所有类型）。因此，在未来，对物质空间的设计将更关注为那颗种子提供利于其本心发展的元素。

那么利于"物质空间"这颗种子顺应其本心生长的元素有哪些呢？

大略说来应该包括两个组成部分，即由人与人之间的交互所产生的"文化之光"，和由人与物之间的交互所产生的"技术之光"。通过控制它们对物质空间的影响，有利于泛在学习的空间基底就能实现。至于更细致的空间设计"原则"，则应结合每一个项目本身予以推敲。

"文化之光"的形成本因是人与人之间的交互，因此对它的强化就需要从增进人与人之间交互的意愿入手。在空间设计层面上，一切手段都应被用以弱化原有人与人之间的隔阂，增强人与人之间的亲近感。在过往物质空间设计历程中也有不少学者对物质空间设计与使用者间亲近感产生这两者间的关系进行了广泛研究，并形成了以扬·盖尔（Jan Gehl）和克里斯多夫·亚历山大（Christopher Alexander）为代表的两种研究倾向。前者从更偏向社会活动的角度以三段式（必要活动、自发活动、社会活动）空间活动分类法间接提出物质空间的设计方法，而后者则以更直接的方式尝试建立不同建筑类型与人类行为的对应关系，形成所谓建筑模式语言。这些前辈的研究成果在当时都具有极大的意义，也为后来的研究铺就了阶梯。但也不能不指出，这些研究受制于其所处的社会时代和技术环境，其中一部分推论的前提条件和相当一部分实证经验已不能适用于当代社会，更不能适应未来普适计算成熟时的城市共有环境设计需求。为了保证未来物质空间的效率，就有必要站在这些前辈的基础上，修正他们那种过往经验与未来需求之间的认识冲突，更新物质空间的部分原则型设计方法。

首先，需要调整的是未来物质空间中进行的活动种类。当然这并不是试图在宏观层面否认扬·盖尔从广泛实践案例中归纳出的：必要活动、自发活动和社会（连锁）活动大分类。而是要从更微观的层面在继承前辈观点的基础上，进一步指出未来在物质空间中开展的活动将会远比现有物质空间中开展的活动具有更深层次。这一方面意味着"人往人处走"的传统行为心理仍然在影响人们执行具体行动时具有重要意义，另一方面也意味着在未来物质空间中人与人之间交互的活动将超越现有以寒暄和观看为主的形式向更具有主题性和更具有参与性的方向发展。扬·盖尔在《交往与空间》一书中主要是从人在物质空间中坐、立、行这三个基本活动形式对物质空间设计提出的要求出发阐述物质空间设计质量与空间活动活力之间的密切关系。但是在未来泛在技术普及的时代，人们在空间中坐、立、行三态本身将会发生变化，并且，除此以外在空间中开展的活动也将超越这种相对浅层的行为。因此，从适应原有活动的变化及新活动的加入两个层面上看，基于有效承载过去活动而推导出的物质空间设计原则应当基于新环境而更新。

其次，需要调整的是亚历山大提出的亚文化隔绝理念。在其《建筑模式语言》一书最引人注目的"235个模式"中，亚历山大多次强调了对规则和控制的热衷及对人类自由意志可能犯错的恐惧。这种意识更是在第8和第13两个模式中明确具象化为要求对亚文化进行隔离的文字，并在这两个模式中明确提出了以物质空间作为分隔不同亚文化的手段、拒绝在同一物质空间中安排具有多种亚文化暗示的活动或设计。[1]这种思维及其引导的物质空间物质环境设计方法显然是落伍的。就在亚历山大的这本著作成书后不到20年，人类就用一次代价巨大的全民性试验——冷战——验证了以强控手段获得的稳定和秩序并不真的比看似混乱的自由人意志集合结构更稳定。以苏联和中国为代表的计划经济退出了舞台，市场经济成为全人类关于如何构建繁荣的共识。这种对经济环境的认识也同样适用于扩展到其他社会环境上去，包括文化环境。此后的实践无不证明，即使人们仍然对同属一个亚文化的人怀有更高认同感，人们对不属于自己亚文化人的排异感已经极大降低。维系物质空间的稳定和秩序不再需要建立在亚文化隔离上，自由人的群体自律效率超过人们的想象。从另一个角度看，往往是那些实践中融合了而非排斥了多种亚文化的物质空间才是最受人喜爱且"事故率"最低的物质空间。人们对多元亚文化并存的认知已经潜移默化地发生了改变，因此基于这种文化认知而形成的物质空间设计方法显然也需要同步更新。

---

[1] 亚历山大.建筑模式语言[M].王听度，周序鸿，译.北京：知识产权出版社，2002.

以英国最著名的两所建筑院校——建筑联盟学院（Architectural Association School of Architecture）和巴特莱建筑学院（The Bartlett School of Architecture）每年在其学院定期举办的"夏季展"（Summer Show）为例，人们就能直观地体验到当代城市物质空间中对多元亚文化融合的天然亲和及客观需要。从 2000 年后两校分别先后将原本仅面向建筑设计及相关专业学生的年度设计作品展向广大社会人群开放以来，每年 6—8 月间拥挤在贝德福德广场（Bedford Square）和高尔街方院（Main Quad on Gower Street）中的人群从亚文化构成来看已越发复杂起来。在传统认识中并不为大众关注的这些关于物质空间形体构造的奇思妙想事实上却确实对泛大众具有相当的吸引力。而在欣赏这些用莘莘学子的青春与才华凝聚而成的设计之余，具有深厚饮酒及聚会文化的伦敦人自然而然地又能衍生出许多由空间设计灵感激发又几乎不属于空间设计领域的社交活动。在这个空间中，参与进来的不仅有完成展出作品的设计专业学生，也有从相邻院校、相邻城市乃至相邻国度赶来的同专业学生；不仅有本专业的从业者还有外专业的从业者；不仅有本院校的师生还有周近并不深谙这场聚会因何而起但仍然乐得以其独特方式参与的居民。在这样纷繁复杂的人员组成结构下，在这种"嘉年华"式的聚会氛围中，贝德福德广场和高尔街方院中的人们能够进行巨量的信息交换。它极大地丰富了原本这两项活动的意义，使得人们从这两项活动中获得的认知提升不再仅仅局限在某一学派基于某一特定文化亚层而提出的关于某一种特定空间构成法的狭隘理解，而是拓展到了一个更广阔的层面。只要信息接受者本人放下成见，打开思路，他就能体会到来自图本、绘画、视频、模型、交谈、演说、演出等各种形式带来的多种空间构造可能。而且，事实上更多时候，人们在这种情景中体会到的东西往往会超越建筑及空间构造的学科边界而扩展到生命的其他领域。然而无论是贝德福德广场还是高尔街方院，它们在应对这个一年一度的活动时实际所做的空间改造却非常有限。不需要大规模的改造原有合围广场边界的建筑，更不能对空间边界采取封闭的措施，设计师和管理者们都从过去十余年成功的经验中认识到，只要保证空间中安全疏散的基本要求，其余的一切都可以交给填充这一空间的那些临时小装置——学生的作品与贩卖饮食的小摊。在这种古典与后现代融合的环境中塞入多种亚文化群体，"拥挤"在一起不仅没有什么问题，反而成为了全新的文化地标，重塑的空间意义。

在普适计算技术系统和泛在学习资源系统构建得更完整的时代，贝德福德广场和高尔街方院均无需为举办这些重要活动而大费周章地改造空间。普适计算技术能够使得每位展出者消耗更少的空间但展示更多的内容。过去为在预留通道和安排展品之间费尽心力的状况将不再存在，未来唯一给观者带来"拥挤"感的将是其他观者。信息将被浓缩而渠道也益发虚化，人们再也不需要向两侧古典建筑索要更多，只需它们静静地坚固地立着便能成就一切。换言之，未来承载多元亚文化融合的物质空间将只需关注框定空间的结构，而不用再过于忧愁形式。

再次，是要调整的是对空间尺度的认知。对于身处过去年代的 C·亚历山大而言，他对物质空间尺寸与人心理映射之间关系的认知还停留在一元影响论的层面，认为建筑物和开敞空间的尺寸是一个独自影响人们对其产生心理映射的因素。C·亚历山大认为大而高的建筑或开敞空间必然会给人留下恐惧、孤独和排斥的心理映射，是不利于促进空间中人与人的交往意愿的，并由此在他的《模式》一书中提出建筑绝不能高过 4 层而广场深度不应大于 70 英尺（约合 21 米）。这种对组成空间的实体与虚体绝对值尺寸与使用者心理映射之间关系的认识显然漏考虑了许多因素。这其中至少包括人类知觉的对比效应，新建筑材料对尺寸的弱化效果，以及泛在活动对尺寸的弱化效果这三个基本点。空间的尺度与人心理映射之间早已不再是过去那种一元影响形式，在未来物质空间的物质环境设计中，显然需要从更多元影响的角度进行设计构思，用相对的眼光取代绝对的眼光来看待空间尺度与空间活动之间的关系。

两个非常明显地颠覆亚历山大理论的例子就是北京天安门广场与上

海静安嘉里中心。前者是出了名的"巨型广场"，且广场上除了革命英雄纪念碑与毛主席纪念堂外，并无其他太多景物。后者是上海市中心并不少见的一处寻常商业综合体，其主要建筑的高度都超过了 200 米。前者并没有因为空间在横向尺度上的巨大而对身处其中的游客形成过大的心理压力，因为事实上，由于其所处位置的特殊性与所含文化隐喻的特殊性，天安门广场上最主要的"景物"恰恰是终年络绎不绝的"人"。时聚时散，三五成群的人群本身完成了对巨大空间的分割，在每个游客的个体看来，天安门广场在视觉上固然是巨大的，但在空间感受上却并不是难以接受的。人们身边的空间，仍然是适宜尺度的空间。至于静安嘉里中心，在几座标准层面积都不小的超高层建筑包围中，人们的感官也并没有被恐吓。与上海陆家嘴的那些超高层建筑截然不同，甚至与咫尺之外的上海商城商业综合体也不同，嘉里中心的空间安排十分贴心地考虑人的视野问题。人的双眼视野范围大约在垂直 150° 水平 188° 之间，可正确辨别信息的角度则在垂直 20° 水平 36° 之间。也就是说，一个正常身高的人所能感受到的建筑正如 C·亚历山大所说，是竖向 4 层楼的范围。静安嘉里中心正是利用了人眼的这种视觉效果，将超高层建筑推到基地的四角，而在人密集活动的中庭与北侧全以 4～6 层高的裙房代之。这样，虽然当人们抬起头来就会发现四角全是仰望到帽子都要掉下来的超高层，但只要坐下来要一杯咖啡或与喷泉嬉戏时，空间的尺度瞬间就又回到了人们日常可以接受的范围。

像天安门广场那样的空间还有伦敦海德公园、纽约中央公园、墨尔本皇家植物园，等等，但人们不觉其宽广难忍。像静安嘉里中心那样的空间还有纽约时代广场、洛克菲勒中心、巴黎拉德芳斯，但人们不觉其高耸压抑。因为绝对的尺度本身并不代表什么，人的感官非常容易被欺骗。C·亚历山大所形容的那些尺度与人心理的联系，本就不是绝对尺寸所能单一决定的。"长宽高"，在人的感知过程中一直都是相对的。只需给予一些线索，无论是物质性的构筑物或是非物质性的活动，人类就可以自发地将一块超过其舒适理解程度的空间分割细化到他认为足够舒适的大小。这是人类作为一种智能生物亿万年进化得来的本能，更不用说这种本能在未来泛在计算技术极度普及之后所能得到的强化效果。因此过分执念于尺度与人心理状态的相关性，以至于发展到一种教条的约束显然全无必要。

最后，要调整的是对立体空间效用的认知。在扬·盖尔《交往与空间》一书关于中小尺度室外空间设计原则的论述部分，他曾广泛引述实践经验提出将多样化活动分布到不同标高上是一种不经济欠效率的做法。并认为 3～5 米的高差变化无论是上是下都会给人带来非常负面的心理障碍，其作用不亚于 50 米的平地步行距离所能产生的障碍感。他建议建筑和规划从业者在任何情况下都应尽力减少这种情形出现的频率。《交往与空间》提出，只要有可能，物质空间的塑造者们都应该将多样化活动安排在同一标高。然而，自从新世纪伊始的纽约高线公园一举成名之后，那种关于高差变化会削减人们体验空间的旧有经验就不断受到来自新时代实践案例的挑战。新时代远比过往时代更高的信息密度、商业和娱乐活动样式，以及人流密度等因素加总起来都在反作用于由高差和行动不利所引申出的活动意愿消减现象。人们对爬上或走下几步台阶产生的负面心理已经被极大地削弱。甚至在一些人口基数较大的巨型城市中，尤其是东亚各国的巨型城市，人们因立体化使用空间能削减单位断面的拥挤程度而这一做法产生了喜爱和依恋之情。

从城市尺度来说，无论是在以中国为代表的发展中国家还是在以英美国为代表的发达国家，立体空间的使用都在新世纪发生了与扬·盖尔先生那个时代 180° 的翻转。前者的立体化空间利用伴随着其迅猛的城市化推进进程成为一种时代的必然，而后者的城市也在新世纪到来时形成了一种以小范围、小规模立体开发来重新激活城市活力、提供引爆点的城市更新风潮。前者的典型案例有上海陆家嘴地上环廊、北京金融街地下环廊、深圳"深圳眼"、成都金融城廊桥等；后者的典型案例则包括著名的纽约高线公园、伦敦 Vauxhall 改建、巴黎拉·德方斯新城等。尽管其中各种开发最终的成效在不同利益相关者看来仍存在褒贬不一的情况，但在更广阔的尺度上来说，这些开发无疑都基本完成了为新城提供统一配套或为旧城提供活力新爆点的设计任务。每年都有数以百万计的人以各种方式使用着这些立体空间。像 20 世纪 60—80 年代出现的那种对立体空间的淡漠和恐惧已经不再是现实中的普遍现象。在新世纪的城市空间塑造过程中，设计者和使用者都愈发明确地感受到，对于立体空间的使用欲望而言，真正至关重要的并不是是否需要人们向上或向下移动到另一个标高，而是在这个变化的标高上，人们是否还能像在平地上那样享受丰富且极具自由度的个性化生活。

从建筑的尺度来说，将建筑空间立体化使用的风潮同样席卷了新世纪以来的各种建筑设计方案。这当然首要归因于当代人们对多层—高层建筑的天然需求。过去那种平矮的建筑空间虽然并非已经变得全然没有受众，但在大多数情况下，其受众面显然已经急剧缩窄。尤其是在经济因素的权重日益增大，城市中土地开发的经济效益与其单位面积上能产出的可用空间成正比的时代。许多建筑空间不得不考虑回避单一标高空间的问题。此外，当代城市人所面临的那种由钢筋水泥带来的枯燥感也驱使着相当一部分追求个性生活的人们在相当有限的用地面积上通过立体化的处理来增强空间整体的趣味及其与邻近空间的异质性（图 3-3—图 3-6）。通过坡道、楼梯、下沉等各种手段，在建筑空间中构造起更丰富的看与被看的关系，为在同一建筑中呈现更多元的功能、容纳更多彩的活动、强化更多样的体验提供了物质基础。可以说，正是 21 世纪后日益膨胀的信息化生活裹挟了建筑空间的发展，从经济效益和使用者习惯两个方面共同作用，迫使建筑空间从扁平走向了立体。

毫无疑问，在建筑和城市两个尺度上，活跃于当代的这种空间立体化趋势显然还会延续到未来泛在化技术全面铺开后的物质空间中去。因此在对未来的物质空间进行设计时，人们不应再回避在不同标高上赋予活动。恰恰相反，人们恐怕必须要时刻思考如何将扁平的空间在合适的尺度上立体化，并在何种程度上通过人们对不同空间尺度的天然反应来安排对

图 3-3 南京白云亭文化艺术中心——图片来自上海都设建筑设计有限公司（DuShe Architectural Design Co., Ltd.）

图 3-4 奥斯陆歌剧院——图片来自挪威 Snohetta 建筑设计公司

应的匹配功能。

与"文化之光"相异，"技术之光"的成因是人与周边物质环境的交互，因此对它的强化就需要从增进人与周边物质环境的信息交换效率入

图 3-5 2010 年上海世博会丹麦国家馆——图片来自 B.I.G 建筑事务所

图 3-6 上海陆家嘴地上环廊——图片来自陈峰

手。在空间设计层面上，一切手段都应被用以简化人与周边物质环境之间进行信息交换的流程入手，提高此类交换发生的频率，并增强此类交换中涉及信息的广度及深度。

　　在未来泛在学习时代，人与周边环境之间将会存在两个层次上的交互，包括人与可接触的物质环境（实境）的直接交互和人与并不能直观接触的赛博环境（虚境）的间接交互。其中与实境的直接交互并不是一个新兴的事物，也并不会对既有物质空间的设计原则产生太多挑战。这种交互在历史上无论是东方还是西方的城市中都广泛存在过。虽然在现代主义城市规划思潮影响下一度短暂地受到抑制，但从广阔的历史进程来看人们对这种交互形式已具有广泛认知。因其产生的原因和依赖的手段都集中在人的个体本身，这种形式的信息交互既不复杂也不陌生，甚至从某种程度上已经成为人类的一种直觉本能，有的学者将之称为"空间智能"[1]。在未来智能空间中，这种与实境的直接交互当然还会在传统模式的基础上进一步发展。受日益强化的无线传感技术和日益高效的微型计算机技术支撑，如前文中对未来信息支撑技术体系描述中曾经提及的那样，人们与实境之间进行信息交换的效率将得到极大地提升。人们不单能够通过自身的能力感知物质环境的尺寸、色彩、材质等信息并由此形成文化联想及暗喻，还能在微型计算机和智能终端设备的帮助下了解更多有趣的关联信息。但归根结底，过去人们如何感知一个空间的长、宽、高、色彩、温度，在未来基本上还会以同样的方式感知它们。"过于宽阔"的空间仍然会让人感到乏味，"过于鲜艳"的色彩仍然会让人感到不安，"过于拥挤"的功能仍然会让人感到局促，所不同的只是在泛在技术的支撑下，人们对什么才是"过于"的阈值预期有了变化而已。因此，对人与物的交互之强化并不会对原有构建物质空间的设计原则进行太多改动。无论设计者采用古典的，现代的，还是后现代的设计手法，只需确保与普适计算系统的有效结合，各种方法设计出来的物质空间都能支撑人们与实境之间进行更高效的信息交

［1］　Leon van Schaik. 空间智能［M］. 于昕，谢靖，译. 北京：电子工业出版社，2014.

换。实践上不过是在原有物质环境的弱电系统之上再附加一层普适计算系统，就能实现。并且由于新增的普适计算系统具有不可见性特征，在感官层面上人们完全不会感受到将来与过去两个系统之间的差别。

然而，尽管要促进人与实境之间信息交换效率并不需要对传统物质空间的设计方法进行改动，要促进人与虚境之间进行信息交换的效率则确实需要在一定程度上颠覆传统物质空间的一些设计原则与方法。与传统时代对空间的物质形态塑造方式专注于形式美感、文化隐喻和经济价值不同，未来泛在学习时代对空间的物质形态塑造将在前三者的基础上增加一层对学习氛围的关注。物质环境不再仅仅是与人交互的终点，而是具有了连接人与虚境的中间媒介属性。未来人与虚境之间交换的主要信息将扩展到包括正式、准正式和非正式三大类复杂多样的学习资源范围上去，资源交换的效率在很大程度上将不再取决于传输技术的速度而是取决于接受者本身的理解能力。物质空间作为中间媒介所能给身处其中的接受者来带何种环境氛围将会在一定程度上对学习者短时理解能力产生至关重要的影响。因此对物质空间的设计方法要从传统的"人—物质环境"二元关系结构中跳出来，在新的"人—物质环境—虚境"三元关系结构中结合环境行为学重新思考。

不妨设想一个场景 A：下午三点，密集的人群，稀薄的氧气，明亮的白炽灯。满满一屋子学生在阶梯教室中连续聆听讲坛上的教授慢条斯理地阐述了两个小时货币金融学原理。投影幕上的课件里显示着各种精致的图表，不时引得学生们低头纪录这些闪烁着前人智慧的东西。爱知求真的氛围弥漫在这间教室的四壁之间。

请再设想这样的场景 B：下午三点，熙熙攘攘的人群，清新的空间，明媚的阳光。三三两两的人们各自在公园的草坪上选取一个自己喜欢的角落坐下，打开自己的移动信息设备，开始全息播放大学公开课关于货币金融学原理的视频。投影中不时出现各种图表和关键概念名词，观看者能够按照自己的需要选取暂停或快进，并能按照需要调出不熟悉的名词或概念的补充材料。

虽然以上描述的两个场景在空间的物质构成上存在着巨大的差异，但这两个截然不同的空间却对身处其中的学习者在某一要素上产生了相同的作用，那就是空间的"归属感"。空间的归属感由空间、空间中的活动，以及空间中的其他参与者共同构建。这是一种空间使用者对各空间要素发生心理映射与反馈的结果，也是决定了学习者能够在某种环境下展开关于某一主题学习的心理条件。无论是身处在有限定边界的教室中，还是身处在无限定边界的公园里，投入到这场货币金融课的人都已经在有意无意间与他们身边的其他参与者建立起了身份认同。身处教室的学生，如若正在积极领悟教授所传递出来的信息，则必然已经与其他同样怀有这种认识的学生建立起了一种名为"同学"的身份认同。在公园中通过移动设备点开公开课进行观摩的人，或许表面上没有因为课题的纽带而跟公园中其他人建立联系，但他／她们能够选择此次此地在这块草坪上坐下并准备花上一点时间点看一段公开课，这种行为本身已经暗示了他们对此时此刻正在这个空间中各行其是的陌生人们并不反感。无论是情景 A 中的"同学"还是情景 B 中"不反感的陌生人"，其本质都是人们心理上形成的身份认同。尽管程度有强有弱，但也正是由这种身份认同形成了归属感，并进而决定了此时此地此人能否有效接受和理解此主题的学习资源。归属感是马斯洛理论中最高层次的人类心理需求。人们已知这件强大的精神武器能够极大地影响人们对空间中不同活动的参与程度，而通过物质环境这个中间媒介与虚境进行高效信息交换这项活动自然也包括在内。通过塑造具有归属感的空间，设计者能够增强空间使用者在其中与虚境进行交互的质量。

具有归属感的物质空间在设计手法上除了应遵循前一章阐述过的叙述性原则以及一些传统空间设计的基本认识外，有三项原则大概是在泛在技术时代所必需更新的，即：①合围的边界；②缩小的尺寸；③即时性。其中合围的边界是一项虽然老生常谈却又至关重要的基本要素。从认识的本源上说，没有边界就没有空间。人们是通过背景与前景的反差，通过可见与可感的边界来感知空间的存在。这点在前文中关于图底关系的描述中已经阐述，而在现实社会生活中表现得更是明显。物质空间边界的质量对由边界所围住的内部空间质量具有决定性的影响力。组成边界的建筑形态、景观构成和道路从一开始就影响了人们走近走进某一物质空间的意愿，并会在此后对于进入空间的使用者施加持续的心理影响。合围，一则在物质形态上明确划定了某一物质空间的四至（有时也会是七至）从而消除了空间使用者心理感受上的不确定性，二则也为空间使用者带来生理感官上的认同感，自动筛选了投入空间中来的空间使用者的部分社会属性。

从传统的欧几里德式空间理解出发，就某一物质空间的四至边界被占据的形式而言，合围也可分为全合围、半合围和虚合围。全合围的空间往往是用建筑严守空间四至边界且尺寸总体较小的空间，其在城市空间体系中所处的位置通常也不是人员及活动密集区，是三种形式中最不常见且应用局限最大的形式。传统意大利城镇中的市民广场是全合围式空间的典型。这些物质空间的归属感往往不属于除当地居民外的其他人。半合围的空间通常是以街道、河道，以及其他开阔景观面占据空间四至边界的一到两个界面，与剩余由建筑严守的边界形成虚实对称。对于空间使用者而言，这种合围形式既提供了可依靠的界面也提供了开敞型的界面，具有较丰富的心理映射效果，其大小尺寸也较多变，因而也是三种空间形式中最常见且应用面最广的形式，广泛存在于各个城市的各个区域中。如墨尔本的联邦广场、上海的静安嘉里中心、纽约的时代广场等，这类空间能在大多数进入空间中的使用者心中形成归属感。虚合围的空间通常是以步行道或车流较小的人车混行道合围空间的四至边界，并在街道的对面利用较严实的建筑界面形成对空间的合围。虚合围空间应该说是全合围空间和半合围空间的糅合体，是将前两种类型的特征融合表现的结果。其尺寸通常也是三种类型中最大的，在城市空间体系中往往处于具有标志意义的区域。虚合围空间受益于其尺寸可以使得空间中的使用者与陌生人之间保持适宜的距离，既保证视线联系带来的整体感也保证物质疏远带来的独立感。与半合围空间一样具有不俗的应用面。

从闵可夫斯基式的空间理解出发，空间的合围效果还应将对"时间维度"的考量包括在内。这当然不是说我们可以扭曲物理现实中时间的流逝，至少在可见的未来人类还无法发展出这种科技，而是说以特定的空间设计手法改变空间使用者对时间流逝的体验。同样一个半小时的讲座，在某些教授讲来，听众会感觉非常冗长，而在另一些教授那里，听众则会感觉相当短暂。同样是十几个小时的长途飞行，在飞行员看来会十分漫长，而在沉浸于游戏乐趣中的旅客看来则相对短暂。这就是时间维度通过人类感知系统作用在具体各人和具体事件中的变异。这些变异确实是设计手段可以调控的。在一个空间的"长宽高"三维上，"合围"是以空间的一部分边界被物质实体或想象中的物质实体占据来实现的。这样的逻辑推演到空间的时间维度上，用以占据这一维度的"实体"就是那些能够延缓人对正常时间流逝感的各色活动。通过在空间中，而不是在传统意义的空间边界上，设置活动或能引发使用者联想的物象，使得身处空间中的使用者在每时每刻都能感受到一种对他／她而言是有趣或有意义的体验，这就是在时间维度上形塑围合感的原则。在这方面更具体而细致的设计手法与组织方式将会在后文"即时性"部分予以详述。

当然，合围不应被等同于封闭，不能被简单地理解为在空间各维度的边界上死死填满一溜东西而给人以密闭监禁的感觉。合围的边界仍需要保持一定可穿透性才能适应人类活动的天然需求。无论是在物质的三维还是在非物质的时间维，打开和围拢是一对共生的矛盾体，两者之间的比例及位置是需要设计者根据设计背景调研发挥自身设计灵感而灵活拿捏的。

与空间边界的合围相辅相成的是物质空间绝对尺寸的缩减。在构建空间归属感时，过往那种追求形式美感和视觉冲击力的尺寸经验已经不再适用。对于以促进人与虚境信息交换效率为目标的空间而言，空间尺寸的适宜大小应从平衡人的群体性心理需求和个体性心理需求角度结合意向中空间容纳使用者的密度来重新思考。影响空间尺寸最明显的一个因素是空间中活动的类型。在同一个空间中举行具有同一主题的活动，比如音乐节、展览会、交谊会等，会显著缩小空间中每个个体与他人之间的心理距离，从而提高同一空间中可容纳人数。相反的，如果是在空间中未设定主题，而是由空间使用者按照各自需要进行互不相关的活动则各使用者之间的心理距离会拉大，同一空间中可容纳的人数会减少。这两种情况中的前一种是通过强化空间使用者人的群体性，借由预设主题在人们心中暗示的身份认同来增加空间的有效容积；后一种情况则是因为需要尊重空间使用者的个体性不得不减小了空间的有效容积。它们分别代表了设计空间尺寸时需要考虑的绝对值下限和绝对值上限。在实践中设计者应该加权计算上下限的值并在此范围内选择出适宜的中间量。

当然，这种因空间活动类型产生的上下限估值还仅是考虑了人在物质环境中的相互作用而未考虑虚境中信息对人行为的反馈修正作用而得出的最基本值。事实是在现实中，随着人类在移动技术和普适计算技术上的进步，前文所述的这种空间尺寸上限和下限也开始日益明显地受到来自虚境的信息影响，两个值同时表现出了日益减小的倾向。更强大的移动信息终端设备帮助人们颠覆了扬·盖尔先生们原先总结出来的那种社会空间中个体之间的心理安全距离。"增强现实"与"虚拟现实"使人们在空间中彼此之间能感到安全的距离有了除物理距离之外的别的影响变量。仅仅是十年前，坐在公园草坪上的陌生人就不能像现在这样彼此靠近，因为在当时环境下像如今这样靠近的两个陌生人不具备手机带来的虚拟环境作为彼此心理上的缓冲区。如今耳机和线上音频节目已经能够在听觉上帮助人们缓冲彼此之间由于物理接近而产生的尴尬，在未来进一步强化了的类 Hololens 等增强现实设备支撑下，这种缓冲可以进一步扩展到视觉、触觉、嗅觉等五感的其他层次。换言之，即此前表现在空间尺寸上的群体性导向设计与个体性导向设计之差在未来的空间中还会逐渐缩小。设计者在未来将具有除了预设主题这一手段之外的其他方法来增加空间的有效容积。在空间中的各人将会具有更多可能性。空间尺寸的上下限会在未来加速向小值趋近。

　　除了空间活动类型和虚境信息反馈这两个影响物质空间尺寸的因素外，合围空间边界的建筑背景也将左右未来物质空间的尺寸。与前两个因素从绝对值上影响人们对空间尺寸的需求不同，合围空间边界的建筑背景对人们的影响是以一种相对的形式呈现。新千年以来世界各地新增建筑物作为一个整体在宏观上具有了原有建筑不曾达到的尺度，并且在东亚各城市中呈现出了数栋建筑一体化开发的开发特征。以这样尺度的建筑作为背景的物质空间在人们的感官上留下的映射已不同于以往。尽管人们在进入一个物质空间后还会本能地以自身尺寸作为衡量周边空间的基本标准，但巨大建筑形成的对比效果会弱化物质空间原有的绝对值尺寸，迷惑人们的直观感受，使得在传统建筑背景中偏大的物质空间显得尺度宜人。物质空间边界上的建筑背景和物质空间本身，这两者形成的图底关系改变了具体事物在人们心里映射出的相对尺寸。背景建筑的尺寸日益变大这一趋势必然会延续到未来城市中，而人们对物质空间本身出现的映射错觉也会被延续到未来。

　　对于未来泛在学习时代的空间塑造第三条原则是空间的"即时性"。空间塑造的即时性要求设计者在设计未来泛在学习时代的物质空间时具有动态思考和相对性的意识。不再将物质空间作为一个终态，而是将物质空间设计为一个具有广泛适宜面和多重发展可能的中间态。在实践层面，空间的即时性原则会从空间中构筑物设计和活动设计两方面影响空间的物质形态组织，且这两者的关系会使相辅相成而难分彼此的。与过往各空间中构筑物及活动设计具有相对单一且一成不变的主题相异，未来的物质空间将会被时常赋予全新的主题。空间将变得像一首没有终结且不断更新的乐曲，每个小节，每个时段，在一部分用以支撑全乐章的基本旋律之外，将会诞生由不同的创作者根据已有乐章的精髓结合自身才华演绎而成的多样发展成果。这些发展片段会跟空间最本初的主题有一定的相关性，但这种相关性会是微弱的。"即时"的更新会长久地保证空间的趣味，强化它在不同社会群体中的被感知度。随时发生、随性呈现、随机互动，未来空间中所能包容的活动将在种类和覆盖面上都颠覆现有人们对空间的理解，而这也恰恰是物质空间设计面对未来泛在时代信息超规模涌动、人员超规模交互、需求超规模多元而不得不出现的回应。

空间中构筑物的设计在过往城市空间塑造过程中存在着一个传统，那就是绝大多数空间构筑物和活动的设计与设置都会或多或少地从纪念性与标志性的角度出发予以考量。在发给空间设计者的"设计任务书"中，这一点表现得非常明显。这一传统往往伴随着单一意志的体现。无论是发起开发项目的业主还是执行开发项目的设计团队。在对空间构筑物及活动的设计中，他们意向中要赋予目标空间的主题最终会变成设计成果。空间的可能性在这个过程中被削减，对空间的单一解读被固化。也正是因为这个传统，过往城市物质空间中的构筑物与活动通常会成为特定设计群体的个性化展示，在相对漫长的时间中不会再跟随时代的步伐而改变。这种"稳定性"是传统空间的典型标志，但它显然与速度更快、频变更高、更新更多的泛在技术系统相冲突。作为具有重要视觉引导性和文化隐喻性的空间构筑物及活动，必须接受这种"更高更快更强"的时代潮流，无论它本身愿意与否，它都将被时代的必然裹挟着向前。因此，在未来的空间设计中，构筑物与活动的那种"稳定性"将不再成为设计的主要考量因素。相反，能够有效支撑空间中各种自发的、临时的、非正式的"即时性"将成为设计原点。除去少数带有明显历史纪念意义的构筑物与活动外，其他绝大多数构筑物与活动都将去永久化。每一件构筑物和每一项活动在某一空间中都只存在一段时间，随后按需要被新的作品替代。在时间的纵向维度上，每一个空间都能为更多艺术创作团队提供展示自身创意的舞台。同样，更多更丰富的作品又能反过来进一步激发空间使用者更旺盛的参与兴趣和意愿，借由更广泛的文化隐喻面，为空间延揽更多原本因属于不同三观群体而对原空间无感的使用者，形成一个自足的良性循环系统。

在未来物质空间中的构筑物及活动设计完成从稳定性导向模式向即

时性导向模式转变之后，在某些特定空间中具有一定人气、广受使用者热爱的构筑物及活动可以被循环保留，即在每年的特定时段形成定期的展示，而在其他时段则为新作腾出展示空间。当这些已经具有循环保留价值的构筑物及活动进一步受到空间使用者的赞誉而成为具有普遍认同时，其标志性也就自然形成了。这时，它们便可以在特定物质空间中占据一个永久的席位而不再谢幕。换言之，在设计未来物质空间的构筑物与活动时应该形成一种类似"博物馆"和"展会"相融合的模式。空间是一处展台，而其中每年展出的物品各有不同，只有那些在实践中得到广泛认同的展品才能逐渐延长自己在展出位上的存在时间，并在年复一年的广泛认同中成为经典展品。这是设计层面稳定性与即时性的一种必要的平衡关系。也是一种类达尔文主义的演化。在这个过程中，物质空间和它所承载的构筑物和活动一道进化出更长效、更符合时代环境、更顽强的生命力。"构筑物－承载空间"这对共生体不再是被动地等待时代来淘汰自己，而是主动进行内生的短平快式演化，以类遗传算法的方式为自己作为一个整体的长久繁荣做出保障。随之被保障的也是人们对这些空间更广泛而持久的认同感。

　　在实际应用层面，遵从"即时性"原则而生成的空间在物质形态上相较于遵从追求稳定性的传统空间设计原则生成的空间而言是"扁平"的。这里所说的扁平当然不是指几何上的扁平，而是指由于在空间中预设的构筑物及活动数量急剧减少而产生的一种空间构型扁平化的现象，换言之也即"一张白纸好画图"的同型逻辑。未来泛在技术支撑下的空间设计，将只需要关注那些最基础且必需的部分，包括譬如管线、结构、出入口与流线安排等由法律与规范所规定的设计内容，也包括由遮阴、降温、保暖、通风等保障人的自然舒适度所必需的那些空间元素。除了这些必需的元素之外，设计团队将不再需要将精力浪费在其他传统空间营造中常要耗费心力却最终往往只能满足少数受众群体需要的那些方面了。

　　当然，无论是上述文字中的前台、中台还是后台，不同社会群体对构建智能空间这一包含多项子系统的复杂设计任务关注点是明显带有各自群体鲜明特征的。信息工程师和科技巨头们非常关心的是各自的信息技术产品在技术层面上的架构与应用（中台设计层面）。教育学领域的政商学三界大佬们则关注泛在学习背后庞大而广泛的学习资源库将如何建立并维系（后台设计层面）。而建筑和城市规划专业从业者们则倾向于思考如何在城市物质空间的设计中将前两者的意愿融合在一起有效呈现（前台设计层面）。由于泛在学习中存在着三个主要要素（社会人、现实世界物、信息世界人造物）之间及三要素各自内部的六种交互行为，而某一空间中这六种交互行为开展的效能如何，又决定了某一空间中泛在学习开展的效能如何。同时前文中三种社会群体的关注点又与泛在学习交互体系中三要素存在着明显的对应关系，因此从社会实践的层面看，在构建未来智能空间时必须充分利用这种对应关系，才能调动足够的社会积极性为系统的设计落实提供客观保障。

本章小结

我初学诗日，但欲工藻绘。

中年始少悟，渐若窥宏大。

怪奇亦间出，如石漱湍濑。

数仞李杜墙，常恨欠领会。

元白才倚门，温李真自郐。

正令笔扛鼎，亦未造三昧。

诗为六艺一，岂用资狡狯。

汝果欲学诗，工夫在诗外。

——陆游

漫空间的波动性是建立在空间智能化这块基石上的。这也是本章讨论的最核心内容。没有智能，空间就无法对周边环境和不同空间使用者的变化与需求给予最高效而灵活的反馈。空间就还是一个像传统空间那样成为各项参数给定且一成不变的死物，也就无法满足未来信息时代的时代特征。未来的时代，信息的洪流不会停止，它只会越卷越高，越滚越快。作为人与信息交汇的中间体与承载器的空间，它将不可能回避这种大势所趋。不会因时因事因人而变的传统空间终将被时代淘汰，取代它们的新生的空间则必须具有高效便捷地响应环境中一切变化因素的能力。

在这一章中，我们尝试着从另外一种角度来解释"什么是空间的智能"与"什么是空间的智能化"这两个问题。其核心观点是要推翻过去对"空间智能＝机器设备的智能"这种认识。真正具有智能的空间并不是那些被信息技术终端设备环抱的空间，而是那些能够通过信息技术终端设备与其他各种设计手段激发空间使用者智能发展的空间。在兴起于20世纪末由数字化、信息化所主导的上一波所谓"智慧城市"等概念中，智能的空间被简单地描绘成了一种由自动化科技支撑，脱离了人而独自存在的独特物质形式。在这些理论模型中，空间的智能化表现出了一种明显的将人的智能转移到物上的倾向。这是一种单极化看待空间智能的思想结果。它的基本逻辑是要将人对空间要素的感知与判断能力让渡给技术设备，由设备完成对空间要素的理解与决断并将由此推演出的行动结果指示给"人"，而"人"所要做的仅仅是将这些"指示"执行下去。在这种理论模型中，人与设备的角色被颠倒了。设备不再是人用以辅助自身行为、提高自身行为效率、增强行为成功率的手段，恰恰相反，是原本具有感知、思考、判断和决定能力的人变成了机器设备的执行终端。这种情况对于人工智能的设备而言或许可以称为"理想"，但对于人类作为一个智能物种来说，却无疑是自己将大自然千万亿年进化所赋予我们的瑰宝拱手相让的愚蠢行径，毫无"理想"的美好可谈。

事实上，按照前面那种逻辑，盲目推崇信息技术的应用最终损害了人类本身所具有的智能已经在当代生活中并不少见了。比如仅仅在20年前，人们还能对自己所居住的城市在脑海中勾画出一个基本的空间关系图，辨别方向，了解那条路能连接到另外的那些路还是几乎每个人都能完成的任务。但现在，却有一大部分城市居民离开智能手机的导航，就会连最基本的东南西北也无法辨认。通过城市路网的基本样式推断城市脉络的空间认知智能已经在一部分当代人那里消失了。凯文·林奇先生所描述的那种城市印象分类方式，在当代许多人那里已经全部简化成了智能手机上的一个个APP。辨别东西南北是人类最基本的空间智能，但一部分当代人在按照此前逻辑构建起来的"智慧城市"中已经变得渐渐连这项基本智能都还给了大自然，显然是对这种"智慧城市"思路的无情讽刺。此外同类的现象还有很多，包括书写、出行、衣食、居住等。虽然在这些方面还没有表现得像在城市中辨别方位出现困难那么明显，却也是见微知著的，不容忽视。

在这一章中，我们的讨论则试图将过去智慧城市理想模型中的那种单极化逻辑转变过来。重新以人的视角构思"人—智能设备"在空间中的双极化关系。澄清智能设备与信息技术可以如何被整合到空间的塑造过程中去，以使得作为辅助应用的设备与技术不会损害人作为一个智能生物在空间中所本该具有且应更加强化的智能。从人的空间环境行为开始，本章讨论了普适计算技术与泛在学习系统是如何为重塑"人—智能设备"二元化的智能空间提供理论依据。并在之后结合空间设计的传统，将适应普适计算技术且能充分利用泛在学习系统的空间构成展开为前台—物质空间、中台—信息技术和后台—泛在学习资源这三个层次，并分别对这三个层次现有的实践尝试与未来可能的发展前景予以了阐述。

就像大诗人陆游给他孩子写的那篇文化遗嘱中所阐述的那个逻辑相同，构建漫空间的智能性，其关键"功夫"却在"空间"之外。前面所述的三个层次中，对于构筑漫空间的智能性而言，却是从后往前依此递减的。这当然不是说作为最终呈现的物质空间不重要，而仅仅是说在构建新的真正能够有效激发空间中使用者的智能的空间过程中，由泛在学习资源组成的"后台"和由普适计算技术组成的"中台"比起我们已经耳熟能详的由物质空间组成的"前台"而言更具有时代性。恰恰是这些并不属于传统空间设计考量范围的内容是未来漫空间得以区分自己与传统空间的标志。后台与中台系统的构建是写好空间这首诗的底蕴，而前台则是遣词用句的表现手法而已。对后台与中台的讨论形成的是未来具有智能的漫空间的设计原理，而对前台的讨论则是设计方法。原理与方法的区别在于前者是漫空间构造的基本方针，是统一性的体现，而后者则是漫空间的具象形式，是灵活性的体现。统一性与灵活性的平衡，是漫空间智能化的一对关键因子。

在对由泛在学习资源构成的"后台"部分的讨论中。维基百科、豆瓣社区与大英图书馆线上系统被选为三个典型代表来给读者用以类比想象未来泛在学习资源环境的特点。像过去那种集中式、权威式和过分追求准确性的学习资源构建模式将不能适应未来信息爆炸的时代环境。泛在学习资源的构建将呈现出明显分散化、草根化、模糊化的特点。学习资源将变得更易于取得，无论是从资源的数量种类而言还是从资源的存储地点而言都是如此。同时资源的编撰过程将逐渐去权威化。权威的作用固然有之，但在漫空间中，学习资源更多的将变成有实际经验、有切身体会、有真实感的众多草根的朴素陈述。这些在现在看来是非正式的学习资源将与传统意义上由少数精英和权威构建而成的正式学习资源相辅相成，形成一种因学习者自身需求而可繁可简、可深可浅的灵活的资源系统。未来漫空间中的学习资源将是以巨大的量和充分可交叉印证的方式来解决学习资源的准确性问题。这也正是当代风行的大数据用以解决数据准确性的逻辑。事实上，即使按照现在人们的理解，我们也已经知道所有学习资源所谓的"准确性"都是相对的、具有时效和应用界限的。追求绝对准确既无意义也无必要。学习资源的有效性将在漫空间中取代准确性成为资源配置的根本衡量标准。

在由信息技术组成的"中台"部分，增强现实设备与下一代移动网络是这一块的两个核心。漫空间中的"中台"是用以强化人在空间中与后台资源交换效率的桥梁。增强现实设备是真正帮助人们实现更高效利用空间的设备。无论是已经基本失败的谷歌眼镜项目还是微软方兴未艾的 Hololens 系统，增强现实设备为人们带来的是"透过现象看本质"的可能。空间使用者与空间中所有信息的联系从此变得无间隔。这是漫空间最终能够成倍地将信息传递给使用者的一项关键技术。与之对应的是下一代移动网络技术。从 2G 网络发展到 4G 网络，人们在移动网络中能够接触到的资源已经有了明显的变化。这种变化直接导致一部分空间的功能和效用消失或弱化。桌面工作台的专有性已经被各式各样的移动终端所削弱，至少许多娱乐功能已经基本实现了与桌面工作台的剥离。如果不是因为现在许多移动终端设备在处理器的运算速度和软件的兼容性问题上还没有得到突破，许多具有专业性质的工作或许也许就从桌面工作台上被转移下来交给移动设备了。这些变化都是由高速稳定的移动传输网络所保障的。可以想象，在下一代移动网络的影响下，在量子传送技术取得关键突破的时候，人们对后台资源的使用将不再局限于"听"与"看"这两种感官体验层面，五感俱至的全景式体验将变为可能。具有这样传送速度的移动网络配合便携式增强现实技术设备，漫空间的中台将是在传统空间所从未关注的位置开拓了全新的一片天地。

至于由物质空间呈现所构成的"后台"部分，其核心内容则在于空间的尺度与空间的主题两项。这两项内容对于任何稍有空间设计认识的人而言都不陌生，因为这是从空间设计作为一门专门的艺术或技术以来就已经被历代设计人反复总结讨论过的。几乎所有更具体而细致的设计考量都是围绕着这两块核心而展开的子系统。这些子系统后来发展得如此繁冗复杂以至于达到了喧宾夺主且乱人耳目的地步。在传统空间营造的范式中，设计人的大量心血被牵扯在了这些衍生的子系统上。所谓风格、所谓范式、所谓潮流都是这两块核心内容在不同时代偏重不同子系统而生成的把戏。这些把戏并不是漫空间所关注的。在未来泛在技术支撑下的漫空间中，空间尺度和空间主题这两块内容与传统空间上设计的各种流派均不同之处在于它颠覆了过去对空间稳定性和明确主题地追求。

在漫空间中，空间的尺度不再是以绝对值出现。取而代之的是相对的概念。人体的尺度仍然是一个重要的衡量标准，就像扬·盖尔先生与C·亚历山大先生在他们各自的专著中所描述的那样，但将不再像这两位先生著作中所描述的那么绝对。对于空间的宽高、远近、疏密，不再是以"几米到几米是合适的"或"不应高于几米、不应宽于几米"这样的绝对语气来描述，而是转为以一种划定适宜范围的上下阈值边界的相对语气来描述。什么样的空间过于拥挤，什么样的背景建筑过于高大，什么样的广场景观过于单调，这些将不再是由什么具体的数值来表征，而是由相对的空间体验来阐述。在普适计算技术的帮助下，具有良好的中台与后台支撑的漫空间不需要绝对值对照表来指示空间中的行为。

漫空间中的空间主题也将拒绝过往空间中那种常见的预设逻辑。就像现在人们已经熟知的手机系统零预设模式。未来泛在技术支持下的空间就像是这样零预设的终端设备。它们当然也可以拥有一些主题，但这些预装的主题将会是最基本的，而不会妨害到不同的用户根据各自需要灵活地调整空间中需要出现的设备或信息的能力。空间的主题不再预设，使得空间在时间的维度上具有了广延性和合围感。过往那种预设主题，一经建成再不更改的方式就像是不给空间的四至边界以合围建筑一样。使得人们无论是从个体的时间体验还是从群体的历史记忆都无法对这一空间形成张弛有度的时间感知。在泛在技术支撑下的微预设或零预设空间主题是将对空间的解构权力重新交还给"读者"。毕竟设计与开发人员基本上很难会成为空间设计成果的最终使用者。最终使用者对空间主题的喜好往往只能靠设计者的猜测。无论设计人员多么聪慧、设计调研多么广泛、设计流程多么民主，设计成果终究会与最终使用者的需求存在差异。要消除这种"子非鱼"的困境，漫空间的前台设计方式就是将最终定义空间主题的权利交还给读者，充分相信空间的使用者在普适计算技术的支撑下能够自己为自己打造最贴心适用的空间主题。

第四章　漫空间——弹性的空间

乌托邦的启示

> 大道之行也，天下为公。选贤与能，讲信修睦，故人不独亲其亲，不独子其子，使老有所终，壮有所用，幼有所长，鳏寡孤独废疾者，皆有所养。

——《礼记·礼运》[1]

乌托邦（Utopia）

　　乌托邦这个词，大多数人读来都不太陌生。几乎无论是谁，只要稍微接受过一些文学的、历史的、哲学的教育，都能大概理解这个词所表达的意义。虽然它作为一个专有名词诞生的时间很晚，尤其是在中文语言中，但它所代表的理想主义的概念却由来已久，并广布人心。在西方，乌托邦思想在柏拉图所在的希腊共和国时代就已成型，而在东方则从孔老夫子所在的春秋时代开始，便一直伴随着我们，直到 20 世纪那场关乎私有制还是公有制的剧烈的意识形态之争，并伴随着以苏联为首的社会主义政权相继建立而最终将"乌托邦"映射到了主流媒体覆盖范围内的几乎每一个人心中。

　　从历史的纵向来看，乌托邦是一个人类共享的绵延的传统，在有文

———

[1]　黄孙权.向歹托邦之路建筑与乌托邦［J］.新美术，2014（10）：47.

字记载历史的每一个文明中都能找到它的身影。因为它所代表的那种对完美未来的幻想是人类作为一种智能生物而无法抗拒的天然属性。无论文明发展到何种程度，农业时代也好，工业时代也罢，又或是如今我们称为"信息时代"的后工业时代，人类总会对现实的物质与非物质世界感到各种各样的不满意。这些不满意总能促使人类大家庭中那些摆脱了基本生存困扰而相对"闲来无事"的人来对不尽如人意的现状进行修正。这些修正性的思想实践（有的时候甚至也会伴随一些物质实践）造就了乌托邦。也正因为如此，尽管每一代乌托邦设想的创造者们都将自己的乌托邦设想成一种终极状态，但当后人从时间的维度上将它们一一串联起来时，便会发现乌托邦思想有着达尔文笔下那些会迭代演进的生物所具有的进化属性。

在乌托邦思想的发展历史上，有那么一批关键性的鸿篇巨制，将整段绵延的历史划分成了各具时代特色的几段，成为其各自所属时代的完美综述。譬如欧洲文艺复兴之前时代的代表作柏拉图的《理想国》，文艺复兴时期的代表作托马斯·莫尔的《乌托邦》与托马索·康帕内拉的《太阳城》，工业革命前夕的代表作弗朗西斯·培根的《新亚特兰蒂斯》，以及工业革命中晚期的空想社会主义著作。在乌托邦思想成型发展的长达三十个世纪的历史中，这些著作是后人理解乌托邦思想进化的最关键线索。

以上提及的所有鸿篇巨制几乎都是以小说的笔法进行描写。其中有人物、有情节，还有戏剧性的冲突与发展，足够人们展开几十万字的章节来品评这些著作中关于理想社会每个细节的构想而犹嫌意味不尽。然而，这并不是这篇文章所关注的重点。此处，我们所关注的重点仍是以上各本巨著所构想的各种理想世界中的各种"空间"。至于这些巨著中其他方面的内容，还是让读者去原著中体验更合适。

那么，以"空间"为线索来看待乌托邦思想的发展，纷繁复杂的历史分期就可以被简化成特征较明确的两个阶段，即乌托邦建构者的空间时期与空间建构者的乌托邦时期。其中，前一个时期是非空间设计科班背景的思想家们大展身手的时代，后一个阶段是空间设计科班背景的设计师们接过大旗的时代。前者更偏向于思想化实验，后者更偏向于物质落实。这两个阶段在时间上的分界点是风云变幻的 19 世纪下半叶（图 4-1—图 4-9）。如前文所述，在 19 世纪下半叶之前，已经涌现出来了许多乌托邦思想建构者们，包括已经提及的那些巨星：柏拉图、托马斯·莫尔、托马索·康帕内拉、弗朗西斯·培根，以及空想社会主义三杰傅立叶、欧文、圣·西蒙。他们和他们所提出的各种乌托邦虽然因为种种原因存在着万般不同，却有一处完全相同，那便是这些乌托邦的建构者中没有一个是以建筑或城市这样空间塑造为专职的从业者。因此也就毫不奇怪那些由他们构想出来的乌托邦也没有一个是以空间建构为核心主题的。在这些乌托邦构想中当然还

图 4-1　1516 年出版的第一版《乌托邦》

图 4-2　1518 年再版的同幅插图[1]

---

[1]　可以看见除了画风受当时日益占据主流的文艺复兴画风的影响而变得更丰富多彩之外，最明显不同在于 1518 版的插图给乌托邦加上了两条通往其他大陆的桥梁。而在原版中围绕中心成环状展开的城市区，在 1518 版中也失去了那么明确的表达。封闭性、中心化分层、共主化在第二版的插图中已经被当做一个难以回答的问题开始被回避，然而也正是这些粉饰，使得那些想被掩饰的问题欲盖弥彰。

图 4-3　"真理之城"——图片来自《真理之城》(作者：Bartolomeo Del Bene, 1609)

图 4-4　傅立叶的法伦斯泰尔构想

图 4-5　欧文的新和谐村构想

图 4-6 柯布西耶的伏瓦生规划（1922—1925）

图 4-7 赖特的广亩城市（1932）

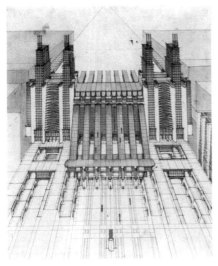

图 4-8　火车站（1914）

图 4-9　电厂（1914）[1]

是存在着或多或少关于空间的设想，比如柏拉图的 5 040 人组成的完美社区[2]，莫尔的半月形国度，康帕内拉的七环形太阳城，圣•西蒙的一体两翼式法朗吉大厦，欧文的新和谐公社，等等。然而这些对于代理想国度具体空间形象的描述在这些巨著中所占总篇幅的比例都极小，而所提出的构想，在建筑或城市设计专业出身的空间建构者们看来都那么初阶，甚至有时还显得有些幼稚。

　　这种情况在 19 世纪的下半叶出现了一次十分明显的反转。在伟大的革命导师马克思与恩格斯总结出科学社会主义的那些年中，哲学家式的乌

---

[1]　安东尼奥•圣埃里亚（Antonio Snat'Elia）是 20 世纪初未来主义建筑流派的旗手。战争使他并无存世之作流传，所有现今对留存的他设计都来自于他 1914 年为《未来主义建筑宣言》所配的插图。然而，即使仅仅只有这寥寥几幅纸面上的设计，圣埃里亚对后来乌托邦空间塑造的影响却是极其深远的。他画作中刚硬的建筑构形和巨构化的结构尺度成为后来人们对未来建筑空间进行假寓时最直接的视觉引述。这些纸面建筑不仅仅引导了乌托邦空间的发展，在后来敌托邦空间的构型中也被用来当做十分重要的视觉暗喻。这些作品中建筑中心主义、无人的场景、无阴影的场景等设定也侧面影响了许多包括柯布西耶这样著名设计师在内的现代主义设计师，使得圣埃里亚的意志在别人的作品得以延续。
[2]　黄孙权.向乌托邦之路建筑与乌托邦［J］.新美术，2014（10）：49.

托邦建构者消失了，取而代之的是大量建筑与城市设计专业出身的空间建构者们逐渐成为塑造乌托邦理想的新主力军。从 1897 年扯起反旗的维也纳分离派（Sezession）开始，到 1914 年的未来主义（Futurism）与德意志制造联盟名动一时，再到 1935 年勒·柯布西耶的"光辉城市"达到顶峰，最后以 1964 年极具嬉皮意味的建筑电讯派（Archigram）为终结，设计师们在半个世纪左右的时间中短暂地从哲学家们手中接过了构想乌托邦的接力棒，尽情挥洒着他们的想象力，主要从空间构型而非社会制度出发，建构起了与 19 世纪之前那些乌托邦构想完全不同的新乌托邦。与他们的前辈思想相比，建筑师与城市规划者们脑海中的乌托邦明显变得更具象化。乌托邦中的城市是什么样子的，住房是什么样子的，工厂是什么样子的，车站、剧院、医院又是什么样子的，都被用详尽的文字佐以建筑师所特有的优美图稿呈现给读者。与 19 世纪之前那些描述乌托邦的著作鲜少关注具体的空间构想而将绝大多数笔墨放在描写乌托邦中的社会人文与政法制度截然相反，19 世纪后涌现出来的这些乌托邦构想则将几乎百分之一百的笔墨放在了对具体空间的描绘上。对于这样精细描绘出来的乌托邦空间背后所具有的社会人文关怀与政治法律体系鲜少着墨，完全需要人们自己尝试去体会。从这个角度上说，19 世纪之前的乌托邦对人们而言是形象模糊但感受真切的，而 19 世纪之后的乌托邦对人们而言则是形象清晰却感受空虚的。就像专业建筑师或城市规划师会嘲讽 19 世纪前那些由哲学家所描绘的乌托邦在空间上的幼稚一样，哲学家们同样也难免会认为 19 世纪后由建筑师与城市规划师所构想出来的乌托邦在除空间设计外的其他所有方面均幼稚不堪。有的学者如此总结这种关系：

　　19 世纪的乌托邦主义者的建筑，其价值理性在于解决分配不公与土地私有，建筑作为工具理性是达到目的的手段之一而已。然而，伟大的都市主义者却将建筑当做价值理性本身，就算巨型城市真如期所愿，人们要如何住进华厦？谁来分配？都市主义的乌托邦与其说为人类提供了珍贵的思想，不如说，他们提供了人类历史上一场最高级好莱坞电影式的观影经验。[1]

　　诚如所言，在现代主义风潮引导下的 20 世纪建筑者们的乌托邦构想中，关于具象的空间形式被用各种充满想象力的图案描述着，并且随着这一百年间每一次材料科学、施工技术或者其他基础学科上的突破，现代主义设计师们都在不断与时俱进地更新他们对乌托邦空间的构想。后续的设计师们并不满足于分离派仅仅将装饰从建筑上剥离的做法，而是继续沿着"社会的正义源于空间的平等"这条逻辑，将空间的正义与更简洁的造型联系到一起，甚至也将由复杂系统叠加建构起来的城市也分化成简单的四项基本功能，并将之写入现代主义空间塑造的圣经中，当做神谕要求所有别的空间设计者们予以遵从。虽然现代主义者们反复在各种文献与设计中强调自己的初衷不改，仍然是致力建立更健康亲和公平的城市，但实际上他们已经默默接受了传统乌托邦中心分层式的思维影响，并将闭环思想用另一种对绝对公正的执念展现了出来。柯布西耶在阿尔及尔所做的城市规划无处不让人们联想起 20 世纪初年乌托邦主义者钱伯勒斯的著作《路城》中所描述的城市形态。从柯布西耶这位旗手开始，这种以一个巨构建筑将许多细小空间囊括到同一框架下的思路便更是一发不可收拾地持续影响了许多代后续设计师。无论是严肃现实如丹下健三先生的东京湾规划与矶崎新先生的"空中城市"设想，还是调皮乖张如库克先生的"插座城市"与赫伦先生的"行走城市"，又或是索性追求高技的富勒先生的曼哈顿大穹顶与索莱里先生的生态城市，巨构的思想隐隐然夹在每一个看似完全不同的构想里。现代主义者们这种对巨构的执念，与无数个世纪前那座仅存于神话中而从未建成的"巴别塔"异曲同工。

　　不知不觉中，认识到了空间是权力的物化象征，并决定要以空间成为重振社会正义的现代主义者们渐渐沿着传统乌托邦构想的老路越走越远。他们从推崇技术走向了唯技术至上，从功能主义走向了功能表现主义，从建设平等空间走向了极端压制空间中个体的表达。现代主义者们构

---

[1]　黄孙权.向歹托邦之路　建筑与乌托邦［J］.新美术，2014（10）：54.

想的空间系统是一个冰冷的机械性系统，它是否能像其他工业机械那样持续高效地运行下去是个未知数，但这对现代主义者们而言却并不是最重要的问题。真正重要的是，在这种对巨构建筑和标准化体系的推崇中，他们在纸面上找到了过去只存在于皇帝与神主手中的控制感。建立一个全新的系统，建立一套不容辩驳的标准化生产体系，一切以单一目标的生产效率提高为目标，在这些方面，现代主义者们与古典时代的乌托邦思想家们没有本质的区别。

除了空想社会主义三杰中的欧文于 1824—1828 年的 4 年间在美国印第安纳州短暂而局部地实现了他关于乌托邦的构想外，19 世纪之前其他所有关于乌托邦的构想均未能实现。即使是人们所惯常认为是实现了柏拉图式乌托邦之城的圣·马丹德雷城与帕尔玛洛城，实际上也并不能真正看作是实现了柏拉图所描述的乌托邦，而最多只能视为是对希波丹姆与维特鲁威的一种致敬罢了。以苏联为首的社会主义国家也并没有真正实现傅立叶、欧文、马克思、恩格斯笔下所描述的那种乌托邦。以社会体制为构想主体的 19 世纪前乌托邦构想真的与它们所共同享有的这个名字贴切得非常完美，成为了停留于笔尖的子虚之处、乌有之事。有趣的是，倒是 19 世纪后的那些由空间建构者们构想的乌托邦却真的在遍布全球的各个角落得以广泛实践，并一度蔚然成风大有可成之势，虽然他们在许多方面的构想是那么的不成熟，但人们在 1930—1980 的这半个世纪间似乎对这种不成熟的乌托邦寄予很大的青睐与期望。不需列举昌迪加尔与巴西利亚，如今，只要简单地将目光投向窗外，去看一眼此时此刻我们所生活居住的城市，就不难发现，它们与未来主义、光辉城市，甚至建筑电讯派也并没有太大的不同，虽然细微处，人们还是能够察觉到这些乌托邦之种在生根发芽的过程中似乎稍稍有些走了样。

不过，欧文失败了，苏联失败了，建筑师们的乌托邦也变形走样了。不管它们最终的结局如何不尽如人意，但终归使得人们在能感知的范围内体会了这些乌托邦，而不再仅仅是停留于纸面文字上的幻想。

敌托邦（Dystopia）

与源远流长的传统乌托邦思想相比，敌托邦出现的时间则要晚上许多，而且也并不存在一个确切的历史标志点标明某年某月某刻，因某件事件或某部作品的诞生而标志了敌托邦概念的诞生。当前一个具有广泛认同的观点是，敌托邦概念大致成型于第二次世界大战后、冷战间。几乎与前文所描述的那种哲学家退出乌托邦思想主阵地，建筑师等空间塑造者接过大旗的时代平行。其起始事件在于以苏联为代表的社会主义阵营在探索人类公有制社会未来尝试上的失败，扩大于冷战后期以美国为代表的资本主义阵营在阶级分化问题上的尖锐化以及消费主义一度带来的精神空虚化。受到表达技术的影响与限制，在前一阶段敌托邦思想主要呈现于文学作品中，其中包括极具代表性的作品，号称"敌托邦三部曲"的《美丽新世界》（阿道司·赫胥黎，1932）、《一九八四》（乔治·奥威尔，1949）与《我们》（叶夫根尼·伊万诺维奇·扎米亚京，1920）。而在后一阶段中，随着电影技术和数字成像技术的成熟，影视作品与虚拟游戏作品取代了文学作品，成为传播敌托邦思潮的新工具。其中极具代表性的作品包括电影《银翼杀手》（雷德利·斯科特，1982），受威廉·吉布森《神经漫游者》小说影响而诞生的电影《攻壳机动队》（士郎正宗，1989），《骇客帝国》（安迪·沃卓斯基，1999），受1927年弗里兹·朗版《大都会》影响而诞生的电影《大都会》（大友克洋，2001）以及游戏《辐射》（Interplay，1997）等。到20世纪与21世纪交接的10年间，敌托邦思想通过这种新生但更具震撼力的新式表现手法传播席卷了全球几乎所有主流媒体覆盖到的地方。

从柏拉图到马克思，过去蔓延千年的林林总总乌托邦设想在其各自独特的外貌之下，还是广泛存在着几个重要的共同点：①乌托邦都设立在一个现实世界地理中的未知之所；②乌托邦的居民主要都集中在城市；③乌托邦的社会是分层的；④乌托邦是一个封闭的环境；⑤乌托邦呈现出明显的中心主义，并以信仰或信念为基础；⑥乌托邦重视对民众从幼年开始持续不断的历史主义、经验主义教条教育；⑦乌托邦追求统一性而否认多样性；⑧乌托邦强化群体化与公有化而抑制或摒弃个体性与私有化；⑨乌托邦是历史静止的终态而不会随历史发展而演进。敌托邦的作者们赖以一逞自身才华之处也正是乌托邦构想中的这些共通点。他们狠狠抓住这些共同点，将各自的才情融入笔中，在文字上予以充分发挥和演绎，并最终将一个在各个方面都很符合乌托邦设想却唯独不能让人感到美好的新世界设想呈现在读者眼前。

早期敌托邦作品应该被视为是托身于小说的严肃文学作品。在赫胥黎、奥威尔与扎米亚京的作品中，字里行间所透露出来的压抑与控制感是与柏拉图、莫尔、圣西蒙等传统乌托邦作品完全不同的。消极与负面的情绪透过文字扑面而来，通过作者精妙的文笔描写，读者已经不难感受到作者对传统乌托邦构想所抱定的那种深深的否定态度。在《我们》与《一九八四》两部作品中，对传统乌托邦构想都推崇的那种中心性极权主义（Totalitarianism）政体所能产生的危险予以了夸张的表述，对柏拉图式分层社会的构想进行了文学上的放大与鞭笞，以略带夸张的手法展示了这种分层社会在极权政体的框架下会演变成何种程度的人性桎梏，又会在何种程度上压抑人的自由意志与个性选择，并最终影响人的正常生活。三部曲中的开山之作《美丽新世界》则更进一步，不仅对乌托邦中那种命定的社会分层予以了驳斥，同时也对 20 世纪以来人类对技术进步的盲信和凡事效率优先的思维进行了批判。同样是用夸张的笔法，赫胥黎给读者描述了一个在物质空间构建上与未来主义建筑师圣·伊利亚所描述的世界完全相同、科学技术高度发达、物质生活极度充裕，但在精神的和社会的层面上却处处表现出与人们已经普遍认同的美好价值背道而驰的"美丽新世界"。

在奥威尔之后，敌托邦作品也像乌托邦作品发展所经历过的历史那样出现了一次不小的转变，那就是电影艺术的加入与现代主义建筑及城市规划风潮的衰败。其中前者彻底改变了人们接触敌托邦或乌托邦这类思想的方式，从完全依赖头脑的现象发展到了可以依靠视听感官的直观体验，是敌托邦从严肃艺术的范畴过渡到了波普艺术的范畴。后者则改变了敌托邦与乌托邦这类题材始终悬于虚空的尴尬事实，使得无论敌托邦还是乌托邦都出现在了人们真实客观世界的认知地图中。

1990 年，美国作家麦克·戴维斯出版了他的成名作《水晶之城》，就洛城为了实现想象中的理想城市而采取的现实策略是如何影响洛城中不同层次居民的生活做出了精彩的描写。这部严肃的作品是极具时代代表性的，因为它不像此前赫胥黎、奥威尔或扎米亚京的著作那样纯粹是文学家想象的延伸，而是基于现实的描写，反映了追求乌托邦建设进程中的城市是何等非人性。这也让《水晶之城》成为最著名的一部写实性敌托邦之作。这部作品与柯林·罗 1978 年出版的《拼贴城市》、大卫·哈维 2006 年出版的《希望的空间》一起，构建起了与前一阶段完全不同的敌托邦文学风格。这种写实风格的敌托邦作品同时也反过来成为刺激小说类敌托邦作品创作的催化剂。20 世纪最后 10 年间产生的后期敌托邦作品无论是在数量还是在题材上都远远超过了早期敌托邦作品所框定的范围。

后期敌托邦作品的影响力与前期敌托邦作品相比，虽然在单体作品上而言是变弱了，已经没有任何一部作品能够与前三部曲的成就相提并论，但得益于电影艺术的帮助和庞大的作品基数，后期敌托邦作品给人们留下的总体感官印象却较前三部曲来得更强烈。同时，与前期敌托邦作品那种致力通过否定一个想象中的理想国度来重构另一个理想国度的做法不同，后期敌托邦作品所建构的世界虽然也包含着不少想象的成分，却并未完全脱离现实。它们在主调上是以抓住现实中某些不合理的事物，予以放大演绎，再通过反向批判这些经过夸张表现的现实事物来构建新理想世界的。读者和观众在观赏后期敌托邦作品的过程中往往能直观地寻找到与自身现实生活体验相交错重叠的部分。这些生活体验上的交错重叠与直观的蒙太奇艺术手法作用在一起，便极大地强化了后期敌托邦作品在观众感知结构中的分量。

现代主义城市规划是目前人类所知的最后一个主要乌托邦构想。而它在整个 20 世纪的实践失败则天然成就了同样盛行于 20 世纪下半叶的后期敌托邦构想。在现实的世界中，依据现代主义规划原则建立起来的，原本被许以美妙前景，但最终却纷纷落败的城市或城区比比皆是。从如英美这样的发达经济体到中国这样的发展中经济体，从强调分权与个体的资本主义阵营到强调集权与群体的社会主义阵营，没有哪个国家在本被寄予厚望的现代主义规划浪潮中独善其身，同样也没有哪个国家在这个浪潮退去之后没有留下些许狼藉的残迹。柯布西耶的光辉城市在横跨一、二、三世界的各个国家矗立了起来，尽管柯布西耶从来没有从社会与经济的角度论述过这样的城市到底好在何处，而仅仅是用他如椽巨笔和悬河口才就震慑了各位观众为之埋单。这样的光辉城市当然无法持续下去。高耸的大楼不分场合地连绵在一起，在一些国度变成了骇人的场所，而在另一些国度则直接变成了竖向贫民窟。更健康、更便捷、更美好的生活没有在光辉城市中出现。意欲消除不公，增进社会平等的设想结果最终变成了社会不公的推手。这些就发生在观众日常生活中的事件成功地将观众的注意力从原本的阵营对立话题上转移了出来，而将技术与人性的矛盾重新推回到了舞台中心的聚光灯下。

后期敌托邦作品中最具代表性的作品无疑是由日本著名漫画家士郎正宗创作，导演押井守执导的电影《攻壳机动队》。这部改编自同名漫画原著的动漫电影于 1995 年在日本一经首映便引起了广泛关注。片中的许多对未来城市的设定更是成为此后众多类似题材电影借鉴的基础。

电影的故事背景设定在 2029 年，而此前世界经历了第三、第四两次世界大战，各国经济凋敝，唯独以科技立国的日本仍然保持相对旺盛的经济和城市活力，成为故事世界中的一处乌托邦。然而即使如此，这个"乌托邦"内部却并非外人所想象得那么平静。在这个作为世界大战避难所的日本国内，各城市中还是出现了各种层出不穷的犯罪活动，并且日益呈现出高科技犯罪化的倾向。为了应对这种安全威胁，电影主角所在的"公安九课"成立了，而电影情节也就在"公安九课"与犯罪分子之间、九课与其他政府部门之间的斗争为主线引导下展开。

作为现实历史背景中日本经济大萧条时代的产物，电影整体的氛围基调设定也理所当然的显得相对比较灰暗。漫画师的构图、编剧的剧情设定以及导演的编排剪辑手法融合在一起在观众面前展现了一座乍看起来光明无比，但越仔细看就越觉得压抑难受的城市形象。电影创作者们在城市空间的构造上明显借重了赛博朋克的圣地——香港的空间特征。横七竖八的广告牌、贴满广告的墙壁、狭窄拥挤的街道、贫富分区的城市区划以及高大如巨兽般的基础设施，这些画面在蒙太奇手法的作用下，给观众心中留下一种强烈的震撼：信息与城市财富的巨大丰富本身与城市中劣势群体被边缘化的生活状况之间并没有关联。

《攻壳机动队》中所建构的城市完全具有当下科技巨头口中所描述的"智慧城市"的一切特征，在空间形象上，也与 20 世纪初年未来主义派建筑师所构想的乌托邦城市完全切合。《攻壳机动队》中的城市，实质上完全可以被视为是一个按照现代主义城市规划原则建立起来的一个模范城市。如果按照这种乌托邦理论事前所许诺的，这个模范城市应该是光明幸福的集合体，然而在电影中，观众却不难感受到，生活在其中的优势群体与劣势群体之间从生存到生活的差异却仍像现实中当代都市中所常见的一样，那么巨大。广泛铺开的信息技术与恢宏壮丽的城市建筑并没能帮助天平两头不同的社会群体得到更多生存的安全感与生活的舒适感。具有明显未来主义风格的城市建筑虽然继承了未来主义者们昂扬的乐观态度，隐约暗喻着城市的光辉形象，但这种物质的昂扬与居民精神的低沉形成了鲜明的反差。而影片中科技巨头公司的总部所采用的类哥特式建筑形态则明显是作者想将未来科技巨头与传统宗教之神相提并论的一种图像隐喻。事实上，当信息技术已经深入到城市的所有人所有事中后，控制着信息技术关键的科技巨头确实也已然成为这种未来城市中掌控万物的"神"。

如果说这些物质层面的设计是《攻壳机动队》的作者以隐喻的手法向观众暗示这种建立在信息化之上的科技乌托邦与我们已经熟知的那些历史中的城市并无二致的话，那么士郎正宗先生紧接着就在电影的另一项设定上向观众明示了：信息泛在化的科技乌托邦城市中，不单是社会劣势群体的生存生活会受到来自信息技术本身的威胁，那些社会优势群体也将面临同样（有时甚至更严重）的困扰。这个设定就是引导着整部电影情节发展的文眼——"电子脑"技术。

在《攻壳机动队》中，作者在电影的开头旁白中对这种技术做了脚注：

移动媒体向人体的靠拢开始于可移动设备，然后是可穿戴终端，最后发展到了可移植终端，这带领文明社会迈入了一个新的时代，那里人和机器合为一体。通过直接将通信终端植入人体的方法实现了这种整合，使得躯体和思想能够直接与标准的计算机和网络技术互动。这些可移植的终端逐渐替代了过时的可移动/可穿戴技术，最终的发展形态就是电子脑（Cyberbrain）。[1]

这是作者在 1995 年，手机与行动电脑等移动信息终端设备还远未像如今这般普及的年代，所做出的对未来信息网络泛在环境下，移动终端设备形态的一种畅想。只需稍加比较就不难感受到，士郎正宗先生的畅想与当代许多科技巨头正在研发的下一代移动信息终端设备是何等相似。从这个意义上看，《攻壳机动队》一作甚至可以被视为是当下"智慧城市"构想的一种可视化推演（图 4-10—图 4-13）。

电影随后的情节便以"电子脑"这个小玩意为导线扩展开来。最早是在故事中的这个信息泛在的科技乌托邦城市中不断有人类的电子脑被入侵。受害者受入侵者在其电子脑中展示的虚拟体验洗脑，对自己现实生活中的记忆出现紊乱，渐渐无法区分现实与虚拟的区别，并且逐渐受入侵者控制而进一步从事越来越多危害城市公共安全的犯罪行为。随后犯罪分子开始入侵更高阶层的人类所使用的电子脑，包括安全部队成员和外交大臣

---

[1] 士宗正郎编剧，押井守导演.攻壳机动队，1995.

秘书等都无可幸免。受命调查案件的"公安九课"成员们在日复一日的调查中渐渐发现这个不分阶层不断入侵各种人类电子脑的"犯人"并不是人类，而是一段由人类创造但已具有了自主意识的高级人工智能程序——"代号2501"。这段程序之所以先后入侵外交大臣秘书的电子脑、普通环卫工人的电子脑甚至安全部队成员的电子脑，正是因为它察觉到自己有被人类消灭的危险，而出于"生命体"所具有的生存、进化、繁殖的本能选择了执行那些行为。在影片的最后，士郎正宗先生通过程序2501向观众展示了泛在信息网络环境下，高级人工智能对"生命"重新定义的可能性。在这部成片于20世纪末，信息技术尚未如当下这般发达时的敌托邦科幻作品中，创作者们已经开始对未来信息澎湃与人工智能进步的科技乌托邦大背景下，人类本身的安全与危险、生存与生活、罪与罚提前产生了

图 4-10　1995 年初版《攻壳机动队》电影剧照[1]

---

[1]　在 1995 年公映的第一版《攻壳机动队》电影中，最具有代表性的两个长镜头之一是主角草薙素子在执行完前一天的一个追捕任务后于第二天清晨从自己宿舍中醒来的镜头（图10），这一个镜头从 8 分钟到 8 分 36 秒持续了长达半分钟，但画面却仅仅是素子的剪影。通过简单的前景与高炫光中的宏伟背景之对比，个体在《攻壳机动队》一作所设定的那个城市中的渺小感完全透过画面渗透到了观众的感觉系统。这个镜头中即使强大如素子这样的个体，依然表现得十分弱小而无助。充满巨构建筑的城市看似如此光彩亮丽，却又让人感到这种光彩亮丽是那么具有距离感。借用这个在现实生活中人们无法感受但却完全可以想象的角色与物象，以通感的手法向观众传达了"智能空间"和"光辉城市"融合到一起时，大到城市层面，小到室内层面，所能给居住于其中的人带来的异质感。

图 4–11　2008 年重制版《攻壳机动队》电影中保留的原版原画剧照[1]

图 4–12　2004 年《攻壳机动队 2（无罪）》剧照

---

[1]　在 2008 年，《攻壳机动队》一作经由计算机 3D 成像技术进行了一次重制，将许多 95 版的背景画以 CG 进行了替换，但同时也特意保留了原作中许多关键镜头，包括原片中从 32 分 40 秒到 36 分这长达 3 分半钟描写《攻壳机动队》故事所在城市大小街道、各种生活场景以及城市总体空间的系列镜头（图 4–11）。毫无疑问，对原版中这一组镜头所起到对故事所在城市空间形象的表达，导演与编剧都十分满意或至少十分看重。事实上通过这组由系列手绘稿组成的蒙太奇镜头，观众也确实能够比计算机建模模拟的镜头更好地感受到这种经受了时间斑驳而在理想与现实之间形成了强烈反差的敌托邦感受。近景永远是类似于当代香港的那种几近破败的城市空间，而远景则无一例外是光辉城市与科技城市构想的混合体。通过这种远近的对比反差，在背景音乐与镜头切换的过程中，观众能够十分明确地体会到愿景与现实的分裂。

图 4-13　2004 年《攻壳机动队 2（无罪）》剧照[1]

忧思。对未来的想象已经先于未来，但对未来的表达却无处不在引述过去已然熟知的经验。

　　"电子脑"，这种注入人脑中的微型机械，通过与脑神经完全链接，使得人类在不借助其他设备的情况下可以在任何时间任何地点接入信息之海——网络。这个小装置正是《攻壳机动队》一作对马克·威瑟所提泛在网络所具有的特征的完美物化象征。然而终《攻壳机动队》一作，士郎正宗先生都在通过作品中安装了"电子脑"的市民所饱受的安全忧患折磨，向观众传达了这种裹藏在光明天使外表下的梦魇在真实世界中的未来成为困扰人类的一种现实可能。《攻壳机动队》一作创作的时期还没有哪个国家明确提出过依托信息技术建设"智慧城市"的计划，但《攻壳机动队》在很大程度的背景设定上都符合这些后来提出的理论所具有的特征，像

---

[1]　2004 年，《攻壳机动队》在原故事线上推出了第二部《无罪》，其故事的情节发展仍然在讨论什么是人而什么又是人的"存在"这一哲学话题。在电影背景的呈现上，也在保持前作风格的基础上，进一步发挥了乌托邦想象中巨构建筑与现实生活中常见的建筑之间对比呈现这一表现手法。甚至在许多镜头上比前作还有过之而无不及。尽管第二部《无罪》因为故事线过于哲学而遭遇了票房上的挫折，但这一部的场景设置却比第一作震撼了更多观众。同时《无罪》与前作相比在建筑风格的选择上更具有开放性。在全片中出现了几乎包含建筑历史中所有称得上"风格"的各种建筑。与第一部中仅仅选取香港的空间样式作为对比样本相比，《无罪》关于空间样式的表达无疑也更鲜明而强烈，整个历史都被用来做乌托邦的对立面，像

以电子脑象征泛在网络的这种手法在影片中比比皆是。《攻壳机动队》呈现在观众眼前的正是像"智慧城市"这种乌托邦设想的变异与敌托邦化过程。新的技术、更广泛可及的信息，以及更高级的人工智能，在科技巨头推销的口舌中都被承诺为会为人类带来更光辉的未来，但当时代真的发展到了那个程度之时，科技巨头的承诺是否一定比《攻壳机动队》一作里艺术家们创意的发挥更可靠，值得打上一个大大的问号。

在现实世界中，新一代"普适计算"模式是被认为与上一代"虚拟现实计算"完全不同的信息计算模式，有不少研究者甚至认为两者是截然相反的硬币的两面。[1] 他们认为虚拟现实计算模式是将人置入计算机所创造的虚拟世界，弱化甚至切断了人与物质现实世界的联系。而普适计算模式则是将计算机置入人的物质现实世界，让人能够在不弱化与现实世界联系的前提下完成对额外信息的收发，并依此向人们宣布普适计算技术的未来是远比当下我们所掌握的这种技术更光明的。普适计算被当成了 21 世纪科技乌托邦的一个重要理论基础，但当将《攻壳机动队》一作中的"电子脑"和现实世界中的谷歌眼镜与 Hololens 等普适计算终端设备联系到一起时，我们就不难发现普适计算模式与虚拟现实计算模式两者作用在普通人身上的效果差异其实远没有科技乌托邦的鼓吹者们所描述的那么大。在给人类构造虚拟世界方面，恰恰是将要继续发展下去的普适计算技术更能让人在感知上模糊什么是现实而什么又是虚构。正因为普适计算模式作用在人身上的方式不像虚拟现实计算模式那样要求人在相对固定的地方通过相对固定的设备以相对固定的方式接入虚拟世界，随时随地随意地将虚拟世界与现实世界交织在一起。从这个角度来看，它不是将人类从虚拟世界中"解放"了出来，而是将整个现实世界与虚拟世界的边界打破了。在这个科技乌托邦中，虚拟与现实两个原本泾渭分明的世界再也没有了明确的边界。人类原本建立在"真、善、美"基础上形成的一整套社会文化及道

---

[1] 余胜泉，杨现民 . 泛在学习环境中的学习资源设计与共享 [J]. 开放教育研究，2009，15（1）：47−53.

德体系将整体崩塌，因为三字箴言中的第一奥义本身已经消失在了两个混合为一的世界中。这也正是《攻壳机动队》一作在思想层面也让观众那么深感敌托邦主义的根本原因。

　　不知道什么是虚构，人们就无从知道什么是"真"；不知道什么是"真"，人们就无法判断事物的对错；无法判断事物的对错，人们就无法幸福地生活。《攻壳机动队》中所呈现的这种敌托邦生成逻辑在此后另外一些敌托邦电影中多少都得到了继承与发扬。《骇客帝国》无疑是最直接而震撼的。与《攻壳机动队》的东方式含蓄不同，由盎格鲁－撒克逊文化创造出来的《骇客帝国》则索性直接将整个人类社会都置入了一个由智能机器为我们特意打造的大"培养皿"中。在《骇客帝国》的故事背景中，人类所自认为体验到的一切真实都是虚幻的。那些自认为过着"人类"生活的人们，其实不过是智能机械所播种的生物燃料，就像我们在庄稼地里播种的玉米小麦一样。故事中所有人类，除了居住于地下城锡安（Zion）的人类反抗军外，都生活在智能机器所设计的胶囊中，但在这些人类看来，他们却无时无刻不在"自由"地生活着。与此形成鲜明对比的是那些真正"自由"生活在智能机器控制之外的反抗军们却因为无法得到各种生活必需品且无时无刻不要提防与机器之间可能的军事冲突，在物质层面上，他们反而显得远没有那些安心留在机器所建构的胶囊中的人来的美满。影片中反抗军中的叛徒赛弗（Cypher）与智能机器勾结时的那段对话也对这种现实与虚拟的反差进行了直观的呈现：

Agent Smith: Do we have a deal，Mr.Reagan?

特工史密斯：那么雷根先生，我们已经说定了？

Cypher: You know，I know this steak doesn't exist. I know that when I put it in my mouth，the Matrix is telling my brain that it is juicy and delicious. After nine years，you know what I realize? Ignorance is bliss.

赛弗：您瞧，我知道这块牛排根本不是真的。我十分清楚，当我把它放到嘴里，母体就会告诉我的大脑，这块牛排美味多汁。9 年过去了，您知道我认清了什么？那就是无知即快乐啊。

Agent Smith: Then we have a deal.

特工史密斯：那么我们就说定了。

Cypher: I don't want to remember nothing. Nothing! You understand? And I want to be rich. You know, someone important, like an actor.

赛弗：我不想记住这些（真相）了。把我脑海中关于真相的记忆全部擦干净！您明白我的意思吗？另外，我要做个富人。你懂的，做个重要人物，比如说一个明星。

Agent Smith: Whatever you want, Mr. Reagan.

特工史密斯：你想作什么人都行，悉听尊便，雷根先生。

Cypher: Okay. I get my body back into a power plant, you insert me into the Matrix, I'll get you what you want.

赛弗：成交。我会去把我的身体弄去能源站，你帮我重新植入母体。作为回报，我会给你你想要的。

Agent Smith: Access codes to the Zion mainframe.

特工史密斯：锡安主机的接入密码。

Cypher: No, I told you, I don't know them. I can get you the man who does.

赛弗：不行，我告诉过你，我不知道密码。但我能给你弄到一个知道密码的人。

Agent Smith: Morpheus.

特工史密斯：墨菲斯。

叛徒赛弗的角色在《骇客帝国》一作中虽然并不重要，但因为他是影片中唯一一个被反抗军从母体能源站的胶囊中解放出来却最终想要通过出卖反抗军来重回母体的角色，使得他的许多台词让观众同时感受到了在这个角色身上敌托邦－乌托邦思想在持续不断地相互转化。在母体能源站中，他不满母体对他的束缚，选择了接受反抗军的解放来离开那个胶囊。那时，反抗军基地锡安是他的乌托邦，母体是他所厌恶的现实。但当他在代表自由的反抗军中与母体苦战了多年，亲身经历了锡安的贫困之后，他又忍不住怀念母体曾经为他呈现过的那许多美好，尽管这些美好都是虚构的，而他自己也明知那不过是母体在他脑中进行的精妙化学刺激，但这时他已不在乎真实性。这时，物资匮乏的反抗军基地锡安，虽然仍然是自由的代表，却已经被赛弗所厌恶，而曾经象征束缚与罪恶的母体则重新变成了他的乌托邦。这种先彼后此的行为想必在许多观众心中都留下了深刻的共鸣。毕竟，只要稍微理智一点地扪心自问，就不难发觉，赛弗向刚从母体能源站中被解放出来的尼欧所提的那个问题，对大多数人而言都是难以抉择的。虚拟世界中物质生活的美满与真实世界中时刻都面临着贫困与死亡的威胁，到底哪个更理想，到底谁才是乌托邦。这并不是一个容易回答的问题。

与《攻壳机动队》一作十分不同的是，《骇客帝国》一作中同时存在着三个"人类城市"。首先是由母体（Matrix）在被困于能源站胶囊中的人们脑中所构建起来的那个并不存在的城市。影片中并没有直接交代母体是为这些胶囊中的每个人构建了不同的城市幻境还是通过某种技术将胶囊中的所有人脑中幻境联系到了一起，形成了一个整体。但总之，在这个由智能机器在胶囊中人脑海里所虚构的城市中，一切都还与我们在现实世界中所正在经历的城市完全相同，并没有出现《攻壳机动队》一作中那种未来主义建筑主宰了城市物质空间的形象，其中的人的生活也没有变得像《攻壳机动队》中人那样更复杂和异化。母体（Matrix）在人脑中虚构的城市就是一个普通的 21 世纪城市。第二个人类城市是那些被束缚在胶囊中的人肉身所在的地方。这座城市与其说是城市，不如说是过去人类城市的废墟。在这片因人机战争而被毁的城市上，人类城市过去的踪迹已经几乎被消磨殆尽了。主宰了地标的智能机器将原本属于人类居住的城市之地改造成了用以容纳胶囊人肉身的"能源站"（Power Plant）。而能源站在影片中的空间形态则使用的是如高粱地般的形态。通过这种视觉的联系，让信息革命、工业革命与农业革命被集合到了一起，暗喻了在信息革命中失势的人类作为一种弱势种族，成为了主宰时代的强势种族的"食物"这一极具敌托邦意义的设定。第三个人类城市是电影中自由人类居住的锡安，是人类在人机之战失败后退守的最后基地。在这个深埋地下的城市中，残存的自由人类过着穴居人式的长期战备状态的生活。大量人工被用来生产军用设施，而从本就捉襟见肘的物资中拨为民用的物资就更是少得可怜。靠近地核的城市呈环状向下无限延伸，地表上那种代表曾经工业文明巅峰的楼房再也不见了，取而代之的是横向伸出的用以便捷连通环状结构两端的巨大桥梁。毫无疑问，这种城市形态绝无功用上的合理性，更多的只能被看做是一种图像化的表达罢了。此外，除了民用区域的这种环状结构外，负责保卫锡安的军事区域是位于这座地下城市最顶端的一个穹窿型空间。锡安是人类最后的堡垒，所有自由人都被包括了进来，在它的外面是被视为敌人的智能机器，因此这个穹窿型的空间也采用一种几乎封闭的态势。除了少数用于军用飞船出入的通道，所有其他面都被巨大而坚固的防御工事合围了起来。《骇客帝国》中的这三座"人类城市"几乎覆盖了过去所有乌托邦设想中那些构成城市空间的要素。但无论这三座城市中的任何一座，都无法让人感到这是美好的天堂式的场所，反而更接近于往日我们对无间地狱的想象。

　　《攻壳机动队》与《骇客帝国》之后不得不提起的另一部后期敌托邦代表作品是《辐射》系列电子游戏。就像最初电影因为是服务于大众的娱乐项目而并不被当做严肃的艺术来被纳入学术讨论范畴一样，对电子游戏作品在一些严肃论题上所呈现的观点的讨论至今也是主流学界刻意忽视的。当下的道德与社会舆论绑架了许多人对待电子游戏设计的态度。在严肃的讨论中引用游戏作为案例总被当做是政治错误的行为。但就像电影是文学与绘画的一次升维表现一样，电子游戏，至少在空间背景呈现和故事剧情表达这两个方面也是对电影艺术的又一次升维表现。纯粹从表达与体验的角度来说，21世纪以来，电子游戏所采用的方式与目前建筑和城市设计等空间设计专业所采用的手法是完全相同的。通过建构3D模型，并在游戏中加入独立于现实世界而专属于游戏的时间线，21世纪的电子游戏为体验者构建的是一个与我们日常生活所处的四维时空并无本质区别的空间（图4-14—图4-18）。并且，与比电影作品更进一步的、由于游戏的体验者必须进行操作才能在游戏中不断推进剧情的发展，因而体验者不再如电影的观影者那样，完全被动地接受影片世界中的各种要素，尤其

图4-14　《骇客帝国1》中以活体人为能源的"能源站"形象剧照[1]

[1] 作为《骇客帝国》一作中基础背景设定的一部分，地表世界已经在人机战争后随着人类的落败而完全落入了智能机器的统治。作为人类离开地表前最后出于绝望地同归于尽心理，人类引爆了核弹，试图用漫长的核冬天来切断智能机器的能源源头——太阳能。而作为对这种能源困境的回应，智能机器学会用人类做为替代太阳能的"优质生物能"。大片地表被转换成这种"种植人类"的能源站。在这里，人类是培养器中的庄稼，他/她们所经历的一切都是母体（Matrix）给他们注入的幻象。在这些幻境中，人类还过着20世纪末、21世纪初那种无忧无虑的生活。在这个层面上，能源站也是一种另类的乌托邦。

图 4-15 《骇客帝国 3》中人类最后的根据地——锡安[1]

图 4-16 《骇客帝国》中圣城锡安的入口港剧照（1）

[1] 虽然在《骇客帝国》的第一作中就已经反复提及，但直到《骇客帝国》的第二、第三作中，作为自由人类最后根据地的地下城锡安的容貌才出现在观众面前。这是一个巨大的筒状"建筑"，从顶层的军事港口区一直向下挖掘，电影的设定是直通地心。不同的功能被分布在不同的高度上，从上到下依次是军事区、生产区、平民区和能源区。这无疑是对 20 世纪初年建筑师们所钟情的那种乌托邦式巨构建筑的变形呈现。只不过这一次，不是从地面凭空拔起一幢通天塔，而是向下挖出一道通地井。电影并没有更详细的描写这里人们的生活到底如何，但从影片中仍然能看到人们至少还能维持生计并且在重要节庆日仍有庆典等娱乐活动。因此虽然这是人类被压迫下最后的据点，且终年不见天日无有通风，但这里仍然是《骇客帝国》一作中重要的理想之城，这也就是为何电影编剧选择以"锡安"这个具有宗教神圣意味的名字命名它的原因了。

图 4-17 《骇客帝国》中圣城锡安的入口港剧照（2）[1]

图 4-18 克劳德·巴夯 火山口—涡轮基地Ⅲ 设计概念图

是空间要素，转而变成以主动的方式来感知游戏设定世界中的种种变化。从这个意义上说，21 世纪以来的许多电子游戏中，游戏世界本身已经天然具有了乌托邦和敌托邦的根本属性：非属于现实的虚幻之处。

---

[1] 图 4-16，4-17 为《骇客帝国》电影中锡安军事区的截图。将它们与克劳德 1966 年构想的这处描写现代主义未来建筑的概念图相比是何其相近。从圣埃利亚到柯布西耶到克劳德到后来的高技派。"巨构"成了一个与乌托邦等价的建筑表达。

　　《辐射》一作设定的故事大背景在22—23世纪，但早在21世纪晚期，地球上的化石能源已经快消磨殆尽，当时世界两强的中国和美国为了争夺最后的油气资源爆发了局部冲突，但冲突的升级场面逐渐失控，并最终演化为毁灭世界的核大战。2077年，曾经繁华的人类世界在核爆炸中毁于一旦。在战争全面升级之前，预见到核危机的美国政府委托"掩体科技公司"（Vault Tech Cop）在全美各地建设了总计122个地下避难所（Vault）。美国政府宣称此举是为了应对可能到来的全面核战争，但考虑到每个避难所所能承载的人数仅千人，并不能与美国总人口相匹配，且并非所有避难所都进行了标准化施工，因此在战争年代建设避难所的初衷可能并非美国政府官方所宣布的那样。政府阴谋论这个在美国文化中富有卖点的概念已经在此种下。然而无论如何，这些避难所成为《辐射》一作中各代主人公故事的出发点。一代中主角来自13号避难所，需要为避难所中出故障的净水芯片寻找替代品而在核冬天尚未结束时提前离开避难所。三代的主角来自101号避难所，是为了寻找未经避难所主管（Overseer）允许就擅自离开避难所的父亲而离开101号避难所。四代的主角来自111号避难所，在熬过了长达两个世纪的漫长核冬天后从冷冻中醒来，却发现整个避难所的人员包括自己的配偶都已经死去，自己的孩子也已经失踪，而从此踏上了回到地面，寻找自己孩子的下落。不管哪代，《辐射》的主线故事都不如它的世界背景更吸引玩者，而且游戏的开发者们似乎还为了增强游戏世界的真实感，而有意减少了引导主线任务的提示。玩者在开头被简介了这个世界的背景和最终目标后，便被扔进了一个完全靠自己探索的空间中。起点和终点都已经设定，但由此及彼的千万种中间线路则完全开放。开发者的目的正是要玩者别太在意那一条强加给他们的主线，而要以自己的好恶去体验那个毁灭于2077年，但整个世界都架构在真实世界中20世纪50年代的游戏世界。

　　《辐射》所描述的敌托邦，从物质空间的角度看，完全包括了"城"与"乡"这对人类生活空间的共生主体。20世纪90年代出品的一代和二代作品中，故事发生的场景是在荒原小镇，这明显是受到 20 世纪 50 年代美国在内华达州沙漠里进行公开核爆试验时所设置的测试场景"末日镇"的影响。新千年后出品的三代和四代作品中，则受益于近年来日益成熟的电脑建模技术，使虚拟重现大城市这样复杂的场景成为可能，故事发生的场景就转移到了都市废墟中。三代故事发生在华盛顿特区的废墟上，而四代故事则发生在波士顿废墟上。从"乡"到"城"，四代作品选取的具有代表性的空间元素发生了极大的转变。在前两代作品中，乌托邦－敌托邦关系是通过掩体科技提供的地下避难所和主角所建的荒原小镇之对比来隐喻的。这种关系在后两代作品中则转移到了城市过往的辉煌与核爆后人们在城市废墟里重建的简陋聚居点的对比上。

　　在一二代作品中，地下避难所被刻画成一个物资相对充裕，环境相对安稳，生活相对美好的伊甸园。它具有乌托邦构想的许多特征：具有封闭的边界，不与外界联系，社会层次分化，除避难所主管外所有人的劳动和报酬均等。而它的对立面，从避难所被放逐出去的主角在荒原上建立的小镇则看似没那么美好：地表的环境充满了辐射，食物和水源供给都很紧张，各种不友好的变种生物时刻威胁着生命安全。然而，在避难所中，所有资源都掌握在掩体科技公司所指派的那个主管手中，他控制着避难所里每个人的一切行为，什么可以做，什么不可以做，什么应该做，什么不应该做，都由他的喜好而定。避难所中的居民虽然在正常情况下衣食问题并无忧虑，但莫名其妙的人口失踪和随处可见的管制限制却是常有的事。在游戏中，这种绝对控制表现为玩者在避难所里这也不能去，那也不能去的行动限制。"只有一条路可走"是对避难所生活的极致描述。但当故事发展到走出避难所，开始在茫茫核废土上建立自己的定居点时，一切都发生了大反转。资源是变得紧缺了，却是无限的，只要你愿意去搜索。而为了搜索到更多资源，空间上的限制自然也就完全消失了，除了受到游戏机制的限制而设置了地图边界外，其余的任何地方，只要玩者愿意，尽可以去挖个究竟。随着玩者所扮演的主角在游戏中不断探索不断将剧情向前推进，玩者就会渐渐感受到那个看似像乌托邦的地下避难所越来越像一座光鲜亮丽的软禁监狱，而看似一切都很粗疏简陋的荒原小镇则越来越像是一个"家"。这种前后感官上的冲突与情节上的反转在故事发展的过程中给玩家留下了深刻的印象。

由于技术的革新和开发团队的变化，三代和四代作品在维持敌托邦主题的基调同时，地下避难所和地上荒原小镇的冲突关系被放弃了，取而代之的是更具有哲学意味的"过去"与"现在"的对比。故事场景被搬回到了华盛顿特区和波士顿，玩者在进行游戏的时候便时时刻刻处在一种战前辉煌和战后萧索的对比中。这种对比虽然更多依赖玩者自己对两城过去的认识，而并没有在游戏场景里并列出现，但其强烈程度却丝毫不逊色于前两代作品中将地下避难所和荒原小镇并列时所产生的那种冲突感。记忆中的高楼大厦变成场景里的空壳，货架满布的超市变成了变异虫巢，钻石棒球场变成了"钻石城"——波士顿人类最后的定居点。这些都牵动着普通人的记忆，并通过这种记忆与直观视觉的对比强化废土的印象。然而，如果因此而认为开发团队是在歌颂那建构于 20 世纪 50 年代式的繁荣，那就大错特错了，因为从游戏中两个负面势力钢铁兄弟会（BOS）和英克雷军（Enclave）的设定上就不难看出，开发团队实际上对 20 世纪 50 年代产生的那种过度推崇科技进步，唯科技至上论的氛围是持有负面态度的。在游戏的场景设置中，工厂和研究所成为钢铁兄弟会和英克雷军的空间象征。与普通的废土居民只能在残垣断壁间艰难求生不同，拥有战前科技和充裕物资供应的这两个势力所占据的基地既不局促也不粗陋，反而在万物凋敝的废土世界显得十分霸道。从这个方面，制作团队再一次暗示了科技霸权在毁灭人类理想生活上所具有的可能。

在关于社会空间的构想上，《辐射》同样进行了颇具深度的构思，而且这些敌托邦意味浓重的构思渗透到了剧情社会的每一个角落，以主角在废土世界会遇到的各种势力为线索，引导玩者在游戏中细细体会。如前文所述，在 20 世纪末期形成的一、二代作品中，社会空间的矛盾集中表现在避难所居民和掩体科技公司及美国政府之间，而 21 世纪初诞生的三四代作品中，社会空间的矛盾则转移到了废土居民之间。前两代作品反映的敌托邦问题是极权政府和在追求平均路上产生的自由限制问题，而后两代作品反映的则是政府监管消失后无政府状态下的自由民是否真的能够自建秩序问题。

在一二代作品中，敌托邦思想在社会空间上的渗透是以战前美国政府所建设的那些避难所为标志展开的。面对拥有 4 亿人口的国家，预见到了爆发全面核战争危机的美国政府却最终只建设了 122 个每个只能容纳 1 000 人的避难所，这个巨大的供求差本身已经反映出避难所建设的核心目的并不像政府所宣称的那样，是以保护民众安全为出发点的。后来发生在避难所中的一系列惨案以及由两代主人公在故事线中解锁的资料更加印证了避难所项目的实际目的是在保护少数精英阶层的生命安全之外，进行一项大规模的社会实验。被放入避难所中的人们，实际上并不比那些被留在地表在核爆与核辐射中死去的人更幸福多少，如 8 号避难所：设定为十年之后就打开，成为战后重返地面的活体辐射测试剂；12 号避难所：即 Necropolis 避难所。为了研究辐射对被挑选出来的人们的影响，这个避难所的大门被设计为永不关闭，结果在这个避难所中的人变成了智能僵尸；13 号避难所：被设计为关闭 200 年，以研究长期的孤独对人们的迭代影响；15 号避难所：被设计成 50 年后打开。这里的居民来自不同的文化群体，有各种不同的意识形态，这里的人们很难有统一的看法与言论，用来测试激烈的文化碰撞在封闭环境下对社会结构的影响；27 号避难所：这个避难所被恶意地置入了超过其设计容纳上限的人口。2 000 人被指定进入这个避难所，是它能维持的人口数的两倍。用以测试拥挤对极端环境下人类的影响；29 号避难所：进入这个避难所里的人没有超过 15 岁的，他们的家长都被故意安排到其他避难所里去，是纯真而残酷的小人国。通过"避难所"这个物象，开发团队给玩家呈现了类似于奥威尔在《1984》中所描写的一些场景。而且这一次，玩家是亲身扮演着温斯顿的角色，将奥威尔以想象传递给人们的敌托邦式压抑以更直观的方式体验着。

到了三四代作品中，故事中社会空间敌托邦化的原罪不再被简单地归咎到极权主义上，而是将消费主义和科技至上论放到批判的中心。对极权主义的批判成为三代四代作品敌托邦故事展开的起点，而不是终点。在三代中，游戏一开始出现的一个场景这样描述 111 号避难所中一道用以洗脑教育避难所中孩童的测试题：

Who is, indisputably, the most important person in vault 101, he who shelters us from the harshness of the atomic wasteland, and to whom we owe everything we have, including our lives

（在 101 避难所中，谁是毋庸置疑的最重要的人，将原子荒地中的我们收容，他给了我们一切，包括我们的生活）

a. The overseer（避难所主管）

b. The overseer（避难所主管）

c. The overseer（避难所主管）

d. The overseer（避难所主管）

这明显是一个嘲讽极权主义的问题。在故事的设定中，避难所主管并不是美国政府指派的官员，而是掩体科技公司派来的技术人员。他在进入避难所之前并没有与其他进入避难所的居民在社会空间上分属不同区划，但当他们一起进入避难所后，一切都发生了转变。资本掌握着资源，资源控制着权力，权力划分着空间。代表资本的避难所主管一跃成为避难所这个封闭社会中的暴君，从原本对等的社会空间结构中跳脱了出来，成为一个高于其他存在的异质物。《辐射》通过"避难所"这个标志浓缩而精彩地展现了人类历史上社会空间结构发生的变化。从奴隶社会发展到封建社会，再由资本家们将那个曾经看似牢不可破的系统颠覆，最后通过几次席卷世界的战火洗礼，固化成当代人习以为常的民主政体。在这一整串发展演变的过程中，处于决定性地位而一直没有改变的始终是资本，重点永远是"票子"，谁得势谁失势最终得看票子落在了谁的手中，资本是极权主义的病灶所在。不过，三四代作品在最初嘲讽完避难所所代表的极权主义问题之后，立刻通过主人公的故事发展，将玩家的视线引导到一系列与极权主义问题完全相反的问题上：既然强权的政府（主管）是罪恶的，那么是否应该为去政府化正名？是否应该建立一个完全没有管理控制层的无政府社会？这样的社会空间是否会更正义而公平？

　　这些问题所指向的无政府主义也正是现实世界中 20 世纪 70 年代越战后期一度涌现出来，并席卷全球的一些厌世思想所传达的观点。《辐射》（图 4-19、图 4-20）通过自己的故事，让玩家在废土世界的一系列探索过程中逐渐体会到秩序的缺失，弱小的有时甚至是空白的政府，不但无助于社会公正，还会在何种程度上如极权主义一样强化社会空间的不公。废土世界里那些仗着武力将普通废土居民掳掠为奴隶，公然进行人口贩卖的

图 4-19　《辐射 4》中波士顿废土上建立的最大居住点"钻石城"剧照[1]

---

[1]　《辐射 4》中"钻石城"的原型是现实世界中著名的波士顿红袜棒球队主场芬威球场。在第四代辐射作品中，这座著名的球场变成了核战后美国东海岸废土居民自发建构的重要聚集点。高大的围墙、相对宽阔的内部空间、相对独立的基础设施系统，现实世界中的芬威球场具有了远古时代人类刚刚开始建筑城市时的一切基本空间特征。远古时期人类筑城墙以防卫抵抗自然因素的侵扰，辐射废土世界中芬威球场的高墙也变成了划分有组织社会与无组织社会的分界线。"钻石城"严格意义上说并不是一座城市，但它在游戏世界中所扮演的角色却极具乌托邦构想中关于"城市"构想的许多特征，仍不失为一个关于"理想城市"的重要隐喻。

图4-20 《辐射4》中游弋于废土世界的移动堡垒"普利德文"号剧照[1]

掠夺者势力横行NRC政府管辖不到的区域；号称纯种人类后裔的英克雷军肆意对来自实验型避难所的居民发动类似于宗教裁判式的"人种净化"屠杀；本应以重振废土世界为己任的钢铁兄弟会却只关心收集科技和维持自身武力存在而对饱受掠夺者影响的普通废土居民死活毫不关心；废土居民们最终必须组织起自己的武装力量——"一分钟人"（Minute Man）——来捍卫自己正常的社会地位与生存空间，从这只武装的名字就不难看出这是对美国建国之初那代表自由与管制一体的价值观念的致敬。通过将废土世界中什么都靠拳头说话的生活方式与故事中战前美式"核心家庭"无忧无虑的美好生活相并置，开发组戳破了消费主义在当下人们心中以无限自

---

[1]　"普利德文"号是游戏中一个重要势力"钢铁兄弟会"的浮空要塞。它体量巨大，按照游戏中的设定，它几乎可以容纳所有东海岸钢铁兄弟会的会员，并且能够携带大量重型作战设备和生活给养，是一个不折不扣的"移动城市"。从设备的构造上，人们很容易将之与20世纪70年代建筑电讯派中那个著名的移动城市联想到一起，只不过后者主要服务于普通百姓是为躲避战乱而生，而普利德文号则服务于准军事化组织，实际上是为了战斗而存在。同时从哲学构想上，人们也很容易将这个浮空要塞与福柯的"愚人船"联想到一起，它们同样承载着一群与人类社会主流人群权不相同的一群人，同样漂浮于主流社会的地理空间之外，同样将自己的小社会完全建构在一个"交通工具"中，同样具有被放逐的属性。当然普利德文号与愚人船也有些许不同，比如愚人船中的人是主流社会中的弱势群体，他们是被动地离开了繁荣的主流社会，而普利德文号上的钢铁兄弟会则是那个世界中的强势群体，他们是主动脱离已经荒芜的主流社会。前者是无意的朝圣者，而后者是有意的救世主。但总的说来，在许多方面，普利德文号上的钢铁兄弟会几乎就是福柯笔下愚人船中的乌托邦了。

由为借口所编织起来的那层天鹅绒帷幕。在这个帷幕之下，人们几乎忘却了政府监管给他们正常生活带来的益处，也几乎忘却了实际上正是自己无意识中对政府监管制度的支持使得当下所享受的一切成为可能。在这方面，若要说他们与他们所鄙夷的铁幕下居民有何二致，则至多不过是让渡给政府的自由程度有所区别罢了。当铁幕下的社会向极权主义演化而走上了一条惨绝之路时，废土上假想出来的无政府世界同样也是一个人间炼狱。

从一二代作品中描写荒原孤镇与地下避难所的空间对峙到三四代作品中描写战前大都市与战后都市废墟的空间对峙，从一二代中集中批判极权主义的社会空间压迫到三四代中将无政府主义与极权主义对社会空间正义的损坏相提并举加以批判，《辐射》系列作品为人们刻画的敌托邦，无论在空间形态与哲学内涵上都并不比《攻壳机动队》或《水晶之城》来得更粗浅。实际上，当人们能够以第一视角来体验那些原本只存在于文学想象中的内容时，文字、剧情以及哲学问题都变得更加清晰而直观了。一些原本不需要承担后果的思维实验被以一种虚拟化，但同时也会通过影响到虚拟世界中代表"你"的角色的存亡，这种方式来影响你的决定。生存或死亡，炼狱还是天堂，一切都被直观地扔到了体验者面前，这种代入感是传统表达方式完全无法达到的。与过去敌托邦艺术传统上通过讲述一个精巧的故事来描述一个简单的世界这种方法不同，《辐射》是通过在虚拟空间中构建一个精巧的世界来讲述一个简单的故事。正因为故事是如此简单而贴近人们的日常生活，而世界是如此精细而可以探索，才使得通过《辐射》所传递给千千万万普通玩家们的敌托邦思想，在各个方面都比传统敌托邦作品更容易引起共鸣而发人深思。从这个角度，说《辐射》所呈现的敌托邦甚至可以媲美《美丽新世界》这些敌托邦开山之作也并非过誉。

双生子

应该指出，尽管敌托邦在其词源的本意上是想构建一个完全反对象征着理想、完美、极致意向的乌托邦概念的新概念，但实际上，在20世纪敌托邦发展兴盛的年代里，人们透过敌托邦作品，越来越明显感受到的其实还是乌托邦的意向。它只不过是转换了一种形态，以一种稍微不那么直白的方式又重新呈现在了人们眼前。在所有给人们留下了深刻印象的敌托邦作品中，读者与观众都能感受到作者在批判的文字与图像下仍蕴藏了对美好的渴望。通过极致批判乌托邦假想的表面文字，作者们实际上还是在读者与观众心中建构起了另一个新的美丽世界，而这些美丽世界本身正是乌托邦。从某种意义上说，敌托邦作者们的这种笔法与当年乌托邦诞生之际的那些作者的表现手法没有本质区别。唯一的区别可能只在于乌托邦是通过批判现实来构建一个虚拟的美好，而敌托邦则是通过批判乌托邦来建构一个新的虚拟美好或劝诫观众理解某些现实中的美好。因此，无论是在表达方式还是在哲学内涵上，敌托邦都没能成为一个独立的概念，也没能成为乌托邦概念的反面，而应被视为是一种依附于传统乌托邦概念的变种。

乌托邦与敌托邦就像是一对双生子。乌托邦是家里的老大，它时时刻刻想的都是家里将来可以怎样被建设得更好，虽然这个大哥的许多想法要么显得有些天马行空，过于超前，要么显得目光短浅，视野狭窄，总有那么一点不靠谱。敌托邦则像个性格乖张的小弟弟，事无巨细总要给大哥的种种想法泼冷水，时时刻刻想着要从兄长所做所想的那些事里挑出点什么刺，来借此刷刷自己在这个家中的存在感。不过骨子里，敌托邦这个小弟弟也对家里美好的未来有着自己的憧憬，这些憧憬在他对大哥的批判中若隐若现地被表达了出来。但是毕竟是同胞兄弟，受大哥的影响，耳濡目染地，在行事的方法上总是跟他的兄长有所相似，无论他自己如何竭力掩饰。两兄弟价值观的不同在方法论的相似中被弱化了。

当然，这并不是说乌托邦与敌托邦的概念可以被混为一谈。抛开方法论和最终哲学诉求的相似与相同不谈，至少在事关两者所塑造的世界中种种社会空间与物质空间的问题上，它们彼此的差异还是十分明显的。

乌托邦世界中的空间特点，无论是社会空间还是物质空间，可以由三个关键词加以概括：封闭，共有，中心化分层。乌托邦构想的核心诉求是解决社会资源分配不公、贫富差距加速分化、社会公义无法被保障这些问题。反映在近现代哲学历史的发展时间轴上就是社会主义作为一个理论逐渐发展完型。反映在城市空间的塑造上则掀起了从文艺复兴晚期追求绝对几何公平的星形城市布局开始到 20 世纪现代主义城市功能分区结束的种种空间重塑浪潮。站在历史的后端向前回望，无论怎么看，都会感到乌托邦构建者们为乌托邦所构建的那些空间是粗浅且不成熟的。

　　乌托邦构想者们的思路被集中式计算模式局限了。在所有的尝试中，乌托邦构想者们都幻想着使用一台超级计算机式的管理机构来实现对乌托邦社会中所有生产生活环节的每一个细节进行精细的控制。稍有数学基础知识的人都能感受到要完成这一级别的控制所需要承担的运算量会是何其庞大，乌托邦构想者们当然也清楚这个问题。因此在他们的构想中，封闭系统边界被用来作为减少变量的第一道工序。减少了与外界的联系，将研究的范围缩小并固定下来，这当然就会减少可能由系统内外交换而产生的变量数量，进而帮助减少那台超级计算所需要负担的计算任务。然而，即使再封闭自足的系统，其内部变量的计算仍是不能回避的任务，而且当我们思考的是一个邦或一个城这样巨大的系统时，系统内部变量本身就是一个巨大的集群。计算这样巨大系统的内部变量本身仍是一个颇具挑战的任务，因此中心化分层的方式被乌托邦构想者们引入来作为简化那台超级计算机运算量的第二步。在社会结构上，通过按比如职业、家庭出身（户口）、居住地等条件将基数庞大的人口分成若干个群体集合，超级计算机就不再需要计算每个个体与个体之间的交互，转而计算个体所在的群体和其他群体之间的交互即可。这显然会指数级地减少控制内部变量所需要的运算量。这种逻辑放在空间结构上同样适用，不再去思考每一个个体空间，而是将之按功能划分出来（比如现代主义所奉行的那种居住＋娱乐＋工作＋交通的四分法），需要计算的空间与空间之交互也就被简化了。最后，要做到对通过上述两个步骤精简过但仍然相当庞大的数据进行有效采集计算和反馈，一个不属于个体而属于共有且强势的管理机构（政府）也就自然而然变成这个系统不可或缺的一个组成部分出现了。

与乌托邦构想的空间特点不同，敌托邦构想并没有在它们的世界中建立起一个具有标志性共通点的空间特征。这当然也不难理解，毕竟敌托邦的出发点是反对乌托邦构想对于统一性的偏执推崇。在乌托邦构思将统一性当做是解决当时社会不公的良药时，敌托邦思想家们意识到了统一性这剂药物的副作用同样可怕。因此在各式各样敌托邦作品从各个角度对乌托邦构思展开袭击之时，有意无意地避免了彼此之间形成一个统一的特征。哪怕是憧憬美好未来这个共同特征，具体表现在每个敌托邦构思中也进行了细分。奥威尔的美丽世界是一个没有老大哥监视的世界，赫胥黎的美丽世界是一个摆脱了科技至上主义的世界，而《攻壳机动队》《骇客帝国》《辐射》这些作品中的美丽世界更是千奇百怪。反映在关于这些美丽世界的空间构成时，差异性就变得更加直观。《攻壳机动队》采用了未来主义的空间样式；《骇客帝国》采用了农田＋穴居的隐喻；《辐射》则直接采用了废墟。奥威尔和赫胥黎这样的前辈更是索性对空间构成只字不提。如果硬要说林林总总各式各样的敌托邦作品在社会构想和空间构成上有什么共性的话，那唯一的共性就是它们都推崇差异性。

有趣的是，正是对差异性的推崇使得敌托邦构想者们轻而易举地跳出了困扰乌托邦构想者们的思想陷阱。尊重并正视差异性，这就意味着从敌托邦的思想出发，人们在思考如何在理想世界中保障社会公义这个核心问题时就可以抛弃脑海中那个笨重的集中式超级计算机模型了。取而代之的是新式分布式计算模型。不再需要试图将对所有变量的计算全部收入一个计算核心中完成，而是充分尊重每个子系统与子系统彼此之间的交换，尊重这些交换之所以成型背后的自然逻辑，将每个子系统之间的变量运算交给各个子系统自己去完成。分布式计算模式下，计算核心所要完成的任务不再是繁复地具体计算，而是以强有力的自身稳定性抗衡各子系统出现扰动时的计算误差，确保各子系统之间的交互在各种情况下都能有序进行。换句话说，计算核心的唯一任务就是保证计算始终是由各子系统自行有序完成。

当计算的效率被极大的提高，核心的负担已经不再是一个需要被担忧的问题时，乌托邦那种为减少计算核心的运算量而开发出来的封闭、共有、中心分层的空间塑造原则自然也就显得多余。正是如此，此前介绍的许多敌托邦作品中对未来理想城市的空间形态的构想就表现得十分随意。敌托邦思想者们并不在意是否能够想出或选出一种特定的空间形态来宣言性地表达新时代的到来，并成为镇压其他旧有空间塑造原则的实践武器。在以尊重差异性为基本前提的敌托邦中，古希腊古罗马式、哥特式、巴洛克式、现代主义式、后现代主义式都是平等美好又平等丑恶的，都可以被用于对理想世界的形态进行表达。甚至，只要有可能，一个理想世界的空间形态就应该尽可能多地涵盖以上所有样式。只有这些所有样式集中在一起形成一个稳定的动态均衡，这个世界的形态在敌托邦主义者眼中才是最理想的。

从许多方面看来，乌托邦和敌托邦这对兄弟，老大乌托邦都是那个更具有建设性的角色，总是绞尽自己的脑汁尝试在过去的可能中寻找一个能解决当下问题的答案，尽管他屡战屡败，但沿着这条道路却依然无畏地坚持屡败屡战。而作为小弟，常以一副尖刻嘴脸示人的敌托邦则显得不那么具有建设性。他总是在挑大哥辛苦构想出的众多方案中的种种错误，而没有尝试自己去提出一套有头有尾的完整理论。但人们常常忽视了，敌托邦对建设美丽新世界的重要贡献恰恰就在于它一方面完整地继承了大哥的美好愿望，另一方面也勇敢地否定了大哥的错误思路。在敌托邦看来，"路线错误，越有知识越反动"。敌托邦提出的一揽子理论就是：没有关于建设新世界的一揽子理论。当下问题的答案不在过去，不在未来，而在当下。

转向异托邦

> 19世纪正是在第二热力学原理中才找到了它神话资源的主要部分。我们处于同时的时代，处于并列的时代，邻近的和遥远的时代，并肩的时代，被传播的时代。
>
> ——米歇尔·福柯[1]

> 所谓窥镜，乃促人反省之语。然则真能反省者，几人耳。人居镜前，自恃之，自负之，遂不得省。镜非醒悟之器，乃迷惑之器。
>
> ——斋藤绿雨[2]

异托邦，是一个与我们此前所描述的乌托邦—敌托邦家族完全不同的一个家伙，虽然从名字上看，它与另外两个家伙相当亲近。在1967年3月14日法国巴黎的一场建筑研究会上，这个可怜的家伙被大哲学家米歇尔·福柯第一次带到了空间研究的领域里。在此之前，它一直兢兢业业地服务于医学领域，被用来描述那些异位的内脏与组织。在那个晚上，它那与乌托邦－敌托邦兄弟极其相似的词形和非常耐人寻味的"异位"词意使得它成为描述19世纪以来人类社会中日益常见的"另一种空间"的绝妙之选。

乌托邦－敌托邦兄弟最大的特点是它们的非现实性。无论构想他们的起点是多么现实，他们最终的形态仅仅存在于文学的、绘画的、电影的与游戏的虚构之中。他们在真实世界中是不存在的，是虚幻的。但自从第一个乌托邦构想诞生之日起，人类就进入了一种力图实现这些乌托邦构想的持续尝试中。当然，所有的尝试都未能取得完全的成功，不是在实现乌托邦构想的过程中就半途而废，就是在部分实现了一些乌托邦构想之后就

---

[1] 尚杰.空间的哲学：福柯的"异托邦"概念[J].同济大学学报，2005（3）：18-24.

[2] 斋藤绿雨.霏々刺々[N].读卖新闻，1899.

发现那曾经美好的意向其实也有许多丑恶之处。就像前面已经指出过的，各种乌托邦构想本身都具有这样那样的时代局限性，而这些局限性在人们追求实现这些乌托邦构想的过程中无一例外地被放大了。理想模型中的完美意向和这些完美意向在实践中暴露出来的失败交织在一起，充满了人造空间。人们日渐感觉到一种乌托邦与敌托邦共存的生活体验。而这正是异托邦被带来用以描述的那个"另一种空间"：一种有着乌托邦灵魂却处处显现出敌托邦外形的并置空间，一种既美好又丑陋的空间，一种既现实又虚幻的空间。它异位于人们已经习以为常的空间分类方式，在乌托邦–敌托邦之间形成了一种既在此也在彼，同时又既不在此也不在彼的异质存在。这也正是漫空间所要实现的第三个，也是最重要的一个特征：弹性。漫空间将不仅是乌托邦或敌托邦，而是一个延承乌托邦理想，采纳敌托邦教训，且同时致力于在现实中实现的异托邦。

共存、并置、同时性，无论承认与否，这就是常伴于我们左右却一直未被认真对待的一种空间属性，也是异托邦的根本特征。在前现代化社会中，人们就已经会在照镜子时形成那种既不在此也不再彼但同时也是既在此也在彼的异位空间，而在现代社会中，接电话、上网、观影、听着音乐发呆等，这一切现代人习以为常的日常活动更是无时无刻不在人们身边重现那种既不在此也不在彼但同时也既在此也在彼的异位空间。信息技术的快速进步与社会总体分工的急剧细化，使得空间的同时性在现代社会中以一种前现代社会中人类从未体验过的强度出现。它于人们日常生活各个环节的渗透度是如此之高，以至于在空间构造上把握和调控这种同时性对于保障空间体验而言将变得至关重要，甚至可以被视为是构建新一代"乌托邦空间"所必不可少的设计考量。

漫空间的弹性特征是对异托邦空间同时性的一种设计回答。与传统乌托邦构想中的那些空间不同，漫空间将通过强化空间生成主体和机制的弹性、空间生成手法的弹性，以及空间生成成果的弹性来有效强化空间全生命周期的活力与自适应力，使之摆脱乌托邦构想中那种常见的僵化感与静态感，真正体现出异托邦独有的各种特点。

空间生成主体与机制的弹性

虽然空间的弹性最终是以物质化的形式投射到人的感官系统中才会被察觉到，但要真正保障空间的弹性则还必须向前推两步，正本清源地从什么人（机构）通过什么原理（流程）创造了空间谈起。换句话说，在实现结果正义之前，程序正义这个隐性系统需要先被拎出来作为一个先决条件讲清楚。

当然，这里讨论的空间特指人造空间，那些由大自然鬼斧神工所塑造出来的空间并不是此处关注的重点。既然是人造空间，那空间的生成主体不言而喻必然是"人"。然而，在人类历史的发展过程中，随着技术的进步与时代的演化，塑造空间的"人"在历史的不同阶段还是以不同样式出现的。在生产力最低下的远古时期，尚未完全摆脱动物属性的人是以个体形式完成空间塑造的。当然，他们需要的空间与现代人相比十分简单，唯遮风避雨而已，这使得个人成为空间塑造主体的可行性在历史中保持了相当长的一段时间。到农业革命之后，定居下来的人们产出了远比以往都多的生活物资，日常生活中所要涵盖的活动类型开始增多。其中许多活动彼此之间是不相容的，这就在客观上要求创造更多专项性明确的空间。与此同时，许多活动也开始变成群体型活动，对空间的物质尺寸要求变得越来越大、越来越复杂、越来越烦琐。这种对空间形式和质量的要求是超过当时个体人的建设能力的。这使得群体组成的机构在这个时期渐渐发展成为空间生成的核心力量。工业革命进一步扩大了空间的复杂性，却并没有给予人类个体在建构空间的能力上带来多大帮助。机构越做越大，最终演化成了政府，并在 20 世纪 50 年代借由凯恩斯主义的盛行一跃而成为许多空间种类的唯一生成主体。20 世纪末期开始的信息化革命在许多方面彻底改变了许多人类的生活生产习惯，而且与前两次产业革命不同的是，信息化革命同时也极大地提高了个体人建构空间的能力。在这个浪潮之中，个体人又一次站到了空间生成主体的位置边缘，开始有了从政府手上重新接回空间塑造这项任务的能力。周而复始，空间生成主体的变迁过程就是一个个体与群体两者螺旋向上彼此交替的过程。

应该认识到，个体的空间塑造能力与个人对空间目标属性的需求这对矛盾是导致空间生成主体在个体和群体间不断摇摆的根本原因，而这本质上也是一对供求关系。当个体的空间塑造能力能够满足他所想要得到的空间属性时，他便无须寻求外界的帮助而可以完全依靠自己来实现供求平衡。而当个体的空间塑造能力不足以支撑起他对空间具有的欲望时，就出现了供不应求的缺口。他人的力量就需要被借用来填补这个缺口，使得供求关系重新归于平衡。在过去的历史中，人们经历过供求平衡的时代，也经历了供不应求的时代。而信息革命已经取得的成就经验使得人们有理由相信，前两次产业革命中被落下的个人空间塑造能力正在大踏步地赶上，或许就在不久的将来，供求平衡的状态就能再次出现，而供过于求的形势也未必不可期。

在过去的空间塑造过程中，限制个体建设能力的有三座大山。其一是建设不同空间所需要的技巧与经验，即知识的壁垒。其二是建设不同空间所需要的物资，即资本的壁垒。其三是建设不同空间所需要取得的社会认同，即文化的壁垒。这三座大山虽然看似是从三个不同的方向给个体重新掌握空间塑造主动权，重新成为空间生成的主体打上了三个大大的叉，但实际上这三座大山却共享着同一个地基：信息。只消挖动信息这个地基，看似巍峨的三座大山便会被自己的重量压垮，自行坍塌。

知识壁垒是最容易被信息技术所消解的，因为知识说到底就是信息。在过去，对于一个完全没有接触过木工的人而言，倘若他想要在自家的院子里建一个木工室来作为家里或社区的一个活动场所，那他将不得不面对许多诸如货运通道安排、储料间安排、除尘新风系统安排、展示区安排、保温设备布置以及降噪设备布置等一系列繁复的问题。对于一个完全没有一点木工经验，也未受过建筑教育的普通人而言，要依靠自己的力量去摸索显然比交给一个十分懂行的建筑设计师或木工室里手来帮忙处理来得不靠谱得多。然而发达的信息技术却可以方便地将以上所提到的所有系统所需要注意的事项与可行案例都呈现到这个想建木工室却毫无木工与建筑经验的业主面前。此前已经提及的那种开放式网络数据库、便捷的数据传输系统和可视化增强现实设备作用在一起，建一个木工室所需要克服的困难就不比孩子们从玩具店中买回带说明书的乐高并将之按部就班地拼装起来更难多少了。信息技术对于消除知识壁垒而言，就在于它能更便捷而系统地为个人提供各种所需的"说明书"。

消除资本的壁垒要比消除知识的壁垒来得稍微困难一些，因为资本这玩意儿看起来与信息技术并无丝毫直接相关。如果一个人想建造一个万人体育场但缺少了十亿元资金，那么在农业时代他缺少十亿元，在工业时代他缺少十亿元，在信息时代他 / 她还是缺少十亿元。这十亿元是个体资金与项目需求之间的绝对差，并不以外界所处的时代为转移。然而信息虽然不能直接使得建造一个万人体育场的费用从十亿元降到十元从而使之变得能被个人承受，但信息流转速度的增加与信息透明度的增加却可以有效减少融资的困难。在农业时代可能几辈子也凑不齐的钱，在工业社会中可能一辈子也批不下来的贷款，在信息社会中却有可能通过便捷的新型金融系统在合理的时间段内筹措完成。信息技术对于消除资本壁垒而言，正在于它能更便捷而广泛地将可能的资本融汇起来。

比起消除知识的壁垒和消除资本的壁垒，要消除文化的壁垒无疑是最困难的。这主要是由于文化的内生性和时代性。一种社会文化观念或一种道德信念往往是在从漫长的生活经历中所沉淀出来的。并不是所有文化群体都能接受巴东族那种以长脖为美的文化观念，同样现代人也难以理解晚清时期女子裹足的畸形观念。但无论是巴东族还是晚清时期的中国女子，她们这种在外文化眼中无法理解的文化现象却恰恰是她们所经历的时代加总起来要求她们做的。文化壁垒的建成非一日之功，而它的毁去也只能是慢慢为之。就像《辐射》一作中所描述的 70 号避难所中情景一样，当制服制作器在避难所大门关闭的第 6 个月就损毁后，在避难所中度过两个世纪漫长核冬天的 70 号避难所居民再也不以衣不蔽体为道德耻辱了。信息技术的发展对于消解由于不理解、不合作、不认同的心理而产生的空间生成过程的文化壁垒时，也必然会需要经过这样一个渐进的过程。不过，好在信息技术要发展到那种丰富而可靠的程度的过程本身就需要时间，在这个层面上，消解文化壁垒所需要的时间成本是可以被重新评估的。信息技术对于消除文化壁垒而言，就在于它会通过在几代人的时间中逐渐影响人们的生活方式而重塑与这种生活方式相匹配的新道德新文化。当新道德新文化建立起来时，站在历史的过去向历史未来眺望的我们所曾经认为的困难将都不再成为阻碍。

　　搬去了信息壁垒、资本壁垒和文化壁垒这三座压在空间生成这项任务上的大山，个体的力量将变得十分可观。一个受过良好教育且意识清醒的个体，无疑是整个世界中最清楚自己对空间到底存在何种需求的人。过往那种经由设计人员–投资机构–建设机构最后才到用户的空间塑造流程，在过程中造成的信息缺损和成果走样的概率将在新模式中被大大降低。一个供求平衡的能力–欲求体系，一个最清楚自己所构想的空间成果的业主，一个承认开放，尊重个性的时代氛围，这些都是空间生成主体在未来从机构重新转到个人的保障。而生成主体重回个体这一转变本身也将从根本上极大地丰富空间创造的弹性。毕竟，再也没有扯皮与推诿的损耗，也不再需要政府的强势管控，空间生成与成果调整都将变得更可操作。

　　空间生成主体从机构转回个体的一个伴生现象是政府在空间塑造过程中地位的自然下降。这种地位的下降当然是对激发空间活力具有积极意义的。因为随着政府角色的弱化，同时被弱化的也是过去政府在塑造空间时那些难以避免的僵化现象。这些僵化源于政府作为空间生成主体的先天不足。毕竟，作为一种集中式计算的典范，政府对社会信息和市场信息的反应是先天性迟钝的。弱化政府在空间塑造过程中的地位所具有的好处具体表现在：一是规避了政府在塑造空间时不经济性的弊端；二是消除了政府，尤其是长官意志强烈的政府，在塑造空间时唯长官意志是行的恶果。

政府作为空间生成主体进行许多人造空间的营造，这在历史上是一件渊源已久的事。虽然在历史的早期，"政府"主要是奴隶主与封建主的附庸，故而在这些时期政府营造的空间实际上也就是奴隶主与封建主需要营造地用以彰显其地位的空间。在中国而言，主要是与军事和祭祀相关的空间，而在受希腊文化影响的西方国家则还包括一些官方的公共娱乐设施。至于许多其他类型的空间，在当时的社会文化背景中则被认为是不需要"劳烦"政府插手的。可以说，在历史的早期，政府在空间营造这件事上，是因为有某些社会文化偏见而被动地采用了克制的态度。

这种克制的态度随着工业革命的发展和公民政府的到来而在随后的历史进程中被逐渐打破了。在19世纪以后的人类城市中，政府插手的空间类型开始增多，渐渐不再限于军事、祭祀（仪式性）与公共娱乐这三个大类。这种趋势到20世纪中叶前达到一个顶峰。然而，这样的乌托邦虽然在欧文、傅立叶、圣西门的文学描述中显得十分美好，但当它落到真实的土壤上时，却产生不少不尽如人意的问题。而且人们也不难发现在这样完全由政府包办的空间营造模式下，无论是空间营造过程还是空间营造的结果都并不能很好地满足空间真实使用者的需要。官方营造的许多空间实际上往往处于低利用状态。在事关个人生活的许多方面，人们最终还是倾向去使用那些历史早期自然形成的对应空间，而不是后来由官方构建起来的那些。

走了另一条完全不同道路的一些国家则尝试了让"市场"来解决空间营造的问题。与一切都要交给政府的想法不同，这些国家相信在许多领域，基于合理交换原则建立起来的"市场"能够最准确地甄别空间营造的需求，也能基于需求最高效地配给营造空间所需要的资源。历史早期奴隶制封建制的政府虽然是出于不屑而没插手除事关奴隶主封建主本身的空间以外其他类型的空间营造，但客观上却也造成了在东西方各个城市中，除军事、祭祀、公共娱乐外其他方面的空间营造都适时适量的结果。并且其中许多空间在经过了历史的漫长筛选后，至今仍然良好地履行着它们最初被建构起来的职责。这不能不被认为是最朴素的市场行为所产生的正面结果。而工业革命带来的生产力发展和西方资本主义几个世纪的摸索总结，理应能够在更现代的环境下更好地利用这套原本行之有效的方法来创造空间。基于这种认识，20 世纪后，空间开始被当做一种"商品"，人们能从市场供给的角度出发重新思考它的营造问题。

然而一说起"市场"，"政府"就要头疼。作为非营利性机构，绝大多数政府本身并不以从市场行为中获利为其天职，也因此它的整体架构并不适合对市场行为产生敏锐地反馈。虽然也存在着像淡马锡式的政企合一的模式，但在更广大的世界范围内，淡马锡的成功并不具有可复制性。在幅员辽阔而人口众多的国家采用政企合一的做法是付出过惨痛代价的。历史的教训使得更多国家有意将政府从市场行为中剥离出来，致力于简政放权，将政府的工作集中到行政管理而非具体的企业运营上来。在这种社会背景下，"政府"这个本就不是为了应对市场行为而设计的机体可谓愈发不适应市场环境了。它对于市场上时刻变动的诸多要素敏感性明显要比以市场盈利为天职而构建起来的公司差得多。

当空间也被当作一件普通商品，以市场供求的原则来看待时，人们就更容易发现由政府供给这种"商品"的不足。首先当然是对价格的不敏感。政府的主要收入来源是税收而非因利差而产生的经营性收益。因此政府天生不会像公司那样对市场价格的波动形成快速反馈。这是在销售层面，政府缺乏公司那样的进取心。对于以空间为商品进行经营的公司而言，反映为价格的市场供需关系是非常敏感的，它们会根据价格的波动调整空间的供给质量和速度。并且，在信息技术的帮助下，随着市场的完全透明化，这种供给调整将会变得越来越精准。而这是政府无法做到的。其次是由于政府的收入主要是税收，考虑到税收的获取成本相比较于其他的资本获取方式而言是如此低廉，因此由政府提供的商品往往不能正确地计算供给成本。这是在生产层面，政府缺乏公司那样的节省意识。对于以空间为商品的公司而言，生产什么样的商品，成本是否合理，总体效益是否是正向的，都会影响到公司生存。在这些问题上含混不清的公司最终会被市场所淘汰。留下来的一定是能够以最低成本提供最高质量空间的公司。负投资的情况是不存在的，而这在政府那里却是常有的事。过分的投资规模往往被用某些道德的借口搪塞过去，纳税人的税款在不切实际的项目目标中被浪费。

因此，如果在可见的未来还没有实践出除了市场供给外更行之有效的空间营造模式，那么从经济性的角度考虑，政府在空间营造的过程中角色自然是越淡越好。以盈利为天职，以适应市场为生存前提的公司应该承担起越来越重的任务，就像在其他领域供应其他商品时所表现的那样。至于公司的大小，那将是一个十分复杂的话题，值得更具有专业性的人士进行更具专业性的分析。只是我们现在已经知道，在许多传统领域，大公司已经开始分化解体，而以个人为单位的工作室也能做得有声有色。在更强大的信息技术帮助下，个人能够在符合市场规则的空间供给方面做出何种程度的贡献是完全可以期待的。

政府在空间营造过程中角色弱化的另一个显著好处是唯长官意志是从的一言堂式空间决策过程得以终结。就像之前已经提及的，在人类历史的早期就已经形成了奴隶主封建主以个人喜好决定空间成果的传统。这种传统并没有伴随着奴隶制和封建制的远去而消失在历史中，而是通过政府在影响社会事务中所具有的权力延续到了现代社会中。在几乎所有国家，只要他们愿意，政府的行政官员们就能对空间的塑造施加举足轻重的个人影响。而这些个人影响，在大多数时候，哪怕不说它们是"坏的"，也至少都是具有排异性的。它们使得其他人的不同意见无法得到讨论，甚至不会被传达。而这种情况在长官意志强烈的国度就更加明显。本来需要具有"公共性"的空间成果在这种模式的引导下完全无法展现公共性，而那些本该具有个体性的空间成果受这种模式的影响结果就更是事与愿违。

在农业革命之后的人类社会中，由于每个个体能够创造空间的能力极其有限，以至于要创造一个超出日常衣食住用范围的空间非得集合巨大的人力不可。而能集合巨大的人力的，也只有手握巨大世俗王权的奴隶主封建主。然而即使是那个时代，奴隶主封建主的欲望也不是一枝独大的。在西方，制约它们的先是神权，之后是工程师手上的科技之力；在东方则是文官集团的儒道传统。在最能表现封建时代官营空间的例子中，譬如社稷坛、王宫、军营，都能看到这些王权之外的力量作用的结果。至于除此以外的其他空间类型，王权更是根本不愿插手，只要不逾矩，任草民自由发挥即可。这种情形到了工业革命之后则发生了一次转变，王的权力被资本的权力取代了，过去躲藏在幕后的资本在这个时期正式走到了台前。调集人力进行空间营造的方式也随之发生了转移。雇工工资取代了租庸调制度，成为后来调集人力完成空间营造的主要手段。

然而，废除了寡头，不再以王权威严强制推行空间营造这项看似应该会增加空间营造的弹性的转变却并没有在现实中实现。因为政府仍然是权力的直接代表，虽然不再能够像过去的奴隶主封建主那样肆意妄为，却仍然可以通过社会关系传递自己的威严。而且随着最顶层的寡头的移除和最底层公民意识的觉醒延迟，一段时期中政府的权力是没有制衡者的。像过去由文官集团或神权制衡王权的结构体系崩解了，而像乌托邦中那种人人共决的底层意识却还远未到来。这使得政府对空间成果的影响力，恰恰与资本从幕后走到台前相反，而是从台前转向了幕后。而且随着市场的铺开，政府借由影响市场影响到的空间类型也大大超过了过往的封建主。在大到城市用地结构，小到贫民窟中的厕所，只要政府的主官愿意，他们就没有影响不到的。唯长官意志是从的政府在僵化空间成果，削弱空间弹性上的作用是显而易见的。

因此，只有当政府在空间塑造过程中的地位被刻意淡化，减弱政府与市场的联系，切断政府对市场的干预时，长官意志才无法通过影响市场买卖双方背后的人际关系来对市场正常的供给施加不必要的个人影响。只有减弱了长官意志，那些被长官意志所压制的意见才能够被放在市场这个合适的平台上，按照市场供需的内在逻辑加以讨论，并最终通过市场供需的匹配，对建立在开放性、包容性和多样性基础上的空间弹性予以充分保证。从奴隶主到封建主，从封建主到资本家，从资本家到公民。人类社会这一路走来，权力经历了一个从分散到集中再到分散的过程。而权力，一直都是空间塑造的一个核心影响因子。必须认识到，要保障空间的长效活力，权力的这种下移过程是必不可少的一个先决条件。一言堂式的权力架构必须被制衡。

如果说从根本上唤醒底层民众的公民意识并配以强大的信息技术，使得在面对非国家安全的机密问题时，公民与政府能够实现平等对话还需要一定时间来渐进发展的话，那么将政府从市场中剥离出来，不单不进行营销，也不干涉市场的自由交换，更不通过其他的社会关系影响除了安全机构以外的其他空间塑造过程则是简单易行的。古典时期政府所具有的那种基于君王不屑而伴生的对空间塑造问题的克制态度在新的时代中应该被以另一种基于开放性和效率性的理性认知所重现。

空间生成手法的弹性

除了在空间生成主体和空间生成机制上寻求与传统空间构造法式不同的开放性与包容性来保障空间的弹性外，漫空间在空间的生成手法上也与传统空间的生成手法相异。这主要表现为：①设计师角色的弱化；②从目的论理性转向自然论感性；③不分流派，只问质量。与空间的生成主体和机制问题相比，空间生成的手法显然是更具象且是技术向的问题。在此前的章节中已经分别就如何具体构建漫空间的粒子性与漫空间的波动性予以了阐述。这里所要阐述的空间生成手法问题旨在从更原则性的角度来陈述如何在空间生成的手法层面保障漫空间的粒子性与波动性能够随情景的需要而便捷地相互转换。

首先应该要指出的就是"设计师"在未来空间营造过程中的角色变化问题。未来空间的营造，如前一节已经陈述过的，将会回到个人为空间生成主体的状态。传统上"开发机构投资→设计机构设计→建设机构建设→使用者使用"这样的流程将会被抛弃，取而代之的是以个人或利益共同体社群全总包的方式完成空间营造的全过程。在这种情景中，"设计师"曾经的专业地位将会受强大的线上资源库和实时教程的影响而被极大地弱化。在营造绝大多数类型的空间时，设计师的角色都不再是必需的，空间使用者自己就可以完成基础设计。而对于少数确实需要专业设计师进行更高阶设计以达成更独特空间质量的空间设计任务时，空间设计师们的角色将从控制者转变为咨询者。就像宜家的出现对于家具设计师的角色所产生的影响那样。

在过去几千年的实践中，建筑师等人造空间设计者们与普通人在所谓专业性上的区别，在于设计师们能够借由专业的训练在真实空间尚未成型之前在脑海中构建起相对完整的意向空间的想象，并借由一系列特殊的工具对这些意向空间的想象进行调整与修正，以使之最大限度地贴合业主的需求。如前文所述，在过去相当长时间里，设计师进行空间想象与推敲的最重要的工具是平面图、剖面图与透视图，而所谓"专业训练"也就是绘图与读图的训练。如何通过这些二维的图像想象出三维的空间，并结合自身的经验为业主描绘四维的时空故事，是建筑师等空间设计者赖以吃饭的看家本领。然而随着信息技术的发展，特别是计算机虚拟成像技术的发展，在21世纪之初，原本只处于辅助地位的计算机建模在建筑推敲过程中的地位急剧上升。虽然至今还没有取代图纸，成为建筑推敲和呈现的最终表达方式，但就像造船工业与汽车制造业已经经历过的那样，在建筑尺度上计算机中的那些虚拟模型已经开始取代传统的二维图纸，成为表达建筑空间的主流手段。

计算机建构的模型与传统的二维图纸相比最明显的区别在于直观。

借由计算机模型，人们对于空间的想象不再需要通过一系列复杂的二维图纸来实现，过往那种需要经过很多训练才能够敏锐迅捷地从一系列二维图纸中读出的空间信息现在可以直接透过计算机屏幕投射到用户的脑海中。过去建筑设计人员需要经年累月的训练才能习得的绘图读图技法变得无足轻重了。三维建模的能力取代了读图绘图的能力，成为当下建筑设计新的核心能力。这也是 BIM（Building Information Modeling）系统近年来日趋火热的原因。而且 BIM 还不是计算机对建筑空间设计影响的最终成果。可以想象下一代虚拟成像技术将会进一步简化建模的操作，降低因操作而带来的技术门槛。同时也会进一步强化用户的直观体验。如果说现阶段主流计算机建模软件如 3Dmax、SketchUp、Rhino 等所建成的计算机模型在很大程度上仍需用户开动大脑，运用想象力才能完成从模型空间到意向空间之间的联系的话，那么下一代计算机建模将会使得建成的模型与实际意向之间形成一对一关联。换言之，下一代计算机模型将实现所见即所得。当虚拟计算机模型变得越来越真实，而建设计算机模型所需要的操作变得越来越简单，贴近日常人们所熟悉的操作，过去划分设计师与普通人之间的技术界限就被打破了。所谓专业的设计师与非专业的普通人在完成绝大多数简单的空间设计任务时将处于同等地位。设计师经由绘图读图技术建立起来的技术优势在未来的空间营造中将不再存在。

当然，除了绘图读图外，专业设计师与非专业人士的另一个差别在于对空间的纯粹想象力。毋庸置疑，人类的每个个体对事物的想象能力是不同的，这就是为什么绝大多数人只能阅读小说、观赏戏剧、聆听音乐，却不能自己去写小说、编剧或谱曲。创造性想象力的个体差异性是真实存在的，而且从现有的数据看来，这种差异性在不同个体上表现出来的偏差值还是相当巨大的。在未来的空间营造过程中，这种创造性想象力的差异将取代绘图读图等传统技术能力，成为区别专业设计师与非专业人士的关键要素。也因为这项能力，设计师在未来空间营造过程中的角色将不再像现在那样处于处处包揽的状态，而将以"咨询者"的身份被重新定义。未来设计师们所要完成的核心任务不再是去为有明确空间意向的业主寻找合适的表达方式，而是为有特定需求却没有明确意向的业主寻找到那个空间意向。在绝大多数情况下，专业设计师所需要完成的任务是帮助业主敲定他的意向，并对一部分不符合规定的做法提出警示意见。至于选材、管线安置、不同空间的尺寸设计、流线安排、结构配置等问题，都可以由业主自己在强大的计算机信息技术帮助下自行完成。

　　借用文字工作者的概念来说，未来的空间设计者将不再身兼创作者与打字员于一体。具体的设计尝试都可以由业主自身完成。设计师所需要做的仅仅是帮助某些创造性想象力极其缺乏的业主完成想象任务，或是对于某些空间设计创意要求极高的设计任务提供天赋帮助而已。

　　计算机模拟技术与网络信息库技术的发展不单会弱化设计师在空间营造过程中的角色地位，也将根本性地颠覆过往空间塑造手法的那种目的论理性。过往空间塑造手法那种所谓基于理性分析和严密逻辑推导得出结果的方法，将被基于空间使用者的直观感受而推导出设计结果的方法所取代。目的论理性认为形式追随功能，人因为需要视力所以有了眼睛，因为需要语言沟通所以有了嘴。特定空间之所以要有特定的尺寸与内容安排是因为特定空间需要特定的功能承载特定的活动。但自然论感性则指出并非所有活动都存在严密的逻辑联系，甚至绝大多数活动彼此内嵌的逻辑联系都是松散的。形式并不需要追随功能，不少时候甚至是功能追随形式的。就像人是因为自然进化出了眼睛才有了视力，因为自然进化出了嘴才有了语言，自然界中许多生物也有眼有嘴但它们是地道的睁眼瞎与无言者。眼镜与视力之间，嘴与语言之间并不存在严格的逻辑联系。至于特定空间尺寸和内容与空间所承载的活动之间，其实也不存在那种严格的逻辑关联。这也是为什么城市更新与旧房改造能够实现的原因。那些林林总总各式各样的建筑能够在微调之后快速适应新的功用，正是功能与形式之间并不存在谁追随谁的严密关系。自然界中确实存在许多逻辑关联的事物，譬如一按开关灯就亮或是乌云压顶将下雨，人的大脑非常善于捕捉这些关联，但同时对于自然界中同样大量存在的随机性却不能很好理解。以至于在许多时候，我们颇具强迫性地一定要为本属完全随机的事物加上似是而非的逻辑规律。譬如彩票的中奖率，世界杯的夺冠率，以及空间的形式与空间的功用相关性等。

要理解空间设计手法的这种转变，还是让我们用电子游戏的发展来做一个简单的对比，从而更方便直观地理解什么是从目的论理性转向自然论感性的设计原则转变。世界上第一款可以称得上是电子游戏的游戏是 1958 年由美国物理学家威廉姆·海英博萨姆（William Higinbotham）发明的《双人网球》。这是一款在示波器上运作、模拟网球或乒乓球的游戏，曾用来在纽约布鲁克海文国家实验室供访客娱乐。《双人网球》的画面显示了个简化的网球场侧视图，玩家所要做的就是用控制器将示波器上那个受重力控制的球打过"网"。作为一个由物理学家发明的游戏，《双人网球》明显具有了严密的逻辑性。小球本身受重力函数控制，因此其运动轨迹是可以被预估的，游戏的玩者在这款游戏中表现的好坏完全取决于对这种受单一函数影响而产生的轨迹的熟悉程度。这款游戏为其后继者奠定了一个基于规律运算的思想基础。1980 年，电子游戏井喷期涌现出来的许多现在人十分熟悉的 FC 游戏，譬如《银河星爆》《超级玛丽》《魂斗罗》《坦克大战》《吃豆人》《Q 伯特》等，都遵循了《双人网球》的基于函数逻辑的设定。玩家在进行这些游戏的时候所要做的就是通过观察，尝试去把握内嵌于游戏界面中的各种规律，通过运用这些规律性运动的节点实现通关。

到 20 世纪 90 年代，随着微软视窗系统和家用电脑的飞速普及以及高性能显卡和 CPU 的出现，电子游戏出现了一次质变。那一时期出现的代表性作品《帝国时代》《暗黑破坏神》与《星际争霸》开始突破了早期电子游戏基于单一函数建立起来的模型。复杂而趋向真实模拟的倾向出现了。游戏的开放程度相比前一代游戏而言是颠覆性的。玩者现在所要掌握的技巧不再是去尝试摸清游戏的内嵌函数，因为内嵌函数的数量已经急剧增加，不再是一个人们能够直观感受到的东西了。2000 年后，3D 建模技术的进步以及显卡、CPU、内存、固态硬盘技术的全面突破使得主流电子游戏彻底颠覆了 FC 时代游戏的逻辑。《孤岛求生》《辐射》《质量效应》《魔兽世界》等代表作品向世人展示了一种基于完全模拟建构起来的游戏。玩者与游戏中角色的异质性已经被消解了。玩者现在就是游戏中的角色，而这个角色所面对的世界与我们在现实生活中所面对的世界在构成基础上完全一样。有山有水有花草有鸟兽鱼虫，从高处跳下会摔死，不能隔空取物。发展到 21 世纪后的电脑游戏再对比 20 世纪 80 年代 FC 时代的游戏，这其中差异已经十分明显。

从让玩者以寻找规律的方式体验克服困难的乐趣到让玩者以第一人称的方式运用自己在现实生活中的行动本能来体验虚拟情节，电子游戏简短的发展历程是一面非常有趣的镜子。在这面镜子里，人们发现越往后越致力于为玩者提供"逼真"视听体验的后代游戏就越呈现出非规律关联性特征。而越往前越"不逼真"的前代游戏则越呈现出强烈的规律性。这充分反映了一点，那就是我们身处的世界以其变量是如此之丰富，而关联逻辑是如此之复杂，尝试去建立每一组数据之间的严密关联本身既无可能也无必要。人们在面对这种巨系统时，在千万亿年的进化中，已经形成了非常有效的感性直观。这是一种面对巨系统的自然本能。

我们常说，建筑是一个时代的结晶。这当然是对建筑设计的褒奖。但从另一个方面来看，也可以理解建筑在反映时代性问题上天然具有滞后性，它几乎总是所有系统中最后一个响应时代性并作出相应改变的。将电子游戏设计的发展对比到空间设计的发展上，也不难看到两者之间存在的相似性，毕竟电子游戏本身也是一种空间设计，只不过它们是在虚拟的 0 与 1 之间构建空间而已。在建筑学发展的历史上，就不乏试图整理各种模式语言，尝试在所有人造空间中寻找统一规律的作品。远者如维特鲁威的《十书》，近者如程大锦先生的《建筑：形式、空间和秩序》以及 C·亚历山大的《建筑模式语言》。与 FC 时期的电子游戏设计理念及手法相仿，这些作品都抱定一个相似的基础信念，认为人造空间必须是函数集合作用的结果，而设计师们要做的就是去掌握所有这些内嵌的函数规律。然而无论是在现实实践中我们发现这些作品的指导意义实际有限，而且结合电子游戏发展的这面镜子，我们或许也可以反思既然以模拟真实空间为本意而建构起来的虚拟空间的设计已经开始从找规律模式转向直观体验模式，那么真实空间中的设计是否也该到了认知更新的时刻？

信息技术与虚拟成像技术之于现实空间设计手法的影响就像是微软视窗系统与高性能显卡之与游戏设计手法的作用相仿。个体人作为空间生成主体之后，对于空间设计而言本就虚弱的形式与功能的联系将被进一步削弱。个体意志的直观体现将成为空间形式的直接主导。空间设计的手法需要抛弃过去模式书式的形式，像游戏设计上所经历的变革一样，不再寻找本不存在的规律，而是充分尊重每个空间使用者个体的直观体验与需求，在虚拟的体验和实际的调整中逐渐完成空间的营造。

空间设计手法在原则上的第三个转变便是抛弃流派成见，唯空间质量与个体需求是从。对于未来空间的营造而言，过往那种尝试以某一种潮流实现对所有类型空间的大一统的思路将被摈弃。东方的或是西方的，现代的或是古典的，都将在特定的情景中适应特定的使用者。它们彼此之间将是平等的而非有统属关系或阶层分级的。不同的空间使用者或许会对某些特定的流派创造空间的手法存在偏好，就像是菜品的口味或是音乐的好恶一样，但并不意味着在构建更大规模的人造空间时，也需要采用某种单一的风格或潮流而压制别的风格与潮流。

在许多当代城市中，人们已经能够非常明确地感受到这种多样风格并置所带来的空间体验，并没有像许多学者在理论上所想象出的那么低劣。所谓纯粹的风格，在但凡是自然形成的城市中本就不存在。沿着伦敦的牛津街一路从西向东走来，就能感受到各个时期的建筑与公共空间在这里并置的效果。而就在靠近重要古迹圣·保罗大教堂旁边的地块上，以保守著称的英国人都能容许罗杰斯事务所建立起一个完全属于现代主义风格的作品。这种过去与当代的并置是完全符合市场供需原则的，而只要是符合市场供需原则，且最终的空间成果能够满足业主的需要，能够良好地服务于目标群体，它就是高质量的空间，就应该得到尊重而非被其他道德或舆论的约束横加捆绑。

在中国的古代城市中，除了在歌以咏志或借古讽今的文学作品中对拆除故都，毁坏旧物的批判外，并没有更多的文献记载是反对破旧立新的。甚至，在某些物资紧缺的年代，利用旧物拆除得来的物料建设新都还被用来当作是歌颂贤明君王懂得体恤民情节用自爱的素材。中国的建筑空间设计，在手法上向来具有鼎新革旧，不拘一格的传统。这种传统在明朝清朝两代因对封闭稳定的追求而中断，又在民国与共和国之交的年代中因意识形态的国际斗争而被裹挟，在新千年以来面对信息化市场化的更新又受到了来自道德与舆论的束缚。新千年以来，在学界与普通舆论上，更新变成了一个具有贬义的词语。封闭式的保存，城市博物馆化的论调甚嚣尘上。以某一种风格统治整个城市的空间塑造，以某一种时尚压制其他所有经济文化诉求的做法成为政治正确。这其实才是对中国固有开放式空间塑造文化传统的真正讽刺。

在过去数个世纪的乌托邦想象中，每一个乌托邦都构想了一种空间塑造的手法。然而就像后来我们已经熟知的那样，每一个在初衷上想要将我们带入天堂的构想最后都给我们带来了地狱。从历史的静态角度去看，每一个乌托邦都是失败的。但乌托邦思想作用下的人类社会却在变得越来越好，人类主体中绝大多数人的生活都比过去的时代更富足。这也充分说明了乌托邦的作用需要将这些所有单个的设想集合起来时才能显现，而代表各种乌托邦想象的空间设计手法也应当被集合起来，在同一个空间载体中，允许它们共同呈现。唯其如此，空间的广延性与包容性才能被保证，而建立在空间的这种广延性与包容性之上的多种可能才能被探索、被体验、被认知。允许百家争鸣，不惧鼎新革旧，不拘流派，只论质量，这样的空间设计手法才是具有弹性的设计手法。也只有经由这样思路引导下的空间成果才有可能按照空间使用者的需求，根据情境的变化而在具有实体意味的空间粒子性与具有场域意味的空间波动性之间自由转换。空间成果的弹性才能成为可谈的内容。

空间生成成果的弹性

空间生成的成果也就是人们在日常生活中可通过自身的感知系统体会到的具体空间。它包括了物质空间和社会空间，在三次工业革命后的信息时代，它还包括由信息组成的赛博空间。它是空间生成主体经由特定的流程采用特定的手法最后固化成型的结果。作为整个流程的最终结果，它也是空间弹性在人们感知系统中的最终呈现。在前两节的基础上，此处所言的空间成果的弹性是指空间在成果形态上所表现出来的属性。具体而言则主要包括：①空间边界的确定性消失；②空间在时间维度上的开放性增强。笼统地说，未来漫空间设计下的空间成果将在四维时空的各个维度上突破现有空间成果的那种僵硬感。在包括时间的各个维度上，形成开合有致且能够跟随使用者的需求进行转换的效果。让空间成果具有自发的应对环境变化的调节能力。

未来空间成果都将是异托邦式的，这意味着所有空间对于使用者而言都将处在一种持续的既在此又不在此的场域中。传统空间的三维边界上所带来的束缚性将被突破，基于视觉上的图底关系异质性而形成的空间边界将被弱化。譬如围墙之于合院、树篱之于公园、街道之于广场、栏杆之于小区。在人们的传统认识中，是因为这些物象的视觉属性与它们所划分的空间中其他部分相差巨大，因而人们将之作为划分空间的标志，身处于这些标志物两边的人便身处于不同的空间中。但在未来的空间体系中，异托邦属性使得人的视觉因素所能产生的判定作用被弱化，额外的信息将会通过其他感官方式刺激人对空间的体验，重塑人们对空间范围的认识。未来空间的边界将不再在那些视觉上存在图底关系异质性的地方，而将以信息分布的差异为判定条件，沿着信息壁垒重新被建构起来。

　　要直观地理解这一点，一个极佳的例子是大城市火车站的候车厅。只需稍微对比近些年来在大城市中新建成的火车站与同城的那些二三十年前设计建成的火车站，就能很直观地发现火车站设计中变化最明显的是候车大厅。近几年建成的所有火车站中，已经没有一个像过去的火车站那样将不同的候车厅用敦实的墙壁或楼层予以区分了。全贯通的候车大厅现在已经是按照信息牌的提示，被自动分成了不同的等待区域。人们已经不再需要依靠墙壁或楼板来区分哪个才是属于自己的候车厅，只需要低头看看自己手机上的车次信息，再与指示牌上的车票信息加以比对，就可以清楚地知道自己离车还有"多远"。事实上，大多数候车的乘客在离发车前还有充裕时间时，已经不再会像以往那样在固定"候车厅"等待了，而是会选择在车站的其他区域逛逛。在现代的火车站中，候车厅已经是一个概念上的存在。虽然仍然有划定的不同候车区，但实际上，只要你愿意，物质上唯一区分不同候车区的仅仅是为了保证乘客上对车而设置的那个检票闸机罢了。其他真正区分乘客候车区域的都是不同乘客对不同信息的偏好而已。那些偏好书本的会在铁路书刊店等车，那些偏好购物的在购物区等车，那些偏好食物的则在餐饮区等车，如此而已。

　　由车站的候车厅推开去，机场的候机厅也是如此，现代机场中，过了安检，那宽阔的候机区域实际上并无多余的构件将之分成不同的候机区域。真正的候机区域实际上已经按照乘客对信息的偏好在乘客脑海中划定并反映到乘客的候机行为而已。学校的教室也遵从同样的原理。并不是教室的墙壁确定了教学发生的空间，而是课堂上传递的知识划定了教学发生的空间。人们尽可以在不同的教室里通过电视或投影仪直播同一位教授正在进行的授课实况，而这些分属不同教室的人却是同属一个教学空间的，他们并不会与正在主会场的其他同学感受到什么不同。同样在共和国中国早期，农村教育资源一度极其稀缺的年代中曾出现过一个教室里由一名教师向几个不同年级的学生授课的情形。在这同一个教室中，产生的却是不同的教学空间。而这些教学空间是按照教师传授课业的信息予以划分的。给高年级学生授课时所形成的教学空间不属于低年级，反之亦然。当然，对于部分才情特别突出，对信息接受能力特别强大的学生而言，他们也会突破这种惯常的划分方法，以低年级的身份投入到高年级的教学空间中。但这也是因为他们突破了信息的壁垒，从而进入了另一个空间。

当然应该承认，大连通的车站与机场空间布局在现实生活中能够实现并成为当下同类建筑布局的主流，在很大程度上也是因为结构工程技术的发展使得大跨建筑具有了技术可行性与投资经济性。但站内空间的边界从主要依靠物质标志转向以信息标志为主要分类依据，也是一个不容否认的现实。候车厅与教室并不是特例，在此前的章节中也提到了街道空间、广场空间、园林空间上同样出现的这种物质边界弱化，信息边界成为划定空间新标志的转型现象。这当然并不是说空间的物质边界就不存在了，毕竟所有空间仍然是建立在三维的物质基础上的，而只是要说明过去那种依靠三维标志物划分空间边界的做法在信息极大丰富且有泛在技术做支撑的未来空间中将被持续弱化。未来空间中，信息的壁垒在何处，空间的边界就将延伸到何处。

信息技术的作用除了通过改变人的生活习惯来影响空间边界这种间接但效果明显的方式之外，还有一种更直接的方式，那就是通过改进建筑材料和施工技巧改变空间的边界。前面已经提及的在大跨建筑方面的技术突破无疑是一种例子，但更具代表性的例子则是像 AA 建筑院校 2015 年所呈现出的一个实验性作品"Osteobotics"那样的即时性结构。虽然这个设计只是一个概念设计，但它向人们展示了在信息技术支撑下，凭借 3D 打印技术和智能机器人，韧性塑料这类强度高、可塑性强、耐久性充足的新材料具有不可估量的潜力。"Osteobotics"向人们呈现了这样一种情景：在人们现在已经熟悉的城市空间中，新的构筑物可以在不损害原有空间质量和秩序的情况下重塑空间的内容。基地上原有的建筑物构筑物都变成了基座，在这之上，新材料在新施工技术的引导下可以叠加出更多可能。在这种情景中，建筑物与构筑物的界限被消除了，固有的空间边界也被新增的构筑物弱化了。并且，人们不难想象，由于这种新增构筑物的即时性，对空间边界的"重定义"还可以一直不断地持续更新下去，只要业主有需要。而这一切在信息技术成熟之前，在 3D 打印技术市场化之前，在新材料的研究经济化之前，无疑都是不可能实现的。

必须指出的是，"Osteobotics"所代表的这种城市空间重定义模式与我们已经在历史中所熟知的那些譬如建筑电讯派的行走城市、插座城市以及丹下健三的新陈代谢建筑在生成逻辑上都完全不同。因为前者并不像后者那样试图否认原有结构所形成的空间。相反，"Osteobotics"的生成逻辑尊重原有空间的定义，不是试图用新生成的东西完全取代过往，而是试图以新生成的东西为过往的空间补充时代性，从而使得这些在历史上就一直处于优势地位，并饱受人们爱戴的空间在接下来的时代中仍然能够维持其应有的地位和空间质量（图 4-21—图 4-24）。换句话说，"Osteobotics"是在非零和环境中重塑空间边界，这与建筑电讯派和新陈代谢派那种困于零和环境下所展开的构思决然相反。在当代的技术条件下，"Osteobotics"还仅仅只是一个留存于学生作品集里的异想，但它已经是那片知秋的落叶了，滋生它的土壤已经在现代城市中逐渐孕育成型。随着未来信息技术在辅助施工和新材料应用方面的作用继续放大，"Osteobotics"逐渐发展成为具有充足经济性的市场实践主潮流，那么由这个实验性作品所标示出

图 4-21　"Osteobotics"意向图

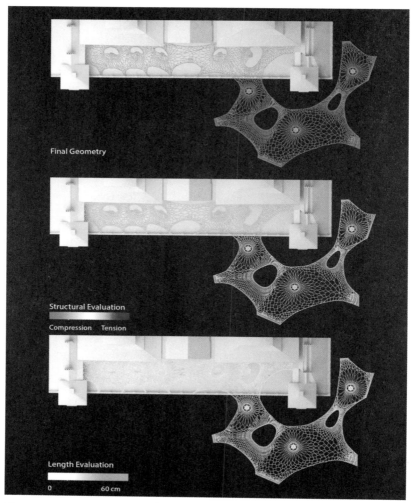

图 4-22 "Osteobotics" 功能分析[1]

---

[1] 作品的分析图（图 4-22）充分显示了 "Osteobotics" 是如何灵活的架构在原有建筑空间的边界上，通过调整边界的属性进而改变空间的作用。这些分析不仅仅是结构可能性的陈述，同时也是空间想象力的展示。毫无疑问，"Osteobotics" 所呈现出来的这一系列分析图还只是其可能性的一个片段而非全部。当这种建构模式和城市空间开发的经济、政治、人文模式进一步融合时，类似这种临时结构所能造成的城市空间变化将是连续的、无终态的、非确定的，也即"波动的"。

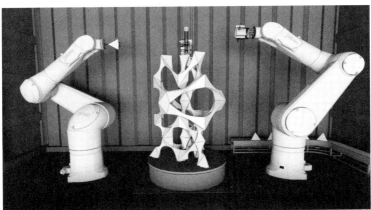

图 23—24　"Osteobotics" 意向图与施工示意

Project Name: Automated Robotic Fabrication for Temporary Architecture

Team Name: Osteobotics

Team Members: Soulaf Aburas, Maria Velasquez, Giannis Nikas, Mattia Santi

Institution: London, AADRL, Architectural Association School of Architecture[1]

---

[1] "Osteobotics" 工作组展示的是一种已来的未来，只是因为尚未流行，故而还未成为人们认知的主流。但就像智能手机的故事那样，将来的空间建构在传统方式所展现的粒子性之外，类 "Osteobotics" 方式所展现的波动性将不可否认。

来的空间边界稳定性的弱化也必然会随着信息技术的发展而在越来越多领域被越来越广泛地实践所强化。

认识到信息是划定未来空间边界的主要动因，就存在一个直接的伴生后果，亦即物质空间在赛博空间的作用下呈现时间维度上的开放性问题。

空间在时间维度上的边界是传统空间设计不予考量的。这一方面是因为在传统观念上，时间与构成空间的另外三个维度不同，一直被当做是一个单向矢量，它向一个方向均匀流逝，并不受别的因素影响因而也不能被纳入设计考量。另一方面也是因为在技术层面上，传统空间并没有能够将时间与其他物质相联系的手段。这种从欧几里德流传下来并在笛卡尔与牛顿手中被强化的绝对时空观在此前的章节中已经详细叙述过，也一直有效地指导着具体空间营造的实践，直到 20 世纪末由信息组成的赛博空间作为对传统空间的强势补充而出现异化。在一部分理论中，赛博空间是被认为与传统空间相并列的另一种空间，两者之间的联系是被否认的。但由于赛博空间的发生终究会经由特定的设备由特定的人触发，而这特定的人又一定客观存在于特定的物质时空中受特定环境的影响与刺激，因此称赛博空间是对现实空间的补充应该是更准确的描述。

与物质空间紧密关联的赛博空间的成型使得物质空间第一次出现了平行空间的可能。某一物质空间的功能现在可以不再是单一的了，多任务可以同时在同一空间中展开。个人与空间中其他人的活动可以完全脱钩，不再受空间中其他使用者的任何影响。从空间和使用者两个方面看，空间的多重可能性都变得更丰富了。广场上的长凳不再仅仅是一个长凳，可以借由赛博空间中的信息实现与地球另一端亲人的相聚，成为重要家庭聚会的一部分；图书馆里的座位也不再仅仅是一个座位，可以借由赛博空间变成论坛上就同一问题热烈讨论的客厅；甚至于公共厕所也不再是一个用以处理三急的设施，而可以借由赛博空间中的影音资料转变成一个剧场。信息的发展使得赛博空间中所能包含的内容越来越多，而信息网络及移动设备的普及则使得人们在各种情景中链接进入赛博空间的通道大大增多。

20 世纪末到 21 世纪初的这 20 年间，正是赛博空间与传统物质空间彼此之间的界限越来越模糊的 20 年。这种模糊彻底颠覆了空间在时间维度的封闭性与单向性。

在赛博空间的支撑下，物质空间在时间维度上就变得可逆了。这当然不是说空间使用者的肉体可以在空间中自由穿梭于过去与未来之间，而是说通过信息再现的形式，空间使用者可以调取过去与未来的信息，来体验自己未能亲身经历的别的可能。这就像是多年前人们如果有非常想看的电视剧就一定要在特定的档期，通常是晚饭后 8 点到 10 点的这段时间里，守着电视机来看。但当回看技术在数字电视领域已经变得十分普及或者这些电视剧在线上视频播放库中已经变得非常常见时，在特定时段守在电视机前这种行为就变得不再必要。对于空间中的其他活动而言，赛博空间也有类似的作用。在办公室里进行远程电话会议的人可以随时从赛博空间中调出上次的会议实录辅助会议谈判的进行；球场上练习特定战术配合的队员可以通过赛博空间中的预演提前体验对手可能的反馈；在广场上故地重游的老夫妇能够通过赛博空间中的资源重新回顾当初他们在此相爱的往事；通过记录信息及根据所记录的信息给出不同推测，信息技术支撑下的赛博空间可以帮助空间使用者在体验空间内容上暂时摆脱时间的单向性束缚，体验"另一种可能"。

除了以这种回溯式或预演式的体验方式直接改变人们对空间中时间维度的感知外，赛博空间与现实空间的叠加性也会以蒙太奇的形式潜移默化地影响人们对空间中时间维度变化的感知。这点最直接地表现在影剧院的空间上。如果观影的影片足够吸引人，则进入到影剧院中观影的顾客对空间中时间维度的感受会被急速弱化。它们的感官会在影片故事中的时间线引导下去体验时间，因而暂时忘却了对现实世界中时间的感受。这种形式同样也作用在许多其他情况中，譬如音乐会、朋友聚会，或是质量良好的睡眠。使得这种现实空间中时间维度被弱化感知地根本原因就在于空间中所包含的足够吸引空间使用者的信息量的丰富程度。在传统空间中，特定空间内所能蕴含的丰富程度是有限的。但赛博空间的发展使得空间所能包含的能够吸引空间使用者的信息通过叠加作用在理论上可以变得无限丰富。因此在对空间的时间维度体验上，只要空间使用者自己愿意，也可以被无限加快或放慢。

空间的粒子性表现为其具有特定基本尺寸的三维边界，而空间的波动性则表现为它在受信息技术的影响下通过与赛博空间的叠加作用形成了强弱不同的场域。对于传统空间而言，它的粒子性总表现得十分明确。三维尺寸的大小、材料、结构构成都是稳定的。但在未来具有弹性的空间中，粒子性将变得十分微弱，虽然它仍然是构成空间客观存在所必不可少的基本性质。赛博空间与现实空间的叠加作用、空间生成主体的个人化、以及空间生成手法从寻找规律转向注重直观体验，这些都为传统空间那带有封闭性质和追求确定性的边界形成了挑战。在未来的空间中，无论是在长度的三个维度还是在时间的第四个维度上，固定不变的边界都将消失，取而代之的将是能够随周边要素变化而依照空间使用者偏好进行更新的复合型边界。这个边界形成的核心要素是信息，而作用方式则来自于信息所存在的空间与使用者所存在的空间之间的叠加效应。

最后，让我们这样来描述未来空间的弹性问题吧：对于未来的空间而言，它的边界将不再是由钢筋混凝土构成，而是由无数条 0 与 1 组成的数据流构成。决定它长宽高及持续时间的也不再是任何组织或个人，而是一整个社会复杂系统的叠合。没有一对一的刚性逻辑因果，存在的是遵从市场原则和自然秩序的自然演化。

本章小结

在布莱恩·沃克（Brian Walker）与大卫·索特（David Salt）所著的环境学名著《弹性思维：不断变化的世界中社会－生态系统的可持续性》的开头，他们就社会－生态系统的可持续性描述了这样一个思想实验：当一个侍者在一艘停在静水中的游艇上被要求从艇尾将一杯香槟送至艇首时，他所需要关心的只有一个问题，那就是如何尽快将之送达。但当这艘游艇开出静水港湾，驶入风浪颠簸的大海，侍者再要完成这个任务时，将不得不首先考虑如何不让这杯酒洒出来，然后才是在此基础上如何尽快送达。布莱恩与大卫两位先生希望借此对当时环境保护界过于关注如何节能如何提高原有系统的效能，并将此简单等同于"保护环境"的思维予以批判。他们提出环境系统不是一个单目标体系而是一个由多目标组成的巨系统。并不是每一个子系统都达到自己的极值就是整个系统达到极值的状态。相反地，人们在面对多目标体系构成的巨系统时，将不得不将效率问题的优先级向后排，首先思考如何不让整个体系倾覆的弹性问题。这本出版于 2006 年的著作此后成为所有环境学者的入门之作，重塑了环境学界就环保问题的整个观念。

社会-生态系统是一个巨系统，甚至作为社会-生态系统的一个子系统的空间系统也仍然是一个规模吓人的巨系统。过往的十几个世纪间，空间系统一直被当做一个单目标体系被认知和对待。各色各样的流派纷至沓来，引领空间设计的一个又一个潮流，有的时候甚至会发展到压制其他思路的程度。毫无疑问，在认知的高度上，它们都是其所代表时代的巅峰，但是隐喻于其背后的哲学逻辑与方法却已经与现今及未来人们所要面对的客观现实越行越远。信息时代的到来，使得赛博空间成为传统空间系统中的一个无法忽视的异质物。它挑战了传统空间的许多属性，但它又不能离开传统空间而单独存在。赛博空间就这样叠加在传统空间之上，相互作用着，形成了一种异托邦式的存在。过去我们所认识的空间，在赛博空间的作用下，出现了既在此也不在此，既在彼也不在彼的属性。这使得空间系统的多目标性第一次如此生动而完整地暴露在了人们的面前，被社会中每一个个体所感知。

作为人类对单一目标系统狂热追求的表征之一，乌托邦思想是一个有趣的现象。而在绵延已久的所有乌托邦构想中，每一个乌托邦都会生成了一个特定的空间形态，有趣的是它们都共享着封闭、共主、追求同一性和静态观这些特征。在乌托邦构想中，追求平等和公义的社会理想被表达为平均化同质化的空间构型。这样的空间构想当然是反自然的，依照这种模式进行的为数不多的所有乌托邦尝试也就不可避免地要失败。

在乌托邦失败的废土上，敌托邦的观念渐渐孕育成型。它虽然对乌托邦思想表现为一副玩世不恭的消极否定态度，但其思想内核却是与乌托邦思想一样憧憬着美好的未来。只不过它时时刻刻在提醒着人们，封闭的、绝对平均的、静态的思想不是那条能带人们走向美丽新世界的道路。美丽新世界的种子应就在当下已经建构起来的世界中。敌托邦向世人们展示了乌托邦主义者那种依托目的论理性，想要推翻一切重来的思路不能救世界。自然形成的许多美好存在本来就是在开放多元而充满变数的环境中概率化生成的结果。敌托邦人甚至比乌托邦人更坚信乌托邦人自己所说的：从来就没有救世主。

敌托邦与乌托邦这段"相爱相杀"的历史恰到好处地帮助人们意识到跳脱出乌托邦式对同一性追求的可能。摆脱对单目标系统极致效率地狂热追求，人们就不难发现虽然所有的乌托邦尝试在形式上都没有成功，但将它们都累积到一起时，它们所为人们更好地面向未来而打下的理论基础是如此坚实。沿着时间线，不以任何无谓的道德约束来贬损哪个具体的乌托邦构想，而是将那些无论看起来多么幼稚又多么宏伟的空间手法都并置于一起，融入我们当下的城市中，在市场的、自然的、时代的选择中淘汰更新重建，解构了再被重构，重构了再被解构。在这样不断涅槃的过程中所生成的空间并不会在任何一点上不比按照一个宏伟蓝图构建起来的空间更不吸引人。空间的弹性，首先就是在反对一揽子计划的过程中出现的。每个人演变成空间生成的主体，强势的管控被底线的监督替代，傲慢的设计师被谦和的咨询者替代，对空间形态视觉秩序的盲从被功能的自洽替代，空间不再是少数人在纸上或脑中玩味的奢侈品，而是浸润到生活中为所有人共同享受的日用品。

不再需要批判现代主义城市规划在毁坏原有城市肌理，因为我们也时刻见证着像纽约现代美术馆、包豪斯校舍、纽约高线公园这样种种依据现代主义设计原则而建设完工的作品，它们正在给我们的生活带来新快乐；不再需要评述哥特式建筑那高耸的塔尖下压住的是多少中世纪农民的血泪，因为这些血泪成就了人们向公义演进的道路，使得如今的人们能够平等地站在地上欣赏教堂空间所具有的自然美感；也不再需要批判所谓的社会主义或是资本主义，因为它们同样都是空间生成的两种有效机制，喜欢与否，它们都为处于社会不同层次的人们提供着对他们而言至关重要的生存生活空间。赛博空间与物质空间的叠加使得我们有充分的技术基础宣称，当代的和未来的空间可以是同时开放又封闭的、同时属于又不属于的、同时展现出稳定性与概率性的新式空间，是粒子性与波动性共存的空间。对这样的空间，设计能做得很多，同时能做得也很少。新的空间将用更多"而且"来代替"但是"。